高等职业教育生态林业专业群特色教材

林产品加工

鲍宇宏 | 主　编

焦泽东　韩慧英　王海霞 | 副主编

王　莹 | 主　审

中国轻工业出版社

图书在版编目（CIP）数据

林产品加工 / 鲍宇宏主编. -- 北京：中国轻工业出版社，2025. 1. -- ISBN 978-7-5184-5127-2

Ⅰ. S759

中国国家版本馆CIP数据核字第2024W72V63号

责任编辑：王　宁　　责任终审：腾炎福　　设计制作：梧桐影

策划编辑：陈　萍　王　宁　　责任校对：晋　洁　　责任监印：张京华

出版发行：中国轻工业出版社（北京鲁谷东街 5 号，邮编：100040）

印　　刷：北京君升印刷有限公司

经　　销：各地新华书店

版　　次：2025年1月第1版第1次印刷

开　　本：787 × 1092　1/16　印张：19.75

字　　数：430千字

书　　号：ISBN 978-7-5184-5127-2　定价：59.00元

邮购电话：010-85119873

发行电话：010-85119832　　010-85119912

网　　址：http://www.chlip.com.cn

Email: club@chlip.com.cn

如发现图书残缺请与我社邮购联系调换

240816J2X101ZBW

本书编写人员

主　编　鲍宇宏（黑龙江林业职业技术学院）

副主编　焦泽东（甘肃祁连山国家级自然保护区管护中心东大河自然保护站）
韩慧英（黑龙江林业职业技术学院）
王海霞（黑龙江林业职业技术学院）

参　编　吕晓晶（黑龙江林业职业技术学院）
王　杨（黑龙江林业职业技术学院）
褚洋洋（黑龙江林业职业技术学院）
高　蕾（黑龙江林业职业技术学院）
于　冰（黑龙江林业职业技术学院）

主　审　王　莹（黑龙江林业职业技术学院）

前言

我国森林资源丰富，近年来，由于实施了退耕还林和退牧还草政策，林区林产品资源的开发和利用越来越受到人们的重视。我国林产品加工业得到了较快的发展，成为国民经济中颇具发展潜力的增长点。但就总体而言，林产品加工业还不能适应整个经济和社会发展的需要。多年来，人们消费的食品多是林产品的初级品和初级加工品。目前，我国林产品加工业还处在“初级加工多，精加工少”“手工或半机械化加工多，机械化或连续自动化加工少”的阶段。因此，发展林产品精深加工意义重大。我国林产品加工业有着巨大的发展潜力，林产品资源的合理开发利用与精深加工，能几倍甚至上百倍地提高产品附加值，并产生巨大的经济效益，对繁荣农村经济、增加农民收入、活跃城乡市场和提高人民生活水平均有重要的作用，在国民经济发展中具有举足轻重的地位。

本教材以传统的林产品资源开发利用为基础，以利用林业植物资源及其加工品为原料进行的生产活动为主要内容，结合林业院校的特点，形成技术先进、针对性与可操作性强的内容体系；在“校企合作、工学结合”理念的指导下，以岗位职业能力为依据，根据学生的认知规律和高等职业教育的特点，突出林业职业院校的特色，为我国林产品加工业的发展提供技术支撑。

本教材由黑龙江林业职业技术学院鲍宇宏任主编，甘肃祁连山国家级自然保护区管护中心东大河自然保护站焦泽东、黑龙江林业职业技术学院韩慧英和王海霞任副主编，黑龙江林业职业技术学院吕晓晶、王杨、褚洋洋、高蕾、于冰参编，黑龙江林业职业技术学院王莹主审。鲍宇宏编写模块一、模块四，焦泽东编写模块二的项目一、项目二、项目三，韩慧英编写模块二的项目四、项目五、项目六以及实训内容，王海霞编写模块三，吕晓晶编写模块五，王杨编写模块六，高蕾编写模块七，褚洋洋、于冰编写模块八。

本书可作为高等职业院校相关专业教材和企业相关技术岗位的培训资料。由于作者水平有限，书中难免有疏漏之处，敬请读者予以指正，以便进一步修改完善。

鲍宇宏

2024年5月

目录

模块一

林产品加工基础知识

项目一 林产品加工的重要意义

知识目标

1. 理解林产品的内涵及加工利用意义。
2. 了解我国林产品资源情况。
3. 掌握林产品加工的分类。
4. 了解林产品加工的市场前景。

技能目标

1. 能分析林产品加工的意义和发展现状。
2. 能判定林产品加工的原料来源。

一、林产品加工的定义及特点

1. 林产品加工的定义

林产品加工是指将来自森林和林地的原材料转化为各种最终产品的过程，这些产品包括木材、纸张、木质纤维、植物提取物、树脂、树皮、草药、野生食品等。

林产品为食品和工业的重要原料，例如许多树木的根、茎、叶、花、果实、种子、树皮、树脂、树胶等能生产油脂、淀粉、树胶漆、单宁、纤维、芳香油、药材、白蜡等产品。这些产品可为工业提供丰富的原料，在生活上供人们吃、穿、用，在医药领域可以作为药材，为外贸出口提供大宗商品。

2. 林产品加工的特点

（1）多样性。林产品加工涵盖了各种不同的原材料和产品类型，包括来自各种树木的木材，来自树皮的树脂，以及来自林地的野生植物和草药等。这种多样性使得林产品加工行业非常丰富和多元化。

（2）可持续性。许多林产品来自可持续林业管理实践，这意味着在采伐和收获过程中考虑了森林的生态平衡和保护。可持续性是林产品加工的重要特点之一，因为它有助于保护森林资源以及维持生态平衡。

（3）地域性。林产品的生产通常受到地理位置的限制，因为它依赖于特定的森林和生态系统。不同地区的林产品加工业可以根据当地可用的原材料和资源类型而有所不同。

（4）高附加值。林产品加工通常可以为原材料增加价值，因为原料可以被加工成各种不同的产品，从而提高销售价值。例如，木材可以加工成家具、木地板、纸张等高附加值产品。

（5）技术创新。林产品加工业一直在不断发展和创新，新的加工技术和工艺可以提高效率、减少浪费并提高产品质量。

总之，林产品加工具有多样性、可持续性、地域性、高附加值和技术创新等特点。这个行业在全球范围内都有重要的地位，不仅提供了各种产品，还在可持续林业管理和环保方面发挥了关键作用。

二、林产品加工的意义

1. 我国林产品资源丰富

我国地域辽阔，气候多样，自然条件复杂，林地植物种类丰富，有经济植物2400多种，很多植物的根、茎、叶、花、果实和种子等均能加工制成油类、淀粉、蛋白质、糖类、单宁和药物等产品，这些产品可应用于人们的吃、穿、住、用等方面。另外，我国是世界上林地野生植物非常丰富的国家，其中不少植物是非常有价值的资源，可用于提取油料、纤维、淀粉和单宁等。野生植物也是制造油漆、油墨、肥皂、香料以及酿酒、制糖、鞣革等的重要原料，有些植物的加工成品已经在世界上享有很高的声誉，仅山苍子油每年的出口外汇收入就相当可观。同时，从野生植物中提取纤维、油料还可解决棉粮、油粮争地的矛盾。因此，充分利用林地资源，发展林产品加工利用，对满足工业、国防和人民生活多方面的需要，促进农村多种经营，繁荣林区经济都具有重大的意义。

林产品是指通过森林经营活动获得的各种产品，分为木材产品和非木材产品两大类。木材产品包括原木、锯材、胶合板、纸浆等；非木材产品包括树脂、药材、果实、食用菌、蜂蜜等。其中非木材产品又称林副产品，它是林业经济的一个重要组成部分。根据用途不同，我国的林副产品主要可分为以下几类。

（1）胶漆纤维类。有松香、松脂、栲胶、生漆、栓皮、樟脑和桐油等，是不可缺少的工业原料。

（2）木本粮食类。有300多种，有富含淀粉、蛋白质的板栗、锥栗、丝栗栲和榛子等壳斗科植物，也有枣、柿和橡实等营养丰富的野果，还有葛根、白茅根的块根或块茎。

（3）木本油料类。有400多种，大多含油量为13%～60%。可供工业用的有200多种，如油桐、乌桕、无患子等；食用的也有200多种，如核桃、油茶、松子、文冠果、梾木、破布木、油瓜和黑莎草等。

（4）中草药类。有厚朴、杜仲、刺五加和人参等名贵中草药。

（5）野果野菜类。野果野菜是指人们非常喜欢的猕猴桃、山楂、越橘、黄花菜、山芹菜、香菇、苦菜、木耳等。

2. 丰富人民物质生活，增加农民收入

林产品资源丰富，可以应用到生活中的衣、食、住、行等多个方面。因此，林产品合理的开发利用可以极大地丰富人民的物质生活。只是大部分林产品仍然处于无人了解或者加工技术不够成熟的状态，从而造成开发利用不够。另外，部分林产品资源被过度滥用，有濒临灭绝的危险。

随着经济的发展和人们生活水平的不断提高，不少野菜野果等林产品作为无污染的绿色食品，越来越受到人们的重视，尤其是受到城市居民的喜爱。同时，林产品的销售也成为许多农村地区人民的主要经济来源，特别是森林覆盖率比较高的地区。而以农产品或者粮食作物为主的地区，也可以通过开发利用林产品来增加收入。

一些林区山区农民收入的20%左右来自林产品，部分林业重点县超过60%。板栗、枣、柿子、松子、仁用杏等木本粮食种植面积1亿亩（1亩=666.6m^2）左右；以林下种植、养殖、采集等为主，提供食用菌、蜂蜜、山野菜、浆果等绿色食品的林下经济利用面积约6亿亩，年产值超过1万亿元。

3. 调节产业结构，促进经济发展

我国的农村经济体系以农、林、牧、副、渔为基础。随着国家退耕还林、退牧还草等生态工程的推进，林业在国民经济中所占的比重越来越大。林产品资源的开发利用可以进一步调节农村产业结构，从而带动农村经济的发展。

我国34.64亿亩森林蕴藏着丰富的食物资源，其中近7亿亩的经济林提供了干鲜果品、木本油料、饮料调料等森林食物。这些森林食物年产量超过2亿吨，是我国继粮食、蔬菜之后的第三大农产品，年产值超过2.2万亿元。

4. 扩大外贸，增加外汇创收

我国是世界上重要的林产品出口国家。2022年，林业产业年产值达到8.04万亿元，林产品进出口贸易额超过1800亿美元，并且每年出口呈上升趋势。林产品的出口已经是继蔬菜等农产品出口外的又一亮点，成为我国出口创汇的一个重要来源。

三、主要林产品加工

1. 食用类林产品加工

食用类林产品主要有野果和野菜。野果可作为营养功能性食品原料广泛地用于食品工业，其加工与水果的保鲜加工方法一致，主要加工形式有保鲜贮藏、脱水干制、腌制、蜜饯、罐藏、加工成饮料和功能副成分提取等。野菜食品主要有保鲜菜、野菜干、野菜罐头、野菜饮料和盐制品等。食用类林产品的开发利用还体现在野果野菜种类的发现、开发利用和实现人工栽培的技术上。

（1）林果品加工。森林中许多草本和木本植物的果实含有丰富的营养，是深受人们喜爱的水果。林果品的加工主要包括保鲜、速冻、干制、糖制、罐藏及果酱加工等。目前，林果品加工处于初级发展阶段，深加工产品主要是果酒与饮料，如越橘酒、猕猴桃酒、山核桃露、高山红景天饮料等。现阶段林果品加工主要借助于农产品的加工手段，尚未形成独特的研究方向，许多方面还值得进一步研究与开发。

（2）山野菜加工。山野菜在菜篮子工程中起到非常大的作用。山野菜的加工主要包括制汁、制汤、罐藏、糖制、干制、速冻、腌制等。在加工过程中，抑制有害微生物，保证食品质量是最重要的环节。山野菜加工应注意保持山野菜的原有风味，最大限度地保持其营养成分。因此，在超市中速冻山野菜最受欢迎，而经高温处理和添加防腐剂的罐藏山野菜虽然仍然有一定的市场份额，但销量一直处于下降趋势。目前，山野菜的加工主要迎合人们对天然、无污染、营养的需求，在保证山野菜原有风味的基础上去采取措施抑制杂菌等微生物以及进行杀酶处理，保留山野菜中的营养成分。

（3）淀粉植物加工。淀粉植物种类不多，但资源较为丰富，如橡子粉产自蒙古栎的果实，资源极为丰富，有广阔的开发前景。淀粉生产是利用淀粉的一些特性，将与淀粉共存的蛋白质、纤维素、油脂和无机盐等分开，使淀粉分离出来。淀粉加工的基本过程主要由原料处理、浸泡、破碎、分离、清洗、干燥、包装等工序组成，其中关键步骤是分离与干燥，需要除去杂质和保证淀粉在干燥过程中不发生变质。不同的野生淀粉植物在具体加工操作上略有差异，但基本加工过程相同。

（4）油脂植物加工。木本油脂资源极为丰富，如著名的山核桃油、松子油以及接骨木油等是颇受关注的功能油。木本油脂的加工主要包括毛油制取与精炼。毛油制取的方法主要包括水代法、压榨法和浸提法，其提取原理是将植物细胞破碎以使油脂溢出，再用压榨或溶剂浸提以及水代等手段将油脂提取出来。油脂精炼工艺一般包括毛油预处理、脱胶、脱酸、脱蜡、脱色和脱臭等工序。

木本油脂除了具有安全、无污染、纯天然等特点，还有许多具有功能性成分。木本油脂中通常含有丰富的不饱和脂肪酸、维生素和抗氧化物质。例如，橄榄油富含单不饱和脂肪酸，对心血管健康有益；茶籽油富含亚麻酸等对人体有益的多不饱和脂肪酸。

（5）色素植物的加工。天然色素植物资源较为丰富，许多植物资源都含有色素。来源于野生植物中的色素称为天然色素，食品中能够吸收和反射可见光进而使食品呈现各种颜色的物质统称为食品色素。近几年，许多色素由于具有抗氧化的特性而备受关注，尤其是植物色素资源更受青睐。

2. 工业用林产品加工

很多野生植物是工业的重要原料来源，包括一些油脂植物、纤维植物、香料植物等。工业用林产品加工需要根据不同的产品用途，采用不同的加工方法，如橡胶、栲胶等。而通常农民只做原料粗加工，产品就进入销售环节，附加值较低。

3. 药物类林产品加工

中草药是一大传统林产品加工内容，其主要加工形式有干制、粉剂、胶囊和针剂等。

4. 其他林产品加工

各种编织工艺品、根雕艺术品等生活用品的加工附加值较高，因为一般都以手工加工为主。

四、林产品加工的市场前景

1. 野生植物资源加工产品有待进一步开发利用

我国虽然在野生植物资源开发与利用方面取得了显著成果，但仍存在不少问题，如野生植物开发利用率低，精深加工及综合利用不够，对野生植物的后续利用不够重视，从事野生植物资源研究、开发与利用的科技人员匮乏，研究经费不足等。

我国野生植物资源中还有许多颇具开发利用价值、至今仍被埋藏在深山老林中的品种，急需研究与挖掘。目前已开发的野生植物品种中，能充分利用的还为数不多，与发达国家相比差距较大。尤其在野生植物的深度加工和综合利用方面水平更低。所以，我国野生植物资源开发利用潜力很大。如在大力发展对野生植物开发、利用的同时，应加强植物化学成分的分析，使用先进的分析仪器、测试手段和方法，对各种野生植物化学成分有所了解，为野生植物资源开辟新用途打下基础。应对野生植物资源情况进行更加全面、深入的调查，真正摸清野生植物资源的种类、分布、生态环境和蕴藏量等。不断研制和改进野生植物开发、利用的设备和设施，搞好深度加工和综合利用。在开发、利用野生植物资源的同时，要注意保持生态平衡，做到合理计划，有步骤地开发利用，避免盲目开发利用而造成资源枯竭。

2. 打造名、优、特产品成为一种趋势

野生资源作为一种无污染的原料，其绿色产品备受人们的欢迎，被人们称为山珍野味。因此，野生资源加工可以走打造名、优、特产品的道路，这也是未来的一种消费趋势。

3. 人工驯化和栽培将成为野生资源大规模开发的前提

我国虽然野生资源丰富，但是如果不注重保护，大规模地开发利用往往会造成资源的枯竭和生态的破坏。因此，要想让大规模开发野生资源实现可持续发展，必须首先重视人工驯化和栽培，这样才能为林产品加工业提供源源不断的原料。

林产品资源是绿色食品的重要组成部分，它没有工业污染，没有农药和化肥的残留成分，也没有生物激素，是最洁净的食品原料。如果在采集、运输、加工、包装、销售全过程做到洁净、无污染的话，生产出来的食品都是一级绿色食品，也是国际上界定的

自然食品、有机食品。根据普查资料统计，长白山林区有丰富的木本、藤本、草本植物及真菌等食品资源，是潜在的绿色食品宝库，具有重要的开发价值。如果想把资源优势变为经济优势，对林产品资源的开发想上规模、上水平、上档次，并且做大、做强，从理论与实践上来看只有实现产业化，形成企业集群和相当的规模。

项目二　林产品加工新技术

知识目标

1. 了解林产品加工新技术。
2. 掌握干燥技术的方法。
3. 掌握无菌技术的工作原理。
4. 了解微胶囊技术的应用。
5. 了解微波技术的应用。

技能目标

1. 能判定超高温杀菌的工艺参数。
2. 能分析超临界CO_2流体萃取技术的工艺因素。
3. 能判定超声提取技术的影响因素。

一、干燥技术

1. 喷雾干燥技术

喷雾干燥是目前干燥技术中较为先进的方法之一，已在食品工业、医药工业、化学工业等领域得到广泛应用。特别是在我国的中成药生产中，喷雾干燥以其独特的优势得到了人们的青睐和广泛应用。

（1）喷雾干燥的工艺流程。空气经压缩机压缩、过滤器过滤除菌，再经过加热器加热至所需温度。热空气经复滤后进入喷雾塔顶。料液由贮槽进入喷雾塔，经喷嘴利用压缩空气喷洒成细小的雾粒，与热空气接触进行干燥，在液滴到达器壁前料液已干燥成粉末沿壁落入塔底干料储器中。废气经旋风分离器、袋滤器二级捕集细粉后放空。

（2）喷雾干燥的优缺点。喷雾干燥的优点：干燥速度快、时间短；干燥过程中液滴温度不高，特别适用于热敏性物料的干燥，而且成品质量好，基本达到真空干燥的标准；生产过程简化，操作控制方便；产品质量好，保持原有的色、香、味，具有良好的分散性、流动性和溶解性；产品纯度高，生产环境优越，有利于保证制剂卫生；操作稳定，易自动控制。喷雾干燥的缺点：当进风温度较低时，热利用率也较低；更换品种时，设备清洗较麻烦，操作弹性小，易发生粘壁现象；设备庞大，体积传热系数小，废气中回收微粒的分离装置较复杂。

（3）喷雾干燥设备。喷雾干燥器由空气加热系统、干燥系统、干粉收集及气固分离系统组成。

喷雾干燥器工作原理

①空气加热系统：包括空气过滤器和空气加热设备，空气过滤器有钢丝网、多孔陶瓷管、电除尘、棉花活性炭和超细过滤纤维等形式，可根据产品需要进行选择。

②干燥系统：主要包括喷雾器和干燥塔。喷雾器有气流式、压力式和离心式三种形式，目前我国应用较为普遍的是压力式喷雾器。干燥塔是使物料干燥成产品的设备，新型的喷雾干燥设备几乎都采用塔式结构，塔底为锥形，有利于收集干粉并防止粘壁。

③干粉收集及气固分离系统：干粉收集及气固分离设备的选择主要根据物料的物理性能、贵重程度和对环境的污染程度来决定，通常采用旋风分离器和袋滤器。

2. 冷冻干燥技术

冷冻干燥全称为真空冷冻干燥，简称冷干。它是将干燥物料冷冻成固体，在低温减压条件下利用水的升华，使物料低温脱水而达到干燥目的的一种干燥方法。

（1）冷冻干燥的工艺流程。将被干燥物置于冻干箱的层板上，启动制冷压缩机使冻干箱降温，物料被冷冻。当物料全部被冻结后，停止冷冻。开启冻干箱与冷凝器之间的阀门，用真空泵使冻干箱抽真空。热媒经导热油加热器后进入冻干箱的加热排管内，使被干燥物料加热，物料中的冻结水分便升华至冷凝器内凝结。当被干燥物料达到要求时，关闭冻干箱与冷凝器之间的阀门和连接真空泵的阀门，用淋水器淋热水使升华冻结的冰融化为水从而排出冷凝器。

（2）冷冻干燥的干燥机制。冷冻干燥过程中，冰升华所需的热量主要依靠热传导，隔板表面的热量通过金属盘、容器器壁和制品本身才能到达升华面，因此隔板温度略高于升华温度才能形成一定的温度梯度。随着干燥的进行，升华面内移，传导至升华面的热量增加。升华面得到的热量越多，升华速率越大；此外，升华速率还取决于水蒸气由升华面穿过已干制品的传递速率。

（3）冷冻干燥设备。冷冻干燥机由制冷系统、制冷机组、加热装置、控制装置等组成。先进的控制装置利用计算机输出程序控制整个工作系统正常运转。控制装置的先进程度最能体现整机水平。

3. 红外线干燥技术

红外线干燥属于辐射加热干燥，它是利用红外辐射元件所发出的红外线对物料直接照射加热的一种干燥。

（1）红外线干燥的原理。红外线辐射器所产生的电磁波以光的速度辐射至被干燥物料，当红外线的发射频率与物料中分子运动的固有频率相匹配时，引起物料分子的强烈振动与转动，物料内部分子间发生激烈的碰撞与摩擦而产生热，温度迅速升高，将水等液体分子从物料中驱出而达到干燥目的。

（2）红外线干燥设备。红外线干燥器主要由干燥器、辐射能发生器、被干燥物的机械传动装置及辐射线反射集光装置等组成。辐射元件有很多，有管状、灯状和板状的电热式辐射元件。常用反射装置的材料有抛光铝板，其反射率可达97%以上。由于该装置的增设与否对干燥效果影响甚大，红外线烘箱体的各壁面均应用抛光铝板制作。有时甚至料盘也用抛光铝板制作，利用盘底部抛光面反射辐射，以增强加热效果。

（3）红外线干燥技术的特点及适用范围。红外线干燥的特点：加热速度快；热能损失少，干燥成本低；产品质量好，干燥较均匀、清洁；干燥时间较短，一般物料干燥时间以分钟计；设备紧凑，使用灵活。红外线干燥适用于大面积物体表面的干燥，如橡胶硬膏的干燥。由于其干燥速率快，故适用于热敏性物料的干燥，特别适用于熔点低、吸湿性强的药物。

二、无菌技术

1. 超高温杀菌

超高温杀菌（UHT）工艺和高温短时间杀菌（HTST）工艺的最大区别是后者仍属于巴氏杀菌范畴，而超高温杀菌已经达到商业无菌的要求。超高温杀菌一般有两种方法，即直接加热法和间接加热法。

（1）直接加热法。直接加热法是用蒸汽直接加热物料，接着是急剧冷却，在闪蒸过程中将注入的蒸汽蒸发，恢复物料的原来组成。该方法又有喷射式和注入式两种形式，喷射式是把蒸汽喷射到物料流体里，注入式则是把物料注入热蒸汽环境中。喷射器的体积通常较小，价格也比注入器低；而注入器使用的操作蒸汽压力较低，蒸汽和物料之间的温差也就比较小，这对热敏性制品的加热比较有利。直接加热法的最大优点是快速加热和快速冷却，最大限度地减少了超高温处理过程中可能发生的物理变化和化学变化，如蛋白质变性、褐变等。

（2）间接加热法。间接加热法是通过热交换器间接加热制品的过程。同样，制品冷却也可间接通过各种冷却剂来实现。加热介质包括过热蒸汽、热水和加压热水，而冷却剂常见的是冷水或冰水。间接加热法采用的热交换器一般有片式、环形管式和刮面式，每一种方式都有其特点。片式热交换器的特点是处理能力大，结构紧凑；环形管式热交换器的特点是具有极高强度，可以承受高压；刮面式热交换器则适用于黏度很大的制品。

2. 无菌包装

无菌包装与普通包装相比有三点必须严格控制：第一，包装机内与产品输送有关的所有部件必须无菌；第二，包装材料在产品装填前必须无菌；第三，在包装过程中物料装填和封口必须在无菌环境下进行。采用超高温杀菌和无菌包装相结合的方法，食品只接受短时间超高温的处理，在迅速冷却后才进行包装，这种工艺完全有别于一般的热灌装或包装后杀菌的方法，食物的风味、结构和营养成分得以最大限度地保存，天然新鲜的原味可以长久不变。无菌包装能够真正防止灭菌产品的再次污染，因此能够生产在常温下保藏的高水分活度、低酸度、非碳酸食品。

（1）纸容器无菌包装。人们对包装纸的杀菌进行了物理方法和化学方法的试验，包括使用热处理、紫外线辐射、高频电场以及环氧乙烷、有效氯和双氧水杀菌。对包装纸进行彻底的热处理会使纸发脆而难于封口，紫外线辐射和高频电场处理的效果也不明显，因此，采用纯粹的物理方法对纸张杀菌是不合适的。

在化学方法中，环氧乙烷杀孢子的无菌率约为99.5%，在以无菌肉汤为物料的菱形袋包装机包装试验中，无菌率平均达到99.8%。但该方法操作技术复杂，消毒时间过长，实际应用有困难。有效氯杀菌的无菌率可达99.98%，但是氯对金属材料强烈的腐蚀使这种方法在技术上不适用。双氧水或双氧水和低温热处理结合的方法也不太有效，而双氧水和高温热处理相结合是对预成型包装材料杀菌的可行工艺。

（2）无菌包装瓶包装。无菌包装瓶可以采用不同的原料，如果采用玻璃为原料，就有回收重复使用的可能。包装瓶不可能在灌装现场制备，因此在灌装前需要灭菌处理。玻璃瓶的灭菌采用双氧水和热空气相结合的方法，为防止剧烈温差引起爆瓶，灭菌处理前要先进行预热。双氧水和热空气的混合物通过插管进入瓶体，首先对瓶内腔进行灭菌，待瓶内部完成灭菌后，使瓶子稍上升，留出灭菌剂通向外壁的通道，继续对外壁进行灭菌，最后由无菌热空气吹干。瓶盖也需要做无菌处理。

塑料瓶无菌灌装系统的制瓶和灌装在同一现场进行。塑料瓶的吹制是在高温下成型的，因此成瓶是无菌的，无须再次灭菌。在吹膜形成容器的同时，吹气/充填芯杆完成灌装上升复位的过程中则吹入无菌空气，保证容器顶部的无菌。容器顶部的成型首先使顶膜合拢，再施压使之闭紧，最后抽真空形成密封。封口过程无须额外供热。

三、微胶囊技术

1. 微胶囊的基本组成及作用

微胶囊技术是用特殊手段将固体、液体或气体物质包裹在封闭性的微小胶囊内的技术，一般胶囊粒的大小在微米至毫米范围。微胶囊内容物的释放条件、释放速率是可控制的。采用微胶囊技术制得的产品称为微胶囊制品。制备时先将被包覆内容物分散成微粒，然后使成膜材料在微粒上沉积聚合或干燥固化，形成外层包衣。被包覆的物料称为芯材、囊心、内核、填充物，芯材可以是固体粉末，也可以是液体材料，采用特殊的制备方法还可以包封住气体。微胶囊外部的包覆称为壁材、囊壁、包膜、壳体。

微胶囊能够以微细状态贮存物质，在需要时释放，并且能保持物质原有的色、香、味、形和溶解性、热敏性、光敏性、压敏性等性状。微胶囊技术对食品工业的贡献主要包括以下几方面。

（1）将液体、气体转变为容易处理的固体。

（2）保护敏感成分，防止其受氧化、紫外辐射和温度、湿度等因素的影响，有利于保持物料特性和营养，如大蒜的微胶囊。

（3）隔离活性成分，使易于反应的物质处于同一物系而相互稳定。

（4）改变物料密度。

（5）控制物质的释放时机，包括风味物质的释放，减少其在加工过程中的损失，降低生产成本。

2. 微胶囊化的方法和材料

微胶囊化的基本步骤是先将芯材分散成微粒，后以壁材包敷其上，最后固化定型。芯材为固体时，可用磨细后过筛的方法控制其粒度，也可制备成溶液，按液态芯材包埋；液态芯材可用均质、搅拌、超声振动等方法分散成小液滴，均匀分布在介质中。微胶囊芯材和壁材的种类繁多，性能各异，在材料和工艺选择上必须正确合理，才可能制备成功。食品工业的芯材主要是油脂类、调味品类、香精类、色素类、酸味剂类、营养强化剂类和生物活性材料类，可以是固体，也可以是液体，可能是亲油性的，也可能是亲水性的。

3. 微胶囊的种类

（1）甜味剂微胶囊。甜味剂微胶囊化后的吸湿性大为降低，而且微胶囊的缓释作用能使甜味持久。此外，阿斯巴甜是天冬氨酸与苯丙氨酸甲酯的二肽酯类化合物，在可乐等酸性饮料中不稳定，易于水解，在烘烤食品中应用也会因羰氨反应出现损失而使甜味减弱，制成微胶囊后稳定性可显著提高。

（2）防腐剂微胶囊。防腐剂微胶囊化后可以达到缓释、延长防腐作用时间、减少对人体毒性的目的。例如山梨酸，其酸性对食品性能会有影响，而且长期暴露在空气中易于氧化变色。采用硬化油脂为壁材形成微胶囊后，既可以避免山梨酸与食品直接接触，又可利用微胶囊的缓释作用，缓慢释放出防腐剂起到杀菌作用。

（3）氨基酸微胶囊。氨基酸产品往往有特殊的气味，直接添加到食品中会影响食品的风味，而且氨基酸还会与食品中含有的还原糖发生美拉德反应，使食品颜色变深，这一现象在某些食品中是不希望发生的，因此需要把氨基酸微胶囊化。

四、超临界流体萃取技术

1. 超临界流体的定义

科学证明，只要水的温度超过374.4℃，水分子就有足够的能量抵抗压力升高的压迫，分子间始终保持一定距离，此距离小于水在液态时分子间的距离，即使压力大到蒸汽密度与水的密度相近时，也不会液化成水。此时水的温度（374.4℃）称为临界温度，相对应的压力（22.2MPa）称为临界压力。临界温度与临界压力构成水的临界点，超过临界点的水称为超临界水。它是一种特殊的气体，既有液态水的性质又有气体的性质，为了区别，称其为流体。因此，超临界流体是指处于临界温度和临界压力以上的流体。

2. 超临界流体的种类

除水外，稳定的纯物质均有其临界点，因此均有超临界状态，都有固定的临界点，即临界温度（T_c）、临界压力（P_c）。只要温度超过T_c、压力超过P_c的液体物质均为超临界流体，常见的有二氧化碳（CO_2）、氨气、丙烷、丙烯等。

3. 超临界流体的特性

与常温常压下的气体和液体相比，超临界流体具有两个特性：其一，密度接近于液体密度，具有类似液体的高密度；其二，黏度又接近于气体黏度，具有类似气体的低黏度。因此，超临界流体既具有液体对溶质溶解度较大的特点，又具有气体易于扩散和运动的特性，其传质速率大大高于液相过程传质速度。

4. 超临界CO_2流体萃取技术

（1）超临界CO_2流体的溶解性能。超临界CO_2流体溶解性有如下规律：对低分子、低极性、亲脂性、低沸点的碳氢化合物和类脂有机物表现出优异的溶解性；当化合物或有效成分含有极性基团时，在超临界CO_2流体中溶解度变小；强极性物质即使在40MPa压力下也很难被萃取；化合物分子量越高，越难萃取。

（2）超临界CO_2流体萃取技术的优点如下。

①超临界CO_2流体萃取能力取决于流体密度，可以通过改变操作条件而轻易地改变它的溶解度，并实现选择性提取。

②运用超临界CO_2流体萃取，因为CO_2无色、无味、无毒，而且呈化学惰性，所以不易燃易爆，避免了有机溶剂提取的危险。

③超临界CO_2流体萃取温度接近室温，可避免常规提取过程中可能产生的分解、形成复合物沉淀等反应，最大程度地保持各组分的原有特性。

④超临界CO_2流体萃取流程简单，耗时短，省去了一些分离精制步骤，大大缩短生产周期。

⑤超临界CO_2流体的溶解能力和渗透能力强，扩散速度快，且是在连续动态条件下进行的，萃取出的产物不断被带走，因此提取较完全。

⑥超临界CO_2流体萃取技术同其他色谱技术及分析技术联用，能实现快速、准确、高效的分析。

⑦与其他超临界流体比较，CO_2临界压力适中，在实际操作中其使用压力范围有利于工业化生产。

（3）超临界CO_2流体萃取技术的工艺因素。

①萃取压力：萃取温度一定时，压力增大，流体密度增大。在临界压力附近，压力微小变化会引起密度的急剧改变。流体的密度越大，对溶质的溶解能力越强，萃取所需时间越短，萃取越完全。

②萃取温度：温度对超临界流体溶解能力的影响比较复杂，主要有两方面的影响：一方面，在一定的压力下，温度升高，物质的蒸汽压增大，提取成分的挥发性增加，扩散速度也提高，从而有利于萃取；另一方面，由于温度升高，超临界流体的密度减小，从而导致流体溶解能力降低，对萃取不利。

③CO_2流量：超临界流体萃取过程实际上是被萃取成分在流体中的溶解、扩散等一系列的平衡过程。CO_2流量对萃取的影响较复杂，流量增加时，会产生有利或不利的影响。

④夹带剂的影响：在纯的超临界CO_2流体中加入一定量的极性溶剂，可显著改善超临界CO_2流体的极性，拓宽其使用范围，这种溶剂被称为夹带剂。夹带剂对超临界CO_2流体的影响主要有：增加溶解度；增加萃取过程的分离因素；使其可以通过单独改变温度达到分离解析的目的，而不必应用一般的降压过程。

⑤萃取时间：长期以来，对萃取时间的影响考察比较简单，但试验表明，增加萃取强度，用尽量短的时间，更有利于整个萃取效率的提高。

⑥物料粉碎程度：物料必须有合适的粉碎度才能达到较好的萃取效果。粒度过小，易堵塞气路，甚至无法再进行操作而且还会造成原料结块，出现沟流现象。沟流的出现，一方面使物料局部受热不均匀；另一方面在流沟处流体的线速度增大，摩擦发热，严重时会使某些生物性活性成分遭到破坏。

五、薄膜包衣技术

薄膜包衣是将包衣材料溶液或混悬液经喷枪雾化喷射到物料表面，溶剂蒸发后，在物料表面形成连续的高分子薄膜，膜厚度常为20 ~ 100μm。薄膜包衣的处方组成包括成膜材料（聚合物）、增塑剂、着色剂、溶剂等。

1. 成膜材料

包衣材料的一般要求如下：无毒；对光、热、水分、空气稳定，不与药物发生反应；能溶解或均匀分散在适于包衣的溶剂或分散介质中；能形成连续、牢固、光滑的包衣层，有裂性及良好的隔湿、遮光、不透气作用；溶解性能满足要求，根据其具体应用和预期功能的不同而有所变化，在特定环境条件下，确保包衣材料具有适当的溶解速率和溶解度，同时满足生物相容性、安全性和生产工艺适应性的要求。

包衣处方中的成膜材料根据来源不同，可以分为天然高分子材料和合成高分子材料；根据溶解性不同，可以分为胃溶性材料、肠溶性材料和难溶性材料。常用的包衣成膜材料根据其结构类型的不同，主要有纤维素类衍生物、聚丙烯酸树脂等。

2. 增塑剂

一些成膜材料在温度降低后，物理性质往往会发生变化，使包成的衣层变得硬而脆，缺乏柔韧性，容易破裂。加入分子量相对较低的材料，可以改变高分子材料的物理性能，使其更具柔韧性，起到增塑作用，从而更适于作薄膜包衣。增塑剂是增加成膜材料可塑性的材料，可降低发生上述变化的温度，使其降低到室温以下，以使衣层在室温时保持较好的柔韧性。增塑作用可分为内增塑和外增塑，内增塑通过材料的共聚合作用完成，包衣时无须加入增塑剂；外增塑通过在包衣液或分散液中加入增塑剂来改变包衣膜的性质。

增塑剂应与聚合物有良好的相容性，且无毒、无味、无臭、耐寒、耐热、稳定性好，同时具有高沸点和低挥发性。常用的增塑剂多为无定形聚合物，分子量较大且与成膜材料有较大的亲和力，也有分子量较小的材料。不溶于水的增塑剂还可降低衣层的透水性，因此可增加物料的稳定性。常用的水溶性增塑剂有甘油、聚乙二醇、丙二醇、甘油三乙酸酯等；水不溶性增塑剂有蓖麻油、乙酰化甘油乙酸酯、邻苯二甲酸酯类等。

3. 着色剂

着色剂能使包衣产品美观，色泽一致，易于识别，还能起到一定的遮光作用，一些着色剂还有一定的抗黏性。

按照材料性质的不同，着色剂可分为有机色料和无机色料。有机色料包括日落黄、柠檬黄等水溶性色素以及色淀（色素与氢氧化铝等吸附剂形成的复合物）；无机色料具有避光作用，还可避免包衣干燥过程中可溶性色素迁移造成色斑。

4. 溶剂

成膜材料与增塑剂必须配成液体才能进行包衣，以溶剂或分散介质为载体将包衣物料传送到颗粒表面。常用的溶剂有水、乙醇、甲醇、异丙醇、丙酮等，必要时可使用混合溶剂。包衣用溶剂应能溶解成膜材料及增塑剂，其与包衣物料的形成若过快，则成膜不均匀致片面粗糙，太慢又使衣膜溶解脱落。因此，包衣溶剂应根据包衣材料的性质、溶剂蒸发干燥速度选用；同时，结合生产上的安全、经济需要，对溶剂的毒性、易燃性以及价格等因素进行全面考虑。

六、超声提取技术

超声提取技术是利用超声波具有的机械效应、空化效应及热效应，通过增大介质分子的运动速度，增大介质的穿透力以提取物料中的有效成分。

1. 提取原理

（1）机械效应。超声波在传播过程中产生一种辐射压强、沿传播方向传播、对物料有很强破坏力的作用。同时，它还可以给予介质和悬浮体以不同的加速度，且介质分子速度远大于悬浮体分子速度，从而在两者间产生摩擦，这种摩擦可使细胞壁上的有效成分更快地溶于溶剂。

（2）空化效应。通常情况下，介质内都或多或少地溶解了一些微气泡，这些气泡在超声波作用下产生振动。当声压达到一定值时，气泡由于定向扩散而增大，形成共振腔，然后突然闭合，这就是超声波的空化效应。这种增大气泡在闭合时会在其周围产生高达几千个大气压的压力，形成微波效应，有利于有效成分溶出。

（3）热效应。超声波在传播过程中，其声能可以不断被介质吸收，介质将所吸收能量的全部或大部分转化为热能，从而导致介质本身和物料温度升高，加快物料溶解速度。

2. 特点

（1）超声波提取时无须加热，节省能源。

（2）提高物料提取效率，提高经济效益。

（3）溶剂用量少，节省溶剂。

（4）超声波提取是一个物理过程，在整个过程中无化学操作，不影响物料成分。

（5）提取有效成分含量高，有利于进一步精制。

3. 应用

超声提取技术可以应用于植物中苷类、生物碱类、蒽醌类、多糖类、皂苷类、有机酸及油脂类等成分的提取。

4. 影响因素

（1）时间。超声提取通常比常规提取时间短，一般在10～100min，不同物料提取时间不同。

（2）超声波频率。超声波频率不同，提取效果不同。一般情况下在其他条件一致的时候，成分的提取率随频率的升高而降低。

（3）温度。一定范围内，成分提取率随温度的升高而升高，升到最高的时候，随温度的继续升高而降低。

（4）物料组织结构。对于不同的物料，超声提取时间和频率的变化对提取率的影响都不一样。

（5）超声波凝结机制。超声波凝结机制指的是超声波在液体介质中传播时，由于压力变化引起液体中微小气泡的形成、增长和剧烈塌陷的现象。这个机制对提取效果有显著影响，在实际应用中，合理调控超声波参数，可以最大化提取效率。试验表明，在静置沉淀阶段进行超声处理，可提高提取率和缩短提取时间。

七、超微粉碎技术

超微粉碎技术是指利用机械或流体动力的方法将物料粉碎至微米甚至纳米级的粉碎过程。

1. 超微粉碎方法

（1）干法粉碎和湿法粉碎。根据粉碎过程中物料载体种类不同，分为干法粉碎和湿法粉碎，与普通粉碎相近。

（2）低温超微粉碎。

①概念：低温超微粉碎是利用物料在不同的温度下具有不同的性质的特性，将物料冷冻至脆化点或玻璃体温度之下使其成为脆性状态，然后再利用机械粉碎方式或气流粉碎方式使其超细化。

②方法：包括两个环节，一是物料的预制冷，二是低温超微粉碎。方法常用下列三种：一是先将物料在低温下冷却，达到低温脆化状态，迅速投入常温态的粉碎机进行粉碎；二是待碎物料为常温，粉碎机内部为低温情况下进行粉碎；三是物料与粉碎机内部均呈低温状态粉碎。

③特点：低温时物料脆性增加，可粉碎在常温下难以粉碎的物料。

2. 粉碎设备

（1）辊式粉碎机。辊式粉碎机分为双辊、三辊和四辊等类型。

（2）高速旋转撞击式粉碎机。高速旋转撞击式粉碎机的代表类型有棒销式粉碎机、锤式粉碎机。

（3）球磨机。球磨机主要分为普通卧式球磨机、新型高细球磨机、振动球磨机。

（4）搅拌机。搅拌机包括桨式搅拌机、圆筒搅拌机等。

（5）气流粉碎机。气流粉碎机类型有圆盘式气流粉碎机、循环管式气流粉碎机、流化床对撞式气流粉碎机。

八、微波技术

微波又称超高频率电磁波，是一种波长在0.001 ~ 1m、频率在300MHz ~ 300GHz的电磁波。微波由微波发生器产生，其输出功率可达几微瓦至数千千瓦。

1. 微波特性

（1）似光性。微波频率高，波长短，比一般物体的几何尺寸要小得多。因此，当微波照射到物体上时，其特性与几何光学相似，具有直线传播的特点。

（2）穿透特性。某些物质能够吸收微波而发热，其中水是吸收微波的最好介质。

（3）热特性。物质对微波的吸收性表现在微波能够穿透物料内部，穿透的深度随频率的增加而减小。深入物体内部的微波能量被物料吸收并转换成热能对物料进行加热，而且这种加热方式无温度梯度，物料表面和内部的温度相差无几。微波加热过程具有加热均匀、热转换效率高、加热时间短的优点。

（4）非热特性。微生物体内的水分在微波交变电磁场的作用下发生强烈的极性振荡，导致电容性细胞膜结构破裂或者细胞分子间氢键松弛等，使组成生物体的基本单元——细胞的生存环境遭到严重破坏，以致细胞死亡。

2. 微波技术原理及特点

（1）微波加热的原理主要有以下两方面。

①介电损耗：具有永久偶极的分子在2450MHz的电磁场中所能产生的共振频率高达4.9×10^{9}次/s，使分子超高速旋转，平均动能迅速增加，从而使温度升高。

②离子传导：离子化的物质在超高频电磁场中以超高速运动，因摩擦而产生热效应。热效应的强弱取决于离子的大小、电荷的多少、传导性能及溶剂的相互作用。

微波辐射使细胞内的极性物质尤其是水分子吸收微波能量而产生大量的热量，细胞内温度迅速上升，液态水气化产生的压力将细胞膜和细胞壁冲破，形成微小的孔洞。再进一步加热，细胞内和细胞壁水分减少，细胞收缩，表面出现裂纹。孔洞和裂纹的存在使细胞外溶剂易于进入细胞内，溶解并释放细胞内产物。

（2）微波技术的特点。微波具有很强的穿透力，可以在反应物内外部分同时均匀、迅速地加热，故提取率较高。因此，微波提取有效成分具有简便、快速、高效、加热均匀的优点。

3. 微波技术设备

一般来说，工业微波设备必须具备以下基本条件。

（1）微波发生功率足够大、工作状态稳定，配有控温设备。

（2）设备结构合理，可随意调整，便于拆卸和运输，能连续运转，操作简单。

（3）安全，微波泄漏符合要求。

4. 微波技术的应用

（1）挥发油的提取。例如，在连续微波反应器中加入100g魁蒿叶，加水400mL，连接挥发油测定器及冷凝装置，调整功率至650W，微波辐射20min，进行魁蒿叶中挥发油的提取。该方法所提取的魁蒿叶中挥发油质量分数为0.75%，比蒸馏法所提取的含量（0.6%）高。

（2）多糖的提取。经微波技术提取，板蓝根多糖提取率由原来的0.81%提高到3.47%，反应时间变为原来的1/12。

（3）生物碱的提取。生物碱及其盐都能溶于甲醇或乙醇，所以常用甲醇或乙醇为溶剂，有时也用酸性甲醇或乙醇（含0.5% ~ 1%硫酸或醋酸），以渗滤法、浸渍法、回流法、连续回流法提取。

（4）辣椒素的提取。用常规方法几小时甚至几十个小时才能完成的萃取，用微波方法几分钟就可以完成。

（5）高山红景天苷的提取。用微波辐射萃取技术从高山红景天根、茎中提取红景天苷具有快速、高效、节能等优点。

九、逆流提取技术

逆流提取是针对常规提取方法中溶剂用量大、效率低的不足，将多个提取单元科学组合，使单元之间的浓度梯度合理排列并进行相应的流程配置，以及通过物料粒度、提取温度、提取单元组数等技术参数的控制，逐级将物料有效成分扩散至起始浓度相对较低的提取溶液中，以最大限度转移物料中的溶解成分，缩短提取时间和降低溶剂用量，并可实现全封闭操作的一种新提取技术。

1. 设备

逆流提取装置是集萃取、重渗滤、动态、逆流提取技术为一体，具有多种用途的新型提取装置，由提取单元、热水机组和通风装置等组成。动态循环阶段连续逆流提取各单元既可独立地进行各项提取作业，也可组合使用，具有提取效率高、温度低、节省溶剂、设备占地小的特点。

2. 工作原理

逆流提取整个过程由与提取单元组数相等的几个阶段提取过程组成，每个阶段提取单元进行独立操作，采用机械强制循环方式，使溶剂从提取罐底部进入，与提取罐内颗粒状物质产生湍流，由提取罐顶部溢出，连续循环，流动浸出，提高固-液扩散层界面的更新速度，使物料中溶质与浸出液中溶质在单位时间内能保持一个较高的浓度差。

3. 操作方法

（1）物料准备。将需要提取的物料加工成大小基本均匀的颗粒，除去细粉，以免滤网堵塞，再将颗粒状物料用1～2倍物料质量的溶剂浸润备用。

（2）阶段提取。启动循环泵→打开阀门→溶剂自储液罐从提取罐下封流入→颗粒物质从提取罐上封流出→回储液罐→由泵排出。

（3）排渣装料。打开提取罐下封→排渣→打开提取罐上封→装料→盖好上封。

（4）饱和溶剂迁移。启动循环泵→打开阀门→饱和溶液经总管迁移→后续浓缩操作。

（5）不饱和溶剂迁移。选择一种具有良好溶解能力的提取剂，使其在提取过程中保持不饱和状态。未饱和的溶剂具有较高的溶解能力，可以更有效地提取目标成分。

（6）填装溶剂。将提取剂从设备的另一端加入。

（7）造梯度。通过调节原料液体和提取剂的流速和流量，形成有效的浓度梯度。不饱和溶剂迁移的驱动力主要是浓度梯度。溶质从浓度高的区域（原料液体）迁移到浓度低的区域（提取剂）。

4. 工艺参数

（1）物料粒度。提取装置要求物料粒度一般为1～7nm，细粉控制在30目内。

（2）阶段提取时间。采用液体湍流式动态循环技术缩短了有效成分从物料内部迁移至表面的时间，阶段提取时间一般为30～40min。

（3）提取单元数。采用阶段连续逆流提取工艺，最少提取单元组数为3，一般根据物料不同而改变。

（4）提取温度。采用阶段连续逆流提取工艺，有效成分的提取率主要由提取单元组数保证，与一般提取工艺相比，可降低提取温度，节省提取能耗。

（5）溶剂用量。溶剂用量是影响有效成分提取率的第二位因素，考虑到浸润物料需用1～2倍物料质量溶剂，实际溶剂用量为3～6倍物料质量。

模块二

林果产品加工

项目一 果实的采收、分级和贮藏

知识目标

1. 了解果实在成熟过程中化学成分的变化。
2. 掌握果实采收的标准及注意事项。
3. 掌握果实的分级方法。
4. 了解果实的贮藏形式。
5. 掌握果实加工保藏的方法。

技能目标

1. 能判定果实成熟过程中的化学成分变化。
2. 能针对果实原料的特点进行采收、分级、贮藏等处理。
3. 能分析果实贮藏的原理。
4. 能熟练运用果实贮藏的常用方法。

一、概述

我国是世界栽培植物的重要起源中心，除了粮食作物和其他栽培植物之外，现今世界上栽培的许多主要果树都起源于我国。《诗经》中记述的重要果树就有栗、榛、枣、桃、李、梅、梨等，可以肯定这些果树在那时就已经栽培了。经过后来长期的人工选育，逐渐形成了丰富的果树品种。

野果是人类祖先的主要食物来源，在我国战国时期人们只依靠粮食作物黍、稷等已不可能满足食物上的基本要求，还必须用瓜果类来补充，有时甚至把果实当成主粮。在地中海文明时期也有一些以干燥果实和坚果类为主要地位的农业体系，这种农业体系无疑表明了以果实类为主食的饮食生活习惯，至今这种饮食习惯在不发达的地区仍然存在。然而，随着人类文明的发展，今天栽培的果树已经和过去充当主食用的情况完全不同。比如，葡萄不仅产量居世界第一位，而且品种繁多，有鲜食用的，还有制葡萄干、果汁以及酿酒的专用品种，其他不少果树也有类似的情况。

科学在飞速地发展，人民的生活水平也不断地提高，对果品不仅要求数量多、种类丰富，而且营养价值也要高，尤其是果品中各种维生素含量，特别是维生素C的含量要高，同时要提供有机酸和矿物质，要像蔬菜一样，丰富食物的种类、增加食物的风味，这就给果品质量提出了新的要求，因此，人们更加关注开发利用野生的种质资源，来选择人们理想的新果树品种。近年来，许多国家，包括我国已经有了不少成功的先例。如东北长白山山区分布着大量的野生山葡萄，用其果实酿出的红葡萄酒，色彩艳丽，风味别致，在国内外市场上深受欢迎；生长在全国各地山区的野生猕猴桃，果实中不仅维生素C的含量高，营养丰富，而且对一些疾病还有一定的治疗效果，因此受到国际上的普遍重视。20世纪初，新西兰引种栽培中华猕猴桃，将其培育成商业品种，果实出口量已独占国际市场。我国野生果树资源很丰富，分布广泛，比如新疆的天山山区生长着大面积的多种类型的野生苹果，南疆各地还有成片的野生沙枣。

二、果实在成熟过程中化学成分的变化

果实内含有许多化学成分，这些成分在果实成熟过程中都在不断地发生变化，既有合成，也有生物降解。当果实进入衰老期时，生物降解变化就居于首位。因此，了解它们在成熟过程中化学成分变化的规律，对于确定适宜的采收期、提高加工品质量具有重要的意义。

1. 碳水化合物的变化

未成熟果实中淀粉含量较多，可溶性糖含量很少。随着果实的成熟，淀粉在淀粉水解酶及淀粉磷酸化酶的作用下逐渐被分解，可溶性糖的含量迅速增多，淀粉含量则逐渐减少。当果实进入衰老阶段时，由于果实呼吸作用的消耗，又使其糖量逐渐减少，甜味逐渐变淡。

未成熟的果实中原果胶含量高，致使果肉组织坚硬。随着果实的成熟，原果胶酶和果胶酶的活性增强，将原果胶逐渐分解为可溶性果胶，果实坚硬度降低。当果实过熟时，果胶在果胶酶的作用下分解为果胶酸及半乳糖醛酸，果实变软，甚至变成软烂状态，失去商品价值。

纤维素是果实中石细胞的主要成分，随着果实的成熟，纤维素被分解，石细胞消失，使果实品质变佳。

2. 色素的变化

果实中含有叶绿素、类胡萝卜素、花青素及黄酮素等多种色素，使果实呈现各种各样的颜色。这些色素在果实成熟过程中也在不断地发生变化，如叶绿素随着果实的成熟逐渐被分解直至消失，而原有的类胡萝卜素就显现出来。此外，较高温度及充足氧气的条件利于花青素的形成，使果实呈现鲜艳的色泽，成熟果实的向阳面着色好就是这个缘故。

3. 有机酸及其他化学成分的变化

果实种类不同，在成熟过程中有机酸的变化情况也不尽相同。一般果实中有机酸的含量随着果实的成熟逐渐降低，如浆果类、柑橘类及仁果类等。有的则相反，如核果中的樱桃有机酸含量随着果实的成熟而增加。

此外，维生素、芳香类物质及脂类随着果实的成熟其含量逐渐增高，使果实具有香味；当果实进入衰老阶段后又逐渐减少，使品质变劣。糖苷类及单宁物质随着果实的成熟而逐渐减少，使苦涩味消失，品质变佳。

三、适时采收

果实采收是加工工作的开始，采收期与果实品质及加工品质量有着非常密切的关系。采收过早，不仅果实内部的营养物质含量较低，果实个小、着色差、汁少、风味欠佳，而且果实的角质层尚未充分发育，采后易失水萎蔫，不易保存，影响加工品质及加工期限；采收过晚，果实组织结构疏松，营养价值下降，影响加工品质，因此，只有适时采收才能满足不同加工品的需要，保证加工品质量，延长加工期限。

适时采收就是在适宜的成熟度时采收果实。采收成熟度的标准依果实的种类、品种及采后用途不同而有差异。果实成熟度一般分为三个阶段。

（1）采收成熟度。此时的果实已长到本品种应有的大小，种子已经发育成熟，母株已不再向果实输送营养物质，达到了可以采收的程度，但风味欠佳。采收后，需放置一段时间，才能呈现本品种应有的风味。这个时期是长途运输、长期贮藏及制作果脯的适采期。

（2）食用成熟度。这时的果实已达到生理成熟阶段，即果实的色泽、风味、外观等方面都以最佳状态表现出来，此时果实的营养价值最高，质量最好，是鲜销以及制作果汁、果酒、罐头及干制品的适采期。

（3）过熟。过熟是果实到了充分生理成熟阶段，此时果实中的复杂有机物质已全部转化为简单物质，而且含量逐渐减少，风味变淡，营养价值降低，品种趋于恶化。但板栗、核桃及留种用的果实过熟阶段是适宜采收期。

根据以上三种划分果实成熟度的标准，结合采后用途，确定果实的采收成熟度。判断果实成熟度的方法有以下几种。

（1）果实的大小。在果实充分膨大，甚至近于停止生长时，也就是果实长到了本品种应有大小时进行采收。但因气候、栽培管理技术等因素的影响，即使是同一品种的果实，每年果实的大小也有差异，因此要凭多年的实践经验进行判断。

（2）果梗与果枝分离的难易。有的果实在成熟时，果梗与果枝间形成离层，只要稍加触动果实就脱落。在生产中常用离层形成的情况判断果实的成熟度。但是离层的形成受气候条件的影响，如在果实生长后期，天气干旱或气温偏高，离层就易形成。因此，要根据当年的气候情况进行判断。

（3）果实的颜色和香气。果实在成熟过程中，由于色素的变化，果实色泽也相应地变化。当果实达到食用成熟度时，果皮就呈现出本品种应有的颜色。在生产中可根据果皮颜色变化的规律来判断果实的成熟度。如大枣在成熟过程中果皮色泽变化的规律是：由深绿转为浅绿、转为绿白色（乳白色）、转为半红半白、转为深红色（紫红色）。制作蜜枣一般在枣皮由浅绿转为乳白色时为适采期，此时枣已停止生长，肉质疏松，果皮薄且有韧性，加工时皮肉不易分离；制作干枣、枣酱及鲜食时，枣皮全部变为紫红色时采装为宜。果皮的颜色受地理条件、日照强度及栽培技术措施的影响，如山地的果实比平原的果实着色好，多阴雨天年份的果实比少阴雨天年份的果实着色差（尤其是在果实生长后期）。同一株树的树冠外围与内膛枝果实的果皮颜色也不一样，树冠外围果实比内膛枝果实着色好。所以着色与成熟并不是必然的因果关系，在生产中应根据具体情况酌情考虑。

有些果实在成熟时，果面上生成一层不同颜色的果粉，这也是该品种成熟特性的一种表现，如柿子、李子、葡萄等。

此外，有些果实在成熟时散发出本品种应有的香气，这也是果实成熟的标志，如菠萝成熟时散发出菠萝特有的香气，元帅系苹果成熟时散发出香蕉香气。

（4）果实硬度。果实硬度与果实中果胶物质的含量及形态有着密切的关系。未熟的果实中果胶物质的含量较多（尤其是细胞间的原果胶含量多），果实坚硬。随着果实的成熟，原果胶在原果胶酶的作用下逐渐被分解为果胶，使果实硬度随之下降。在生产中根据这一变化规律可以判断果实的成熟度。

（5）果实中化学成分的变化。根据果实在成熟过程中化学成分变化的规律判断果实的成熟度。如未成熟果实中糖含量少，酸含量多，糖酸比值小；随着果实的成熟，糖的含量增多，酸的含量则减少，糖酸比值增大。用糖酸比值的变化规律来判断果实的成熟度。

有些果实含糖量少，含淀粉量多，如香蕉含淀粉量为15% ~ 25%，板栗含淀粉量为40% ~ 60%。随着果实的成熟，淀粉含量逐渐减少。利用淀粉与碘呈蓝色反应的特性，测定果实中淀粉含量变化情况判断果实的成熟度。

（6）果实的生长天数。在生产中，通常用果实的生长天数作为判断成熟的标志。在正常气候条件下，果树从盛花期到某种成熟度的果实生长天数基本是稳定的。据全国十多个点的记录，元帅系苹果生长天数为（142 ± 12.5）天。但因果树受外界环境的某些影响，这些指标并不是固定不变的，应根据当年的气候条件，参考数年的平均数据判断成熟度。有的地区从盛花期起计算到采收时每日平均气温的总和达到某一积温值来确定适采期，这种方法需要依据多年的经验才能确定合适的积温值，因此在生产中较少使用。

此外，国外可使用仪器测定果实成熟度，如乙烯测定仪根据测定果实中乙烯的浓度确定成熟度。另外，利用滞后光测定计测定果实的成熟度，其原理是用一光源照射果实，果实产生一种滞后光，然后用光敏元件测出滞后光并与标准光度板对照，确定成熟度。

四、采收方法及注意事项

果实的采收方法有人工、化学药品及机械采收等。依据果实的生物学特性，结合当地的具体情况选择适宜的采收方法。但无论是哪一种方法采收，都要避免果实损伤，如碰伤、挤伤、压伤、指甲伤、剪伤、擦伤及刺伤等，以防微生物侵蚀，保证果实质量，提高原料的利用率。

因此，采收时要特别注意以下事项：采收用的筐或篮子里面要有衬布；摘果时要轻拿轻放；用杆打或用机械振落时，树冠下的地面要清扫干净，最好用布单接果，以防果实受伤，特别是对于皮薄含汁液多及成熟度较高的水果就更为重要。如采收桑果多用人工振落方法，在树冠处用布单接果，这样既避免果实受伤，又加快了采收速度。

五、果实的分级、包装、运输及贮藏

果实采收后要经过挑选分级和包装，使果实标准化，以便于运输、贮藏及加工。

1. 果实的分级

果实分级就是根据果实的大小、色泽、成熟度及病虫伤害等情况，依果实种类、品种及加工种类进行挑选分级，使果实大小、成熟度及色泽一致，便于加工处理，制得形态整齐、色泽一致的加工品。特别是供罐藏用的原料分级后能适应机械化操作，并能按统一工艺进行加工，获得质量一致的产品。分级时挑选出病虫果，防止病菌、虫害的传播和蔓延。

果实分级有人工分级和机械分级两种方法。人工分级是用目测和手测，凭经验分级，在我国目前生产中使用较广泛。机械分级常见的设备有以下几种。

（1）分级板。分级板是人工分级时配备的简单辅助工具，如图2-1所示。

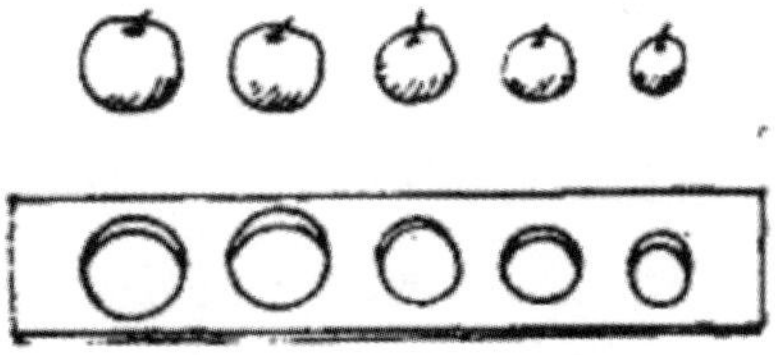

图2-1　果品圆孔分级板

（2）滚筒式分级机。滚筒式分级机如图2-2所示。

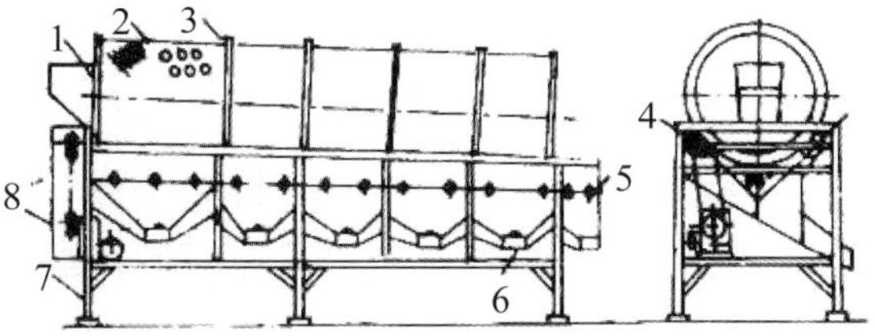

1—进料斗；2—滚筒；3—滚圆；4—摩擦轮；5—铰链；6—收集料斗；7—机架；8—传动系统。

图2-2　滚筒式分级机

滚筒式分级机的主要部件是滚筒。滚筒实际上是一个圆柱形的筒状筛。由于滚筒上有很多圆孔，果品在内滚转的过程中即进行分级。

滚筒分为几种（组数为须分级数减1），组与组的漏孔孔径不同，从原料进口至出口，后组孔径大于前组孔径，每组滚筒下均装有收集料斗。为使原料从滚筒内向外出口运动，整个滚筒的装量带有倾斜性，其倾斜角度一般为3°～5°。此种设备较适用于山楂一类的小型圆果的分级。

（3）振动筛。振动筛是食品加工厂常用的一种筛具器械，多数水果利用振动筛进行分级。筛子是带有冲孔（或钻孔）的金属板，用铜或不锈钢制成。使用此种筛，可得几种不同级别的果品，对果实的损伤也较小。

操作时，机体沿着一定的方向做往复运动。出料口有一定的倾斜度，筛面上的果品以一定的速度向前移动，在移动过程中进行分级。小于第一层筛孔的果实，落进第二层筛子，小于第二层筛孔的果实，通过第二层落入第三层筛子，以下以此类推。每一层的果实从出料口排出，每级筛子的末端均装有出料口，由此获得不同级别的原料。

这种分级器械结构简单，更换筛面方便，适用于多种果品不同规格的分级。缺点是动力平衡困难，连杆易损，噪声较大。

振动筛的动力是由电动机通过皮带传动使偏心轮回转产生的，偏心轮带动曲柄连杆使机体沿一定方向做往复运动，其传动情况如图2-3所示。

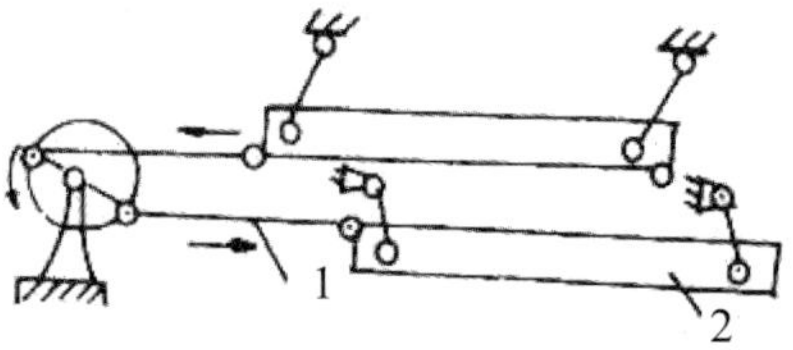

1—连杆；2—筛子。

图2-3　振动筛

（4）三辊筒式分级机。三辊筒式分级机适用于球形或近似球形的较大型果实原料，如苹果、柑橘、番茄和桃子等。按大小直径的分级范围50～100mm，共可分为5级。常用的GT5C9三辊筒式分级机生产能力对苹果来说约为7吨/日，每分钟约可分950个。

2. 果实的包装

适宜的包装是保证果实安全运输、减少果实机械损伤、延长加工工期和保证加工品质的重要措施。目前，我国使用的包装容器有筐类（柳条筐、荆条筐及竹条筐）、箱类（木箱、纸箱）及麻袋等。依据果实的种类、运输路程及用途，结合当地的具体条件，选用适宜的包装容器。作为加工用的果实一般多用筐类包装，如南方多用竹条筐包装柑橘类，北方多用柳条筐或荆条筐包装苹果、山楂等。依照果实的大小及包装容器种类的不同，选用适宜的包装方法。以苹果为例的筐装方法是：在筐底及筐壁衬垫蒲包或干草（3～4cm厚），苹果沿筐壁外围顺序排放，呈同心圆形排列，排满底层后，再按上法排第二层，以此类推直至筐口。然后将外露的衬垫物折回覆盖，上面再铺一层干草，加盖捆紧。装果时一定要装紧、装实，以果实不能晃动为宜。长途运输的果实在采收后必须预冷，散除田间余热后再进行包装。

3. 果实的运输

果实包装后还要通过各种运输途径运往目的地。不论用哪种运输工具都必须做到快装、快运、快卸，要轻拿轻放，严防暴力装卸，特别是用汽车、拖拉机时。运输时，装载要合理，排列要稳妥，固定牢固，严防日晒雨淋。运输途中要开稳车，以防颠簸损伤果实。随着交通事业的发展，利用加冰车厢、机冷车厢及冷藏车、冷藏船等运输果实，可减少果实在运输中的损耗，提高原料利用率。在国外，均使用运输专用的卡车、拖车、车厢或船舱，有空调、气调或减压设备，为果实运输创造了良好的条件。近年来，我国果实运输设备的发展迅速，特别是在冷链物流方面取得了显著进展。冷藏车和冷藏集装箱的普遍应用，使得果实在运输过程中的保鲜和质量保障得到了极大改善。

4. 果实的贮藏

果实采收后仍是活的有机体，继续进行着生命活动。但因为离开了母体，隔断了营养物质的供应，其化学反应向着分解的方向进行。因此，果实不断消耗自身的营养物质，随着贮期的延长，消耗的量也就越多。

果实在贮藏期间随时都会受到微生物的危害，这些微生物破坏果实的组织结构，降低果实对病虫害的抵抗能力，以致果实腐烂变质。因此果实在贮藏环境中，由于贮藏条件的不适宜，生理失调，导致生理病害的发生。加之果实自身组织的衰老，品质变劣。

果实在整个贮藏期间，由于多种因素的影响，果实的色泽、风味、外观及化学成分等均发生着不良变化，影响加工品的质量甚至失去加工利用价值。因此，了解果实在贮藏过程中的变化规律，采取有关措施，延缓有关变化速度，提高贮藏效果，对于提高原料的利用率、延长加工期限及保证加工品的质量有着重要意义。

（1）果实在贮藏过程中的变化。

①水分蒸发：在贮藏期间，由于贮藏环境中的空气相对湿度低，果实中的水分就向外蒸发，使果实失水，细胞膨压降低，重量减轻，果皮皱缩，呈萎蔫状态。萎蔫使水解作用增强，呼吸底物增多，促进果实的呼吸作用，加速营养物质的损耗。同时，由于果实失水使细胞液的浓度升高，一些物质和离子可能升高到有害的程度，引起细胞中毒。此外，由于原生质大量失水使其透性增强，细胞内的物质外渗，使果实出现生理失调，降低了果实的抗病性及耐贮性。

果实水分蒸发与贮藏环境中的相对湿度及温度有着密切的关系。适宜的低温和较高的相对湿度（80%～90%）会使水分蒸发速度减慢，水分损失减少。此外，水分蒸发与果实的种类、品种，果实的成熟度，表皮细胞角质的薄厚，原生质的持水力及表面积比大小，空气的流速及包装情况等都有着密切的关系。因此，防止水分蒸发是搞好贮藏的重要措施之一。

②呼吸作用：果实的呼吸作用是在酶的参与下进行的一种极为复杂的氧化过程，它把复杂的有机物质分解为简单的物质，并释放出能量。其中一部分物质用来维持果实的正常生命活动，其余的物质以热的形式释放到贮藏环境中。

果实的呼吸作用有两种类型，即有氧呼吸和无氧呼吸。

有氧呼吸是在有氧的情况下氧化分解有机物质，经过一系列的复杂反应，最后生成二氧化碳和水，并释放出大量能量。以还原糖为呼吸底物的总的化学反应为：

$$C_6H_{12}O_6(s)+6O_2(g)=\!=\!=6H_2O(l)+6CO_2(g)$$

$$\Delta_r H_m^{\ominus}(298.15K)=28.2\times10^5 J/mol$$

无氧呼吸（缺氧呼吸）是在无氧或缺氧时进行的呼吸作用，最后生成乙醇及二氧化碳，释放出少量能量。以还原糖为呼吸底物的总的化学反应为：

$$C_6H_{12}O_6(s)=\!=\!=2C_2H_5OH(l)+2CO_2(g)$$

$$\Delta_r H_m^{\ominus}(298.15K)=11.7\times10^4 J/mol$$

由以上两个反应式表明，有氧呼吸释放的能量是无氧呼吸的24倍。当果实进行有氧呼吸时，释放的大部分能量均以热的形式释放到贮藏环境中，使贮藏温度升高，又促进果实的呼吸作用。这种恶性循环，加速了果实的衰老进程。若进行缺氧呼吸，则需分解大量的有机物质，用释放的能量才能维持果实正常的生命活动。由于乙醇生成量的增多，使果实细胞中毒，出现生理病害。但是当果实短时间处于缺氧状态时，可以进行缺氧呼吸来维持正常的生命活动。因此，缺氧呼吸也是对不良环境（短时间内）的一种适应。

呼吸作用的快慢，一般用呼吸强度表示，即在一定的温度下，1kg果实在lh内释放出的二氧化碳的量或吸收氧的量。果实在贮藏期间，呼吸强度增强，标志着消耗的有机物质增多，衰老就会加快，贮藏寿命就会缩短。若抑制呼吸强度，则会延长贮藏期限，但是不能无限地抑制，以防果实进行无氧呼吸，影响贮藏效果。因此，了解影响呼吸作用的因素、采取有效的措施、抑制呼吸强度，是搞好贮藏的关键。

③微生物：微生物在果实上寄生为害是影响果实贮藏的重要因素。在贮藏过程中，致使果实发生病害的微生物种类很多，但多以真菌类的霉菌为主，这些霉菌会使果实生霉腐烂变质。烂果还放出乙烯气体，促进果实的呼吸作用，加速衰老过程，缩短贮藏期限。因此，要做好果实贮藏，除选择抗病性及耐贮性的品种、适时采收及适宜的贮藏条件外，还应加强栽培技术管理，才能减缓果实不良变化的速度，提高贮藏效果，延长加工期限，保证加工品的质量。

（2）果实的贮藏形式。果实的贮藏形式多种多样，随着科学技术的发展，果实贮藏形式及贮藏技术日新月异，贮藏效果也随之提高，为果品加工工业提供了有利条件。果实贮藏形式归纳起来有以下几大类。

①自然温度冷却贮藏：自然温度冷却贮藏是利用和调节自然温度使贮藏场所维持较低温度或使果实冻结后进行贮藏，如堆藏、埋藏、窖藏、冻藏及通风贮藏等。这些贮藏方法受地区和季节的限制，在气温高、冬季短的地区不适用，只能在寒冷、冬季长、昼夜温差大的我国北方地区的秋末、冬季及初春采用。这种方法构造简单，贮藏效果也较

好，是北方果农及果品加工厂广泛应用的一种贮藏形式。

②人工冷却贮藏：人工冷却贮藏是在具有良好隔热保温性能的贮藏库中利用机械制冷设备或加冰来调节库内温度进行的贮藏。这种贮藏形式不受自然温度的影响和季节的限制，贮量大、贮期长且效果好，如冷冻库就是其中的一种，适合我国南北方大型果品加工厂应用。

③调节气体贮藏：调节气体贮藏简称气调贮藏（CA），是将果实放在密闭的环境中，降低贮藏环境气体中氧的含量，适当提高二氧化碳的含量，使其形成合适的比例，在适宜低温下进行的贮藏。

气调贮藏的原理是果实在贮藏过程中由于呼吸作用促进果实后熟及衰老的生理变化。因此，降低果实的呼吸强度，就要减缓其后熟及衰老的速度，以保持较好的品质，延长贮藏期限。适当降低氧的含量和提高二氧化碳的含量，可降低果实的呼吸强度，同时阻碍果实的催熟剂——乙烯的形成，从而减弱果实的催熟作用，延缓果实的催熟过程。此外，还能抑制病原菌生长，使果实保持良好的状态。因此，气调贮藏的效果好、贮期长。这种贮藏形式在一些国家已得到广泛应用。

④其他贮藏形式：随着果品贮藏事业的不断发展，果品贮藏形式日益增多。目前，世界上一些国家利用辐射、减压及磁场等现代化贮藏方法，其中部分方法已在我国研究和推广使用，取得了良好的效果。

（3）果实的加工保藏。果实的保藏方法分为两大类：一类是将采后的鲜果进行贮藏，它是维持果实正常生命活动下进行的保藏，因此贮藏期有一定的限度；另一类是果实的加工保藏，这种保藏方法以新鲜果实为原料，依据果实的理化特性，通过不同的工艺，制成多种多样的加工品，使保藏期限得以延长。要保证加工品的质量，就必须了解果实败坏的原因，针对其原因采取有关的措施，控制败坏的因素，以达长期保藏的目的。

①果实败坏的原因：果实由于本身及外界环境因素的作用致使果实败坏，其原因很复杂，归纳起来主要有以下三种。

a. 物理因素：引起果实败坏的物理因素主要有光、温度、机械伤害、空气相对湿度等。果实经日光照射使其化学成分分解，导致果实变色变味；光照还会使果实温度升高，使呼吸作用加强，加速果实的成熟衰老。温度是影响果实败坏的主要因素之一，高温促进果实的呼吸作用，加速营养物质的消耗，促进果实的成熟衰老及变色变味。此外，高温有利于生物活动，使果实被侵蚀、腐烂变质。若温度过低，易使果实遭受冻害或冷害。机械伤害使果实的呼吸作用加强，加速衰老过程。尤其是开放性的伤害，极易使果实被微生物侵染，从而腐烂变质。空气相对湿度过低使果实中的水分蒸发，致使果实萎蔫，加速果实的败坏。

b. 生物因素：有害微生物侵染是果实败坏的主要因素。微生物广泛存在于一切环境中，果实又含有丰富的营养物质和较多的水分，是微生物生长繁殖最适宜的环境，因此很易被微生物侵蚀，致使果实腐烂变质。

c. 化学因素：果实的氧化还原及分解等各种化学变化都能引起果实的变质，如氧化作用使果实变味变色、维生素被分解。果实中的生物化学变化都是在酶的参与下进行的，因此凡是影响酶的活性及其作用方向的因素都影响果实的风味及品质。

影响果实败坏的这三种因素不是孤立的，而是相互联系、相互影响的。因此，要防止果实败坏必须综合考虑，采取有关措施，使其加工品得以长期保藏。

②果实加工保藏的方法：果实加工保藏是依据果实败坏的原因，采取有效措施来控制这些因素，主要是抑制或杀死微生物，以使果实长期保藏。加工保藏的方法很多，目前常使用的有以下几种。

a. 果实干藏：果实干藏是在自然条件或人工控制条件下使果实水分蒸发到微生物不能利用的程度，始终保持在低水分条件下进行长期贮藏的过程。如果干含水率为15% ~ 20%，在通风干燥环境中可保藏1 ~ 2年。

水分是微生物生命活动最主要的条件，如果果实水分含量较低，微生物就不能从其中吸收水分和营养物质，生命活动就会受到抑制。但微生物并未被杀死，而只是处于潜伏状态，一旦果干吸湿回潮，含水率升高，果实仍会被微生物危害。因此，干制品保藏应注意防潮，以免发霉变质。

b. 利用高渗透物质溶液保藏：利用高渗透物质溶液保藏就是利用能产生高渗透压的物质溶液进行长期保藏的过程。微生物是单细胞生物，它所需要的营养物质的吸收及代谢物的排泄，均以渗透的方式进行。也就是当微生物细胞外的渗透压低于细胞内的渗透压时，才能从外界摄取水分和营养物质，维持生命活动。反之，细胞内的水分则向细胞外渗透，引起细胞原生质的收缩，使微生物的生命活动受到抑制。

在果实加工中，通常使用的高渗透压物质有食盐溶液和糖液两种。食盐溶液的渗透压很高，1%的食盐溶液能产生848.82kPa的渗透压，而细菌细胞液的渗透压一般为355 ~ 1692kPa。因此，食盐溶液的浓度为10% ~ 18%时即可使果实长期保存，在果品加工中多用于腌制果胚或半成品保藏。糖液也有较高的渗透压，1%的蔗糖溶液能产生29.4kPa的渗透压，1%的葡萄糖溶液能产生137.62kPa的渗透压。因此，糖液浓度提高到60% ~ 70%时就能抑制微生物的活动，使加工品得以长期保藏，如糖制品就是用此法保藏的。但也有少数霉菌、酵母菌能抵抗这样高的糖液浓度，如果酱败坏就是这个原因。利用这种方法保藏果实加工品并未杀死微生物，而是使其处于被抑制的状态，一旦溶液浓度稀释，微生物则会重新危害果实。因此，糖制品要注意防潮保藏。

c. 果胚的腌制——盐渍保藏：在食品加工中，有些原料，特别是果品原料的供应过于集中，一时难以处理完毕。为了防止新鲜原料的腐烂变质，常需把新鲜果品用食盐腌成果胚保存起来，延长加工时间。有些制品由于加工工艺的需要，将原料先进行盐腌处理。果胚是蜜饯的一种半成品，以食盐为主腌制而成。有时加以少量明矾与石灰，使之适度硬化。果品经盐腌后，成分发生很大变化，所以只适合制成少数蜜饯，主要用于凉果制造。果胚的腌制过程为盐渍、暴晒、回软和复晒。个别果品在腌制前也需要适当处理。例如，柑橘宜刺孔或划缝、压扁，三稔宜切分，桃宜对切，橄榄与李宜用盐擦皮。

腌制有干盐和盐水两种方法。

干盐法用于成熟度较高、果汁较多的种类，用盐量依据果品种类和制品贮存期的长短而有较大变化，如表2-1所示。

表2-1　果胚的腌制

果胚种类	每100kg果实的用料量/kg			腌制时间/天	备注
	食盐	明矾	石灰		
梅	16～24	少量	—	7～15	—
桃	18	0.125～0.25	—	15～20	—
毛桃	15～16	0.125～0.25	0.25	15～20	—
杨桃	8～14	0.1～0.3	—	5～10	—
李	16	—	—	20	—
杏	16～18	—	—	—	—
桔	8～12	—	1～1.25	30	水胚
金橘	24	—	—	30	分两次腌制
柠檬	22	—	—	60	—
橄榄	20	—	—	1	—
三稔	6	—	—	7	—
仁面	10	—	—	15	另加其他果品腌制的剩余液

盐水法用于未成熟果或果汁稀少、肉质紧密以及酸涩味较强的种类，盐水浓度为10%左右，用量以淹没果实为宜。果实上加竹帘和重物，不使其上浮。盐水腌制过程所发生的轻度乳酸和酒精发酵，有利于糖分和部分果胶物质的水解，使果肉组织易于渗透，同时也可使苦味和涩味物质水解。腌制以果实半透明时为度，取出晒成干胚，也可作水胚保存。

d. 杀菌密封保藏：杀菌密封保藏是将果实处理后，密封在容器中，用高温处理杀死大部分微生物，防止微生物再侵染而长期进行的保藏，如水果罐头、果汁等就是用这种方法保藏的。杀菌的方法很多，目前使用的有加热杀菌、光杀菌、高频率电流杀菌及放射线杀菌等，其中加热杀菌为我国广泛使用。

加热杀菌的原理在于高温对微生物细胞的破坏作用，细胞原生质因遇高温而凝固，使酶失去活性，微生物也就失去了生命。温度越高、时间越长，杀菌效果就越彻底。为了保证加工品品质，必须根据加工品的种类及加工品pH的高低选用适宜的温度和时间，以保持其原有的色、香、味。加热杀菌的方法有三种：常压杀菌，是在101.325kPa（1个大气压）下，温度为100℃，杀菌时间为15～30min，此法多用于pH低于4.5的加工品，如水果罐头类等；巴氏杀菌，温度为55～85℃，常用于果汁果酒的杀菌；高压杀菌，增加杀菌锅中的压力，一般高于101.325kPa，温度在100℃以上，多用于pH高于4.5的加工品，如蔬菜罐头等。

e. 发酵保藏：发酵保藏是利用有益微生物在果实生长发育过程中产生和积累的代谢产物，抑制有害微生物的活动，使制品长期进行保藏，如酒精发酵、醋酸发酵等。酒精发酵应用于果酒酿造，是在酵母菌的作用下使果实中的糖变为酒精。酒精对微生物有很强的毒害作用，一般酒精浓度在10%时均能抑制微生物活动。醋酸是由醋酸菌作用引起的，多用于果实制醋。酸对微生物有很强的毒性，一般浓度1%～2%的醋酸就可抑制微生物活动，浓度5%～6%时可杀死微生物。其主要是由于电离出的氢离子使微生物细胞原生质的等电点发生变化，凝固或变成更分散的胶体，使原生质胶体性质完全改变，致使代谢作用受到破坏。因此，酸对微生物的毒害作用不仅与酸的浓度有关系，而且与氢离子的浓度关系也很密切，所以对于pH偏低的加工品杀菌时间可适当缩短。

f. 防腐剂保藏：防腐剂是可以杀死或抑制微生物生长活动的化学物质或生物代谢物质。在果实加工品中加入适量的防腐剂进行的保藏为防腐剂保藏。这种保藏方法简便，一般不需要专用设备，在常温或简单包装的条件下均能短期保藏，若作为一种辅助保藏手段，效果则更佳。但随着保藏方法的不断改进，防腐剂的使用则有逐渐减少的趋势。防腐剂的种类很多，目前我国允许使用的主要有苯甲酸及其盐类、山梨酸及其盐类、亚硫酸及其盐类等。

g. 速冻保藏：速冻保藏是将采后的果实经过工艺处理，置于-35～-25℃的低温下迅速冻结，然后在-20～-18℃温度下进行长期保藏。由于果实在很低温度下，果实组织中的自由水迅速冻结成微细的冰晶体，对果实细胞壁不会产生什么危害。若解冻方法得当，能恢复原来状态。在速冻时，冻结的时间越短，效果则越好，一般在40min以内冻结为宜。若果实个大，可进行去皮、切块或加糖浆等工艺处理，但要注意护色以防褐变影响质量。速冻时如果需要包装，应选择导热快的包装容器，包装量要适宜，以便包装容器与其内的加工品基本上在同一时间内结冻，以防结冻速度缓慢，保证速冻质量。

果实的种类不同，其生物学特性也不同，对冷冻保藏的适应性也不同。如有的能长期进行冷冻保藏，有的冷冻保藏时间很短，有的则不适于冷冻保藏。一般浆果类、桃、杏、菠萝、苹果及葡萄则差些，当然同一种类不同品种间的适应性也有差异。因此，选择成熟的适于冷冻保藏的品种，及时合理处理及速冻后在相对稳定的低温下（－18℃）贮藏是保证速冻产品质量的关键。

项目二　林果产品的干制加工

知识目标

1. 理解干制的含义。
2. 掌握林果品干制的原理。
3. 理解林果品干制过程中的变化。
4. 掌握林果品干制的工艺。
5. 了解常见的林果品干制方法。

技能目标

1. 能把握干制加工工艺要点。
2. 能分析林果品干制过程的特性改变。
3. 能独立设计特色林果品干制加工工艺。

自古以来，我国广大的劳动者积累了丰富的干制加工经验并创造出多种各具特色的果蔬干制品，如荔枝干、龙眼干、柿饼、葡萄干、红枣干、苹果干等久负盛名的特产深受国内外人们的喜爱，成了畅销国内外市场的土特产品。

干制后，果品既能保持原有的风味，又可延长供应期，还由于质量减轻、体积缩小，便于运输与携带，因此给军事及有关民用行业的使用带来方便之处。此外，干制的技术和设备可简可繁，便于掌握和应用；干制后的产品具有一定的复水率等。

近年来，由于干制技术的研究不断深入，先进的技术得以应用，逐步实现了干制过程直至干制品包装贮藏的机械化、自动化，干制品的产量和质量不断提高。

一、林果产品干制原理

果品干制的目的在于将果品原料中的水分减少，从而将可溶性物质的浓度增高到微生物不能利用的程度。同时，果品本身所含酶的活性也受到抑制，产品能够长期保存。

干制原料宜选择干物质含量高、肉质厚、组织致密、风味色泽好、褐变不严重、成熟度适宜的果品。另外，皮部的厚薄、心部的大小、种核的大小与数量、粗纤维的多少等，都影响干制品的品质和产量。表2-2列举了几种果品干制原料的要求和适宜干制的品种。

几种果干赏析

表2-2 几种果品干制原料的要求和适宜干制的品种

种类	原料要求	适宜干制品种
苹果	果形中等，肉质致密，皮薄，单宁含量少，干物质含量高，充分成熟	金冠、小国光、大国光等
梨	肉质柔软细致，石细胞少，含糖量高，香气浓，果心小	巴梨、茌梨、茄梨等
荔枝	果形大而圆，肉厚，核小，干物质含量高，香味浓，涩味淡，壳不宜太薄，以免干燥时裂壳或破碎凹陷	糯米糍、槐枝
桂圆（龙眼）	果形大而圆整，肉厚，核小，干物质或糖分含量高，果皮厚薄中等，过薄则易凹陷或破碎	大元、乌龙岭、油潭本、普明庵等
柿	果形大，呈圆形，无沟纹，肉质紧密，含糖量高，种子小或无核品种，充分成熟，色变红但肉坚实而不软时采收	荥阳水柿、镜面柿、牛心柿、尖柿
枣	果形大（优良小品种也可），皮薄，肉质肥厚致密，含糖量高，核小	乐陵金丝小枣、稷山板枣、新郑灰枣，义乌大枣
杏	果形大，颜色深浓，含糖量高，水分少，纤维少而充分成熟，有香气	荥阳大梅、老爷脸、铁叭哒、克孜尔苦曼提等
桃	果形大的离核种，含糖量高，纤维素少，肉质细密而汁液少，果肉金黄色具有香气的为最好，以果实皮部稍变软时采收的为宜	黄甘桃、砂子早生等
葡萄	皮薄，肉质柔软，含糖量在20%以上，无核，充分成熟	无核白、马奶子

1. 干制机制

（1）外扩散作用。在干制过程中，果品在干燥初期首先是原料表面的水分吸热变为蒸汽而大量蒸发，称为水分的外扩散。由于干燥介质的影响，首先是温度上升的作用，果品表面开始升温并蒸发水分，于是表面含水率逐渐降低。当外部含水率低于内部时，内部水分才开始向表面移动。因此，把果品的厚度分成若干层时，内部的一层含水率最高，外面的一层含水率最低，这种水分逐层降低的状态，称作湿度梯度或含水率梯度。

（2）内扩散作用。借助湿度梯度的动力，促使果品内部的水蒸气向果品表面移动，同时促使果品内部的水分也向果品表面移动，这种作用称为水分的内扩散。湿度梯度大，水分移动就快；湿度梯度小，水分移动就慢。所以，湿度梯度是果品干燥的一个动力。此外，在干制过程中，有时采用升温、降温，再升温、再降温的方法，形成温度的上下波动，即将温度升高到一定的程度，使果品内部受热，而后再降低果品表面的温度，这样果品内部温度就高于表面温度，这种内外层温度的差别称为温度梯度。水分借助温度梯度沿热流方向向外移动而蒸发，因此，温度梯度也是果品干燥的一个动力。在水分蒸发的过程中，空气起热传导作用，也起输送作用，将蒸发出的水分输送出去（以蒸汽的形式）。

2. 干燥速度的影响因素

（1）空气的温度。若空气的相对湿度不变，温度越高，达到饱和所需的水蒸气越多，水分蒸发就越容易，干燥速度也就越快；反之，温度越低，干燥速度也就越慢，产品容易发生氧化褐变，甚至生霉变质。但也不宜采取过度高温，过度高温会使原料中的糖焦化，有损外观和风味。此外，因为林果品含水率高，遇过高温细胞质液体迅速膨胀，细胞壁破裂，内容物流出，高温低湿还容易引起结壳现象。因此，在干制过程中，应选择适合的干燥温度。

（2）空气的相对湿度。如果温度不变，相对湿度越低，则空气的饱和差越大，水分蒸发越容易，原料干燥速度越快，最终含水率也越低。例如，红枣在干制后期，环境相对湿度为65%，干制后含水率为47.2%；环境相对湿度为56%，则干制后的红枣含水率为34.1%。所以，可以采取升高温度，同时降低湿度来提高食品干制时的干燥速度。

（3）空气的流速。通过原料的空气流速越快，带走的湿气越多，干燥也越快。因此，人工干燥设备中可以用鼓风机增加风速，以便缩短干燥时间。因为在原料附近饱和的水蒸气不断被带走，而新鲜未饱和的空气不断被补充，从而加速了蒸发过程。据测定，风速在3m/s以下时，水分蒸发速度与风速大体成正比例。

（4）原料的种类和状态。林果品原料的种类不同，其化学组成和组织结构也不同，干燥速度也不一致。如原料肉质紧密，可溶性固形物含量高，干燥速度就慢；反之，干燥速度快。有些原料如葡萄、李子等果面有一层蜡质，阻碍水分的蒸发，可在干燥前用盐水处理，将蜡质溶解，以提高干燥速度。由于水分是从原料表面向外蒸发的，原料切分的大小和厚薄对干燥速度有直接的影响，原料切分越小，其比表面积越大，水分蒸发越快。

（5）原料的装载量。装载原料的数量与厚薄对原料的干燥速度有影响，烘盘上原料装载量多，则厚度大，不利于空气流通，影响水分蒸发。原料铺在烘盘上或晒盘上的厚度越薄，干燥越快。干制过程中可以随着原料体积的变化，改变其厚度，干燥初期薄些，后期可以厚些。总之，装载量的多少及其厚度以不妨碍空气流通为原则。

二、林果品干制过程中的变化

1. 体积减小、质量减轻

体积减小、质量减轻是林果品干制后最明显的变化。一般干制后体积为原料体积的20% ~ 35%，质量为原料质量的6% ~ 20%。

2. 色泽的变化

果品在干燥过程中或干制品在贮藏中，常变成黄色、褐色或黑色，这种变化是褐变。此外，新鲜果实细胞间隙存在空气，在干燥时受热排除，使干制品呈半透明状态。干制品越透明其质量越高，因为透明度高不仅外观好，而且由于空气含量少，可减少氧化作用，提高干制品的耐藏性。干制前的热处理可以达到这个目的。

3. 营养成分及品质的变化

自然干制的林果品因为干燥缓慢，酶的活性不能很快被抑制，呼吸作用仍要进行一段时间，从而会消耗一部分糖分和其他物质。干燥时间越长，营养成分损失越多，质量越差。采用人工干制，可很快抑制酶的活性和呼吸作用。干燥时间短，可减少糖分的损失，但如果条件控制得不好，温度过高或干燥时间过长，可使糖分焦化，颜色变深，同时维生素C也损失严重，因此必须控制好干燥条件。

三、林果品干制工艺

1. 工艺流程

原料选择→预处理→干燥→成品→回软（均湿）→包装。

2. 操作要点

（1）原料的选择。要求选择干物质含量高、纤维素含量低、风味良好、核小皮薄、色泽好、肉质厚、组织致密的原料。

（2）原料的处理。

①洗涤、去皮、去核、切分：用符合饮用水标准的水进行洗涤，剔除不适宜干制的部分原料。可用0.5% ~ 1.5%的HCl溶液在常温下浸泡5 ~ 6min，再用清水洗净，除去残留

农药，洗涤时用流动水。对外皮较粗糙的种类须进行去皮，可采用人工、机械、热力或碱液去皮。去皮后再去核和切分，原料切分后比表面积增大，水分蒸发速度加快，切分越细，干制需时越短。

②热烫：原料热烫可钝化氧化酶，减少氧化变色；可以使细胞内原生质发生凝固、失水和细胞壁分离，增加膜的透性，促使细胞组织内水分蒸发，加快干燥速度，干制品复水时也容易重新吸水，并可使组织柔韧，不易破碎；空气被排除，含叶绿素的原料色泽更加鲜艳，不含叶绿素的原料呈半透明状，使成品更加美观；还可以除去原料表面的黏性物质，使成品洁净，除去一些原料的苦涩味，杀灭附在原料表面的虫卵、微生物，清除表面的残留农药。但热烫会损失一部分可溶性物质，切分越细，损失越大。

③硫处理：硫处理是用硫磺燃烧熏林果品或用亚硫酸及其盐类配制成一定浓度的水溶液浸渍林果品的工序。硫处理可抑制原料氧化变色，提高维生素C的保存率；可抑制微生物的活动；可增强细胞膜透性，促使水分蒸发，加快干燥速度，缩短干燥时间。

主要果品的人工干制工艺要点如表2-3所示。

表2-3 主要果品的人工干制工艺要点

干制品	原料处理	主要工艺	备注
苹果干	削皮，去心，切成5～7mm厚的圆片，熏硫10～20min，蒸烫2～4min，再熏硫1～2h	装量4～5kg/m²，初温为80～85℃，终温为50～55℃，干燥时间为5～6h	成品含水率约20%
梨干	切成3～4片，去柄，去心，热烫15～25min，在3%二氧化硫中熏2～3h至透明	装量10～12kg/m²，初温为70～75℃，大部分水分被蒸发后降温至50～55℃，干燥30～36h	成品含水率不超过22%
桃干	切半，去核，1%～1.5%NaOH热液中烫漂30～60s，去皮，冲洗，蒸烫5min，熏硫1h	装量10kg/m²，初温不超过68℃，相对湿度为55%左右，末期相对湿度为25%～30%，干燥24～30h	成品含水率不超过22%
葡萄干	用1.5%～4%NaOH溶液处理1～5s；薄皮品种可用0.5%Na_2CO_3溶液处理3～6s后冲洗干净	装量13～15kg/m²，初温为60～70℃，终温为50～60℃，相对湿度为30%～55%	干燥时间为16～24h
李干	用0.25%～1.5%的NaOH溶液处理5～30s，冲洗干净	装量12～14kg/m²，间歇升温法：45℃→升温→75～80℃→降温→55～60℃，制品含水率不超过20%	升温烘4h后降温4h
杏干	切半，去核，切面向上摆入烘盘中，熏硫3～4h，熏硫前可用1：33盐液洒于果面上	装量7～9kg/m²，在50～55℃干燥2h后升温至60～70℃继续干燥，总干燥时间为20h左右	成品含水率约16%

续表

干制品	原料处理	主要工艺	备注
枣干	沸水热烫5～10min	装量13～15kg/m²，初期6～8h升至55℃，果实烫手时升至65～68℃，不超过70℃，相对湿度为55%，后期降温至55℃后维护8h	干燥结束及时撤开降温排湿
樱桃干	浸于0.5%Na_2CO_3热液中，待果皮出现小裂纹时捞起，冲洗干净，熏硫1h	装量8～12kg/m²，开始温度为60℃左右，待稍干时升至75～78℃，8～12h后挑出未干果实另外干燥，然后回软2～3天	成品含水率8%～12%
柿干	脱涩，去皮，去萼，切分，浸于含1%食盐、0.2%柠檬酸的混合液中，再浸于0.5%亚硫酸氢钠液中0.5h	装量5～6kg/m²，初期温度为60℃左右，时间控制为36h左右，至果面皱缩时进行揉捏，使果实厚薄一致，回软2～3天	成品含水率约25%
猕猴桃干	微沸的20%NaOH液浸1～2min后，用1%盐酸液浸30s，清水冲洗10min，切成4～6mm厚片，熏硫4～5h	装量10kg/m²，温度控制在65～75℃，时间控制为20～24h	成品含水率在20%以下
香蕉干	剥去外皮，切成两半，熏硫20min，或用3%的亚硫酸溶液浸泡片刻	装量10kg/m²，初温控制为50℃，终温控制为75℃，终点相对湿度控制为25%	成品含水率12%～18%
芒果片	选质地致密的成熟果、未熟果或酸芒果，切成6～14mm厚的片，95～100℃热水烫漂3～5min，0.25%～2%亚硫酸钠溶液浸5min。然后成熟果片用40°～50°Bx的糖液浸渍20h左右，未熟果和酸芒果片用2.5%～5%干盐腌制10h左右	装量5～6kg/m²，一般采用真空干燥，真空度为100kPa左右，温度为60～65℃。干燥后适当回软再进行干燥，达到含水率要求。此外，还可用冷冻升华干燥。用干盐腌的未熟果和酸芒果也可用微波干燥，但不能用于糖腌处理的芒果	制品含水率按原料而定：成熟果为18%，未熟果和酸芒果为2%
整果龙眼干	挑出虫果，按要求选果，剪去果蒂，热水烫漂或细砂磨薄果皮	装量50kg/m²，机械干燥时先杀青，温度控制为100℃左右，保持10～12h，回软3天后，在带式干燥机中用70～80℃温度干燥1h左右，再用60℃干燥2h左右	成品果核易咬碎，含水率12%～18%
整果荔枝干	挑出虫果，按要求选果，剪去果蒂		

（3）升温烘烤。不同种类的食品分别采用不同的升温方式。有前期为低温，中期为高温，后期为低温的升温方式；也有前期急剧升温，维持在70℃，根据干燥情况再逐步降温的方式；还有整个干燥过程维持在55～60℃恒定水平的升温方式。

（4）通风排湿。一般当烘房内相对湿度达到70%以上，就要进行通风排湿工作。

（5）倒换烘盘。使烘房上下部、前后部、左右部的被烘烤原料受热均匀，干燥程度一致。

（6）干制方法。

①自然干制法：在自然条件下，将原料直接置于晒场、席子或悬挂架上利用太阳能、热风使林果品干燥的方法。这种方法设备简单，操作简单，生产费用低，且还能促使未完全成熟的林果品进一步成熟，但干燥速度慢，时间长，易受污染，难以制成优良产品。

水果干制方法

②人工干制法：可利用烘灶、烘房和干制机等设备进行。这种方法不受气候条件限制，可人工控制条件，干燥迅速，效率高，质量好。但人工干制需要一定的干制设备，操作复杂，生产成本较高。

（7）包装前处理。

①回软：又称为均湿、发汗或水分的平衡，目的是使干燥的林果品经过一段短暂的贮藏，进行内外水分的转移，使各部分含水率均衡，质地呈适宜柔软状态。回软在贮藏室的密闭容器中进行，所需时间视干制品的种类而定。

②分级：目的是使成品品质合乎规格标准，便于包装运输，贯彻优质优价的政策。分级可在固定的木制台上进行，也可在附有传送带的分级台上进行。分级要及时，以免引起制品变质。分级时，应将产品分为标准成品、废品和未干制品三部分。

③防虫：干制品易遭受虫害，除经硫处理的林果品制品外，都应进行防虫处理。防虫的方法有低温杀虫、高温热处理、气调防虫、烟熏、电离辐射防虫等，包装前应做好各种防虫工作。

（8）包装。干制林果品的包装应在低温、干燥、清洁和通风良好的环境中进行。包装容器要求能够密封、防虫、防潮，常用的包装容器有镀锡薄板罐、木箱、纸箱和纸盒等。另外，金属罐、玻璃罐、塑料薄膜袋以及铝箔真空袋也是包装干制品的理想容器。采用真空充气包装的方法，可降低贮存期间营养物质的损失，并避免吸潮。

四、林果品干制加工实例

1. 枣的干制

枣是我国传统的干制果品之一，栽培广，产量大，品种也很多，主产于我国山东、河南、陕西、河北、山西等省。用于干制的枣宜选用果形大、皮薄、肉质肥厚致密、糖分高、核小的品种。因干制方法的不同，制品也有各种名称，最常见的有红枣、黑枣、南枣、去皮无核糖枣等。

枣的干制有晒干和烘干两种。晒干的方法比较简单，待枣子着色成熟后采下，于晒场、苇席、枣树行间暴晒。晚上收起，堆于原地，次日再晒，一般晒15～20天，干后收起。拣出破枣、绿枣，分级、包装、贮藏。与晒干法相比，烘干法在温度控制、干燥速度和卫生条件上具有明显优势。人工干制能够精确控制温度和湿度，快速完成干燥过程，减少外界污染，保持大枣的风味和营养成分。下面介绍红枣的烘干制法。

（1）工艺流程。原料挑选→装盘→烘烤→成品。

（2）操作要点。

①原料挑选：烘干前将采收的鲜枣按大小、成熟度分级，剔除病虫害果、破伤果、残落果及杂物。

②装盘：装盘量因枣品种不同而异，一般装盘量为13～15kg/m^2，厚度以不超过两层为宜。

③烘烤：加热升温，在6～8h室温升高到55℃左右。温度上升不宜过快，以免内外扩散失调，发生结壳焦化现象。在蒸发阶段，8～10h将温度升高到65～68℃，维持约6h。此阶段由于水分大量蒸发，烘房内相对湿度逐渐增大。当超过70%时，立即打开排气筒，排气10～15min，至相对湿度下降到55%左右时关闭排气筒，如此反复进行5～8次。在此阶段要倒盘翻枣5～8次，即将靠近炕下面的两层烘盘与顶部调换，并搅拌翻动，使其受热均匀，干燥一致。在蒸发阶段结束以后，果内游离水已大部分排除，蒸发速度开始减缓，此时将烘房温度下降至55℃左右，维持6～8h，使其水分趋于平衡，并随着枣的逐渐干燥，不断将干燥好的产品及时拣出，未干燥好的产品留待继续干燥。当原料温度与干球温度接近时，结束干燥。

2. 葡萄的干制

（1）自然干制。自然干制的方法比较简便，一般待葡萄充分成熟着色后采收，于晒场或平房顶等高处晒制，夜间收起，堆于原地，覆盖防露，次日打开再晒，如此反复进行15～20天，直至手握时葡萄发软且具有弹性，含水率至28%以下，即可分级收藏。

（2）人工干制。

①挑选分级：烘干前将采收的鲜葡萄按大小、成熟度分级，剔除病虫害果、破伤果和残落果及杂物。

②装盘：装盘量因葡萄品种不同而异，一般装盘量为13～15kg/m^2，厚度以不超过两层为宜。

③烘烤：烘烤过程分为预热、蒸发和烘干3个阶段。

a. 预热阶段：当葡萄进入烘房以后，关闭门窗和排气筒。加热升温6～8h，使室温升高到55℃左右。温度不能上升过快，以免葡萄内外扩散失调，发生结壳焦化现象。待果温达35～40℃，果肉变软，用手捏时果面出现皱纹为止。

b. 蒸发阶段：8～10h将温度升高到60～70℃，维持约6h。此阶段由于水分大量蒸发，烘房内相对湿度逐渐增大。当超过70%时，立即打开排气筒，排气10～15min，至相对湿度下降到55%左右时关闭排气筒，如此反复进行5～8次。在此阶段要倒盘翻葡萄5～8次，即将靠近炕下面的两层烘盘与顶部调换，并搅拌翻动，使其受热均匀，干燥一致。

c. 烘干阶段：蒸发阶段结束以后，果内游离水已大部分排除，蒸发速度开始减缓。此时将烘房温度下降至55℃左右，维持6～8h，使其水分趋于平衡。并随着葡萄的逐渐干燥，不断将干燥好的产品及时拣出，未干燥好的产品留待继续干燥。当原料温度与干球温度接近时，干燥即结束。

此外，如果天气晴朗，也可烘至七八成干后，转入晾晒，这样既可节省燃料，又能提高干燥量。刚烘干的葡萄温度较高，应及时摊开散热，然后方可堆放贮存，以免积热造成霉烂和营养成分损失。

3. 柿子的干制

（1）柿饼的加工。我国各柿产区将柿果晒成柿饼，在制作方法上大同小异。

①自然干制：

a. 鲜果品种及品质的选择：柿饼的原料要求果形大、肉厚、圆形、无沟纹、含糖量高、种子少或无核。在柿子果色变红、肉质坚硬而不软时采收，并将果柄剪短。

b. 去皮：目前多采用手工或旋床去皮，旋皮要求旋得薄，不漏旋，基部周围留皮宽度不得超过1cm。

c. 晾晒：把去皮的柿果晾在席子或挂在木架的麻绳上暴晒。如遇阴雨，用席或塑料膜盖上，雨后取出再晒，晒几天后翻晒底面，以利于水分的蒸发。晒至果实表面微皱。

d. 捏柿与回软：方法是两手握柿，纵横捏，随捏随转，直到内部变软。目的是将干皮内果肉组织捏乱，呈稀糊状，柿核歪斜为止。第一次捏柿后再晒5～6天，将柿子堆地，用麻袋覆盖回软2天。第二次捏柿是用中指顶住柿萼，两拇指从中间往外捏，边捏边转，捏成中间薄、四周高的碟形。然后再晒3～4天，又堆1天，再整形1次后晒3～4天，即可上霜。

e. 上霜：柿霜是果肉的可溶性物渗出的白色结晶，其主要成分是甘露醇和葡萄糖，有润肺止痰之功效。各地上霜的方法不一，但柿饼出霜的好坏与柿饼肉的含水率关系很大。如饼内含水率太高，堆放后水分外渗，表面发黏，不能出霜。若含水率太低，也不易止霜。根据经验，最后一次整形时，柿饼外硬内软，回软后没有发汁和过软现象，一般都能出霜。此外，出霜、上霜与温度也有关系，温度越低，上霜越好。因为低温使固形物的溶解度下降，更易呈结晶析出。据陕西省眉县某外贸公司试验，制品颜色黄亮，甜度正常，出霜好，出口成品率高。

②人工干制：柿子干制也可使用人工干制，其原料处理的工序与自然干制工序相

同，只是人工烘烤温度不能高，一般在60～70℃，而且要分段进行，同时加强通风。烘烤大致分为以下3个阶段。

a. 第一阶段：柿子进烘房后，开始升温，待温度到60℃，微火保温，使温度维持在60～70℃，每隔2h打开天窗通风1次，每次放风15～20min，此阶段需2天。果色稍呈白色，进行第一次捏饼，必须轻捏，防止皱皮，捏饼后继续烘烤20h，温度稳定在60℃左右。

b. 第二阶段：当果面出现纵向皱纹时进行第二次捏饼。这次捏乱果肉，使果核与果肉分离，柿子已基本脱涩，可加大火力，维持20h，注意通风排湿。

c. 第三阶段：柿果已经显出干缩后进行第三次捏饼，降低温度，减少蒸发，使内扩散和外扩散相适应，将饼收起回软、整形、上霜即可。

（2）柿片、柿角和柿坠的加工。柿子干制除加工成柿饼外，还可以加工成柿片、柿角、柿坠等制品。生产柿片、柿角的方法除预处理时进行切分外，干制方法与柿饼干制方法相同。生产柿坠的方法与生产柿饼的方法相同，只是不进行捏饼和整形，让柿子自然坠吊干制即成。

4. 龙眼或荔枝的干制

龙眼、荔枝除生食外，大部分加工制成龙眼干、荔枝干，这些产品是国际市场畅销的果干。

（1）原料的选择及处理。供干制的龙眼、荔枝，应选择新鲜、皮薄、肉厚、核小、含糖量高的品种。过熟、未熟及采后久放的果实干制后易产生扁果（即凹果），不宜采用。

（2）干制方法。干制方法一般采用日晒法和烘制法或日晒、烘制兼用，后一种方法较好。

①日晒法：从树上采下的果实宜保持成穗，不宜单个果，以便翻晒。

选择晴天，将龙眼或荔枝成穗放在晒盘日晒1天，翻1次。然后选出破裂果，继续晒7～10天。当龙眼或荔枝八九成干时，在早晨将果从穗串上一个个剪下，再晒至下午1时左右，进行回潮。方法是把晒盘叠起，周围用麻袋或草席包盖。次日早晨再摊晒，中午叠起再回潮。连续1～2天，使果核水分扩散，待制品干到果皮一击就开裂时，即可包装。

龙眼易腐烂，若遇雨天，要结合烘制，方能保证质量。有些地方在干制前，龙眼先热烫处理，可以加速干燥。

②烘制法：采用烘干机烘制，预热阶段温度70～80℃，时间30～60min，快速去除龙眼表面的水分，抑制细菌和酵母菌的生长。干燥阶段温度为50～60℃，时间约2h。确保内部水分逐步蒸发，避免因温度过高而导致果实质地变差。此阶段需定期检查，确保干

燥均匀。

③日晒、烘制兼用：干制时，把成穗的龙眼或荔枝在晒盘上晒1 ~ 2天，每日翻1次，果皮放柔软后即进行烘制。在烘床中，用60 ~ 65℃烘12h，翻1次，移出静放1 ~ 2天，再烘2 ~ 4h，到果皮一击就裂为度，取出分级，把圆的、扁的果分别包装。

龙眼干制后的果，经过去皮及去核后，称作元肉，是高级滋补品，医药上常作配方。

五、干制果品成品的防虫处理

1. 低温贮藏

将产品贮藏在2 ~ 10℃条件下，抑制虫卵发育，推迟虫害的出现。

2. 热力杀虫

将干制品在75 ~ 80℃的温度下处理10 ~ 15min后立即包装，可杀死昆虫和虫卵。对于干燥过度的果品，可用蒸汽处理2 ~ 5min，不仅可杀虫，还可使产品肉质柔软，改进外观。

3. 熏蒸剂杀虫

常用的熏蒸剂有二氧化硫和溴代甲烷等，用这些熏蒸剂在密闭的容器或仓库内熏蒸一定时间，可杀死害虫及虫卵。熏蒸剂不仅对昆虫具有毒性，而且对人类也有毒性。使用时应戴防毒面具，并注意用高压贮液桶盛装熏蒸剂，由高压贮液桶直接向熏蒸室内输送熏蒸剂。熏蒸剂的使用，常在包装前进行，特别是晒干的果品，因带有较多昆虫及虫卵，常在离开晒场前就进行熏蒸。果品贮藏过程中，也常定期进行熏蒸，以防虫害发生。

项目三 林果产品的糖制加工

知识目标

1. 了解糖制食品的分类。
2. 掌握糖制的原理。
3. 了解糖制加工前的预处理。
4. 了解常见的林果品糖制方法。
5. 掌握糖制加工工艺。

技能目标

1. 能使用糖制的常用方法。
2. 能把握糖制加工工艺要点。
3. 能控制好果脯加工过程的反砂、褐变等问题。
4. 能独立设计特色林果品糖制加工工艺。

糖制品加工是我国古老的食品加工方法之一。早在西周，人们就利用蜂蜜熬煮果品蔬菜制成各种加工品，并冠以“蜜”字，称为蜜饯。蜜饯是由“蜜渍”转化而来的。最初的蜜饯是用蜂蜜浸渍鲜果而成，所以都冠以“蜜”字。后来发展为将鲜果放在蜂蜜中熬煎，浓缩去除大量水分后，再长期保存，故又称作蜜煎。甘蔗糖的发明和应用，大大促进和推动了糖制品加工的迅速发展。到了宋代，糖制品的加工方法日臻完善，果脯蜜饯的加工方法更加发展和完善。如《武林旧事》中曾有“雕花蜜饯”的详细记载。雕花蜜饯不但使人得到可口的食品，同时又得到美的享受，说明那时蜜饯的工艺水平已达到相当高的水平。

山楂制品的加工大约始于宋代，那时的主要产品是冰糖葫芦，又称为蜜弹丸；明代则为糖堆丸、果丹皮、山楂饼的加工，在明代《群芳谱》中都有记载。

花卉蜜饯以木樨（桂花）、玫瑰为主，主要是糖腌，后进一步发展为加入梅泥中。这类产品多作为食品的添加香味辅料，但也是蜜饯的一个组成部分。

糖制品对原料的要求一般不高，可充分利用果品的皮、肉、汁、渣或残、次、落果，甚至一些不宜生食的果实如橄榄、梅子等，以及一些野生果实如刺梨、毛桃、野山楂等。糖制加工是林果产品综合利用的重要途径之一，可产生良好的经济和社会效益。

一、糖制食品分类

依据加工方法和成品的形态，一般分为蜜饯类和果酱类。

1. 蜜饯类

蜜饯类糖制食品是保持着林果品或果块原来形状的制品，分为蜜饯、果脯、凉果等。

（1）蜜饯。以农林果品为原料制成，成品只具有甜味，原有风味平淡。可分为三类：干态蜜饯，经煮制晾干后不沾手，外干内湿，呈半透明状；穿衣蜜饯，将蜜饯晾干后外面再裹上一层糖粉，原果味浓；湿态蜜饯，原料经糖液煮制，当可溶性固形物达60%～65%时起锅，起锅时连同糖液一起装入玻璃瓶内，或连同另外配制的香料一同装入，然后杀菌，密封而成。

（2）果脯。以果品为主要原料，加糖煮制而成。原料的原有风味浓厚，不沾手，透明或半透明，含糖率50%～60%，含固形物率65%以上。这类产品还具有酸性（原料本身带有的或另外加入的），含酸率0.5%以上，如桃脯、杏脯、苹果脯等，以北方居多。

（3）凉果。有广式、苏式之分：广式凉果入口咸味重，色泽黄褐，果形完整，表面干燥有皱纹，盐霜重；苏式凉果为黄褐色，果形完整，表面干燥，盐霜不重或不显盐霜。加工方法是果品盐腌、脱盐、晒干，加各种配料，进行糖渍，再烘干制成。特点是具咸味、甜味、酸味、香味，含糖率25%～30%，属低糖果制品，如陈皮梅、橄榄、话梅等。

2. 果酱类

果酱类分为果酱、果丹皮、果糕等。

（1）果酱。将林果品原料经选别，剔除腐烂、病虫害果后适当破碎，再加入质量为原料质量10%～20%的水预煮软化，打浆后配料浓缩即成。浓缩的方法主要有常压浓缩和真空浓缩两种。真空浓缩由于温度低、浓缩时间短，产品的品质较常压浓缩产品的品质更好。浓缩时将原料置于真空锅中，在减压条件下进行蒸发浓缩。

浓缩后要及时出料装罐，每锅酱自出锅到分装要在20min内完成，密封时封口温度不低于80℃。根据原料品种及罐型于100℃下杀菌5～15min后，冷却、检验即可。高浓度果酱可溶性固形物含量达70%～75%，糖分不低于65%，不必杀菌，煮成后趁热装罐、密封即可。

（2）果丹皮。用果肉或果皮制成，原料经磨碎，打浆，加入10%的糖，再浓缩成稠状的胶态，在80～100℃下烘干，成型。

（3）果糕。果汁加一定比例的糖液，混合后进行煮制，再加入一定量的蛋白质，充分搅拌，然后干燥。得到的产品组织松软，具有多孔性。

二、糖制的原理

1. 糖的保藏作用

糖不是杀菌剂，而是一种保藏剂。糖藏是通过增加果品本身的含糖量，降低含水率，形成较高的渗透压，使微生物细胞的原生质脱水收缩，产生生理干燥现象而无法活动，从而达到保藏制品的目的。

2. 降低制品的水分活度

糖可以降低糖制品的水分活度。随着制品中糖浓度的增加，制品的水分活度也下降。新鲜果蔬的水分活度为0.98～0.99，正适合微生物的生长繁殖。经糖制后，制品的水分活度降低，微生物可以利用的水分大大减少，抑制了微生物的活动。干态蜜饯的水分活度为0.65以下，阻止了绝大部分微生物的活动；果酱类制品的水分活度为0.75～0.8，需要配合良好的包装才能防止耐渗透压的酵母菌和霉菌的侵染与活动。不同糖浓度与水分活度的关系如表2-4所示。

表2-4 不同糖浓度与水分活度的关系

糖浓度/%	水分活度	糖浓度/%	水分活度
8.5	0.995	48.1	0.940
15.4	0.990	58.4	0.900
26.1	0.980	67.2	0.850

3. 糖的抗氧化作用

氧的溶解度随着溶液中糖浓度的增加而下降。20℃时，60%的蔗糖溶液的氧溶解度仅为纯水的1/6。因此，糖具有一定的抗氧化作用，这对于糖制品的色泽、风味和维生素等品质和营养成分的保持，阻止需氧菌的生长都起着重要的作用。

三、糖制加工前的预处理

糖制品加工前，根据果品性质及加工需要，将原料进行一些必要的处理，有利于加工和提高制品品质。

1. 原料选别分级

为使制品一致，将原料按成熟度和大小分级，一般分为2～3级，并剔除烂果、病虫害果和劣果。

2. 去皮、去心、切分和划缝

这些处理的目的在于糖制时易于吸糖脱水，缩短糖制时间，提高产品质量。枣、李、小梅类等小型果，以及小红橘、金柑等以食用果皮为主的果品则不用去皮、切分，常在果面划缝或刺孔以利于糖分的渗透。形大、皮厚的林果品应进行去皮、切分处理。去皮、去心、切分的方法有手工、机械、热力和化学等多种，应根据原料特性和制品要求以及加工设备等情况灵活运用。

3. 果胚腌制

果胚作为一种半成品是使新鲜原料贮存待用的一种保藏方法。果胚的腌制常以食盐为主料，腌制的方法有干腌和湿腌两种。干腌法适用于成熟度较高或汁液较多的种类，用盐量因种类和制品贮存时间长短而异；湿腌法用于未成熟果或汁液较少、肉质致密以及酸味和苦味较强的种类。在盐水腌制过程中会产生轻微乳酸和酒精发酵，有利于糖分和部分果胶物质的分解，使原料组织易于渗透，同时也能促进异味物质分解消除，增进制品品质。腌制结束，可作湿胚保存或取出晒制成干胚长期保藏。

4. 硬化处理

为防止蜜饯类糖制时溃烂、破碎，提高果肉的硬度，对质地较软的果实如樱桃、草莓等常采用硬化处理，即将原料投放在石灰、氯化钙等稀溶液中浸渍，让钙等离子能与果实中的果胶物质发生反应，生成不溶性的盐类，使组织坚硬耐煮。

硬化剂用量要适当，过量会生成过多的钙盐，不但影响渗糖，且制品粗糙，质量低劣。经硬化处理的原料，糖制前需要充分漂洗，以除去多余的硬化剂。

5. 硫处理

在糖制加工中，为获得色泽明亮的制品，常在糖制前对原料进行硫处理，以防止氧化变色，兼起防腐作用。经过硫处理的原料，在糖制前应漂洗脱硫，以免影响风味。

6. 染色

染色是将原料浸于色素溶液中着色或将色素溶于稀糖液中，使之在糖制时同时进行着色。

7. 预煮

大多数果品在糖制前要进行短时间的热处理，以抑制微生物活动，使酶钝化，排除原料组织中的空气，防止败坏和氧化变色。另外，在糖制加工中重要的目的是适度软化组织，利于糖的渗入和除去异味、苦味。预煮的时间、方法根据果品的种类、形态、大小、工艺要求等条件而定。

四、糖制方法

1. 浸糖法

浸糖法适用于肉质柔软不耐煮制的林果品，如精制青梅、草莓、枇杷、樱桃等。浸糖法的特点是分次加糖，不进行加热。每次加糖拌匀后日晒，使糖分浓度逐步递增，增强渗透效应。也可在蜜制过程中取出糖液，经加糖浓缩后，再回加到糖制原料中去，一方面提高了糖分的浓度，另一方面使原料与热糖液接触，可加强糖分的渗透作用。

2. 煮糖法

（1）一次煮成法。即将处理过的原料与糖液入锅后经一次煮成的方法。一次煮成法快速，但因长时间加热，林果品易被煮烂，色、香、味和维生素等有损失，而且糖分的渗透不易平衡，从而引起林果品组织一时的失水，影响产品品质。在实际生产中，只有带外表皮的柑橘类果实和苹果、枣、无花果等采取一次煮成法。其他果品若用一次煮成法，可采取如下措施：进行强行硬化、切分和刺孔等预处理；用较小的容器煮制，采用接近沸点温度加热；糖煮前先用部分食糖浸果实，糖煮时分次加糖，逐步提高糖液浓度。

（2）多次煮成法。分2～5次进行糖煮，一般第一次煮制时糖液浓度为40%，煮至果肉转软为止，再浸渍24h。以后几次煮制，每次增加糖浓度约为10%，煮沸2～3min，而后浸渍8～24h，对于不耐煮制的林果品，前三次可以单独煮沸糖液，而以其浸渍原料。多次煮制法不仅能使原料很好地保持其原形和减少色、香、味及营养成分的损失，且糖液浓度逐步提高，放冷期间果实内部的水蒸气压力逐渐下降，使糖分能顺利地扩散和渗透。但加工时间过长，煮制过程不能连续化。

（3）连续扩散法。即用由稀到浓的糖液，对一组扩散器内的原料，连续进行多次浸渍，以逐渐提高糖浓度的方法。操作时先将原料密闭在真空扩散器内，排除果实组织内的空气，然后加入95℃的热糖液。待糖分扩散渗透后，将糖液转入另一扩散器内，再在原扩散器中加入更高浓度的热糖液。如此连续进行几次，即可达到糖制目的。

（4）真空煮制法。又称减压煮制法，即将原料置于真空锅中减压煮制，原料组织内不存在大量的空气，所以糖分能迅速扩散渗透。真空煮制法温度低、速度快，制品的色、香、味、形都比敞煮的好。

3. 烘烤及上糖衣

蜜饯糖制后取出果实，沥去多余的糖液，置于烘盘中烘干。烘干温度不宜过高，以免糖分结块和焦化。制品干燥后，应保持完整饱满状态，不皱缩、不结晶，质地致密不粗糙，含糖率接近72%，含水率18%～20%。

如制糖衣蜜饯，可在干燥后上糖衣。用过饱和糖液处理蜜饯，使其表面形成一层透明的糖质膜，不但美观，且保藏性增强，也可减少蜜饯贮藏期吸潮、黏结等不良现象。

五、蜜饯类加工工艺

1. 山楂脯的加工

（1）原料的选择与处理。原料以果形大、果心小、酸分偏多、褐变不显著的耐煮品种为好。一般待果实成熟后硬度较大时采收，按大小、成熟度分级，剔除病虫害果和腐烂果。去皮，对半切分，去心后浸于含0.1%氯化钙和0.2%～0.3%亚硫酸钠的混合溶液中进行10～15h的硬化和硫处理。肉质坚硬的果实只进行硫处理，不进行硬化处理。经过处理的果实，糖制前要充分漂洗，脱除残留的二氧化硫和石灰。

（2）糖制。山楂组织较致密，一般采用多次加糖、一次煮成法煮制。即先在锅中配制浓度为35%～40%的糖液25kg左右，煮沸后将处理过的50～60kg山楂倒入，煮沸后浇入约50%浓度的凉糖液5kg。如此反复3次，每次间隔约10min。待果块表面有皱纹出现、果肉膨胀后便可加糖煮制。加糖分6次进行，第一次、第二次各加5kg。第三次、第四次各加6kg，并加入少量的冷糖液，使锅中糖液暂时停止沸腾，温度稍降，果块内部的水蒸气压力减小，有利于渗糖脱水，加速糖制过程。第五次只加糖6kg，每次加糖间隔约5min，都是在沸腾时进行。第六次加糖7kg，再煮20min，当果肉呈浅黄色时，连同糖液倒入缸中，浸渍约48h，待果块透明发亮，即出缸干燥。

（3）干燥、整形及包装。浸渍后的果块捞出，滤去多余的糖液，摊放在烘盘上，送入烘房，在60～65℃下烘至手触果块表面不黏，稍带弹性，呈棕黄色，含水率为15%～18%时取出，剔除烂块、有伤疤和未渗透糖分的残次果块，然后将合格果块捏成扁平圆形，用防潮纸或塑料纸盒包装入箱。

2. 苹果脯的加工

（1）工艺流程。原料选择→预处理→护色→煮制→烘干→成品。

（2）操作要点。

①原料选择：生产苹果脯原料一般以国光、倭锦、红五等品种为好。制作时选择完整无伤、无病虫害的果实。

②预处理：去皮后将果实磕开，去核后用清水洗净。

③护色处理：使用亚硫酸氢钠溶液浸泡果实，浓度一般为0.3%～0.6%，浸泡时间为30～120min。

④煮制：将上述处理过的苹果，加热煮沸10min左右，待果实变软后浇入50%的糖液，待糖液沸腾后继续加入糖液。再沸腾后，分3次各相隔10min左右加入白砂糖。最后一次加糖后煮制20min左右。

⑤烘干：将苹果捞出放在竹屉上沥净糖液，送入60～70℃烘干室烘烤。待果实表面不沾手、含水率为20%时取出修整，剔除不合格产品即为成品。

3. 蜜枣的加工

我国南北所产蜜枣，因加工方法不同，其制品外观也略有差异并各具特点。南方蜜枣以小锅煮制，煮制时间较短，制品颜色较深，不透明，轻干燥，质松脆，外有部分糖晶，但内部柔软，保藏性较强；而北方蜜枣，以大锅糖煮，煮前原料必须经硫处理，煮制时间较长，蔗糖转化较多，因而色淡，不结霜，半透明。

（1）工艺流程。原料选择→切缝→熏硫→糖煮→糖渍→烘烤→整形→包装。

（2）操作要点。

①原料选择：选用果形大、果肉肥厚、疏松、果核小、皮薄而韧的品种，如北京的糖枣，山西的泡枣，浙江的大枣、马枣，河南的灰枣等。果实由青转白时采收，过熟则制品色泽较暗。

②切缝：用排针或机器将每个枣果划缝80～100条，其深度以深入果肉的1/2为宜。划缝太深，糖煮时易烂；划缝太浅，糖液不易渗透。

③熏硫：切缝后的枣果装筐，入熏硫室，硫磺用量为果实质量的0.3%，熏硫30～40min，至果实汁液呈乳白色即可。

④糖煮：先配制浓度为30%～50%的糖液35～45kg，与50～60kg枣果同时下锅煮

沸，加枣汤（上次浸枣剩余的糖液）2.5～3kg，煮沸，再加枣汤2.5～3kg，煮沸，如此反复3次后，开始分次加糖。第一～三次，每次加糖5kg和枣汤2kg左右，第四～五次，每次加糖7～8kg，第六次加糖约10kg，每次加糖（枣汤）应在沸腾时进行。最后一次加糖后，续煮约20min，而后连同糖液倒入缸中浸渍48h。全部糖煮时间需1.5～2h。

⑤烘烤：沥干枣果，送入烘房，烘至六七成干时，进行枣果整形。捏成扁平的长圆形，再放入烘盘中继续干燥（回烤），至表面不沾手，果肉具韧性即为成品。

（3）产品质量指标。色呈棕黄色或琥珀色，色泽均匀一致，呈半透明状态；形态为椭圆形，丝纹细密整齐，含糖饱满，质地柔韧；不返砂、不流汤、不沾手，不得有皱纹、露核及虫蛀；总含糖量为68%～72%，含水率为17%～19%。

蜜枣主要产地及加工方式如表2-5所示。

表2-5　蜜枣主要产地及加工方式

种类	加工方式	品质特点	主产省（区、市）	生产县（市、区）
北京蜜枣（脯类）	京式	扁长圆形，琥珀色，透明，有光泽，丝纹细密，质地柔韧，有枣香味	北京市、河北省、天津市	平谷区、昌平区、顺义区、房山区、三河市、通州区、蓟州区
山西蜜枣	京式	—	山西省	清徐县、稷山县
陕西蜜枣	京式	—	陕西省	华州区
福州蜜枣	闽式	长圆形，浅黄色或黄褐色，有光泽，质地柔韧，有原果风味	福建省	福州市、泉州市、莆田市、仙游县
苏州蜜枣	苏式	扁圆略长，琥珀色或红褐色，丝纹细密，干爽而微有糖霜，质地疏松，有枣子风味	江苏省	苏州市、徐州市、溧阳市
徽州蜜枣	苏式	—	安徽省	歙县、宣城市、宁国市、繁昌区、亳州市、休宁县
浙江蜜枣	苏式	与苏州蜜枣基本相同，但丝纹较疏	浙江省	兰溪市、义乌市、东阳市、淳安县、桐庐县
广西蜜枣	苏式（桂式）	枣呈元宝形，长扁圆而中间凹，琥珀色或深黄褐色，有丝纹，枣身干爽硬朗，表面糖霜重，味甜，入口易融化，核极细呈针形	广西壮族自治区	南宁市、玉林市、梧州市、苍梧县、平南县、贺州市、田阳区、田东县
都城蜜枣	苏式（广式）	长扁圆形，琥珀色或金黄色，身干爽	广东省	广州市、郁南县、连州市

续表

种类	加工方式	品质特点	主产省（区、市）	生产县（市、区）
木洞蜜枣	苏式（川式）	枣子原来形状，金黄色或红褐色，身干爽，味清甜	重庆市	木洞镇
赣州蜜枣	苏式（赣式）	自然形，不规则，果小核也小，有的小果形称为珍珠蜜枣	江西省	赣州市

4. 梨脯的加工

（1）工艺流程。原料选择→去皮→切分→去核→熏硫→第一次糖煮与糖渍→第二次糖煮与糖渍→烘烤→包装。

（2）操作要点。

①原料选择：果实七八成熟，肉质厚，石细胞含量少，无虫、伤、烂果。

②去皮、切分与去核：手工或用旋皮机削去果皮，对半纵切，用挖核器挖掉果核，随即泡入清水或护色液中。

③熏硫：按1000kg梨块用硫磺3kg计算，将硫磺点燃后，利用产生的二氧化硫气体熏蒸4～8h，或者将梨块在0.1%～0.2%的亚硫酸氢钠溶液中浸泡4～8h。然后用清水漂洗，沥干水分。

④第一次糖煮与糖渍：在夹层锅内配制30%～40%的糖液，煮沸，将梨块倒入锅内沸煮5～7min，梨块连同糖液糖渍24h。

⑤第二次糖煮与糖渍：将糖液浓度提高到50%～60%（连续加工可用上一次旧糖液），沸煮10～15min，将梨块和糖液一起倒入缸中浸24h。

⑥烘烤：将梨块从糖液中捞出，沥去糖液，凹面向上排列在竹屉上，送入烘房。在50～60℃下烘烤24～36h。

⑦包装：取出竹屉，趁热翻动屉上的果块，以防粘在竹屉上。冷却后经过修整和整形，装入包装容器内。

（3）产品质量指标。优质梨脯形状扁平，色泽金黄，糖分分布均匀，表面不沾手，经贮不返砂。风味甜酸适口，总含糖量达65%～70%，成品含水率为17%～20%。

六、果酱类加工工艺

1. 果酱的加工

（1）工艺流程。原料处理→软化打浆→加糖浓缩→装罐→排气密封→杀菌→冷却→果酱。

（2）操作要点。

①原料处理：原料不分级，只需要剔除腐烂和不能食的果实，洗涤去掉不可食的部分。

②软化打浆：肉质坚硬的原料要进行预煮，使其软化便于打浆。预煮时加入果实质量10%～20%的水进行软化，或用蒸汽软化。软化后用打浆机打浆或用木棍捣烂，果肉柔软可直接加糖煮制。

③加糖浓缩：要求果酱原料的果胶含量为0.5%～1%，有机酸含量为1%以上，若达不到要求应加入适量的果胶和有机酸或其含量较高的原料混煮。煮时先将蔗糖配成75%的糖液过滤后使用，加糖量为原料质量的70%～80%，分2～3次加入。浓缩过程要不断搅拌，以防焦化，用夹层锅或真空浓缩为好。煮制终点温度为105～107℃、固形物含量在68%以上时出锅。

④排气密封、杀菌、冷却：以85℃装罐，排气密封，90℃杀菌30min，冷却即为成品。

2. 果泥的加工

（1）工艺流程。原料处理→预煮→第一次打浆→过筛加糖→第二次打浆→过筛→加糖煮制终点→装罐→排气密封→杀菌→冷却→果泥。

（2）操作要点。

①原料处理：果泥原料处理与果酱的相似。

②打浆：为了获得均匀而细致的质地，必须进行打浆和筛滤，以便除去一切粗硬部分。为便于打浆，原料洗净后先预煮，必要时预煮前适当切分。预煮后捣成泥状，再打浆。第一次打浆、过筛后，除去果皮、种子和心皮等，加入部分食糖稍加浓缩，再进行第二次打浆，再过筛，使质地更加均匀而细致。

③煮制：果泥的煮制与果酱的相似，食糖用量一般为果肉浆液质量的1/2，浓缩后使可溶性固形物含量达到65%～68%，浓缩的终点温度为105～106℃。制品要求呈浓厚状态，在平面上不流散，含糖量不低于60%，酸分不低于0.6%，煮成后装罐如同果酱装罐一样。在果泥加工上，有时为了增进制品风味和香味可加适量的香料，香料应在煮制终点时加入，不宜过早，以免香味挥发。

3. 果丹皮的加工

（1）工艺流程。原料→清洗→软化→打浆→浓缩→刮片→烘烤→揭皮子→整形→包装→成品。

（2）操作要点。

①原料处理：将腐败变质果实除去，将病斑、虫蛀部分削去，清洗干净，然后进行软化利于打浆，软化时加入占果实质量1/3的饮用水，加入10%的白砂糖，煮至果实

软烂。

②打浆：软烂的原料出锅后，置于贮槽中，再用打浆机打浆过滤，分离出果皮、果梗、花萼和籽巢。

③浓缩：经打浆和滤出的果浆含水分较多，需要脱水浓缩，一般浓缩至黏稠状即可，时间约1h。

④刮片：浓缩后的原果酱迅速出锅，再盛入贮罐待用。取钢化玻璃板洗净，平放在工作台上，模具放在钢化玻璃板上，舀适量原果酱倒入模内，用刮板均匀刮平，厚薄一致，厚3mm，然后轻轻取下模具，不流散，四边要整齐。

⑤烘烤：将刮好片的玻璃板送入烘房，烘房温度为65 ~ 70℃，烘烤时间约8h。烘烤过程中，由于水分蒸发，烘房内湿度增加，因此还需要开启排气机去除潮气。排潮时间不宜过长，可根据外界环境及湿度而定，一般时间约2min，以不降低温度为宜。烘烤至不沾手、不软、不干硬为宜，即可出烘房。

⑥揭皮子：刮片的玻璃板出烘房后迅速送入包装室，并放在工作台上趁热用铲刀将整片果丹皮的四边与玻璃板铲离，即可用手揭起。然后挂在拉绳上散热，待冷却后方可包装。

4. 果冻的加工

（1）工艺流程。原料→选别→洗涤→预煮→果汁（糖、酸、果胶）调整→煮制终点→摊于冷盘冷却→切块包装→成品（或煮制终点→装罐→排气密封→杀菌→冷却→成品）。

（2）操作要点。

①果汁调整：为了保证凝胶效果，煮制前需要测定果汁的果胶含量，使其为1%以上，不足添加果胶粉或琼脂。食糖用量依果汁的含胶量及凝胶力而定，一般100kg果汁加80 ~ 100kg食糖。果汁总酸量以加糖浓缩后能达到0.75% ~ 1%为宜。果汁pH超过3.4时，应加酸将pH调到3左右，如pH低于2.8时则应加碱将pH调到3左右。

②煮制：调整好的果汁可立即进行煮制，果汁混合液通过煮制，糖、酸和果胶才能充分混合而形成果冻。煮制的时间应尽量缩短，长时间的煮制会丧失风味，影响色泽和引起果胶的水解而不凝胶。果冻的终点温度一般为104 ~ 105℃，可溶性固形物含量约为65%或以上，依果胶酯化度、酸浓度、食糖含量和所要求的果冻质地而异。真空煮制可根据折光指数确定终点。果冻的装罐和杀菌与果酱的相同。

项目四 林果产品的罐藏加工

知识目标

1. 掌握罐藏的定义。
2. 了解罐藏的原理。
3. 了解罐藏容器的类型及特点。
4. 掌握林果品罐头生产工艺。
5. 了解常见林果品罐头的加工方法。

技能目标

1. 能把握罐头加工的要点。
2. 能分析各类林果品罐头的制作工艺。
3. 能独立设计特色林果品罐头加工工艺。

罐藏是食品工业中最重要的加工工艺之一。食品经排气、密封、杀菌、冷却，保存在不受外界微生物污染的密闭容器中，能长期保存，不会腐败。

罐藏容器从开始的玻璃瓶罐、手工制作的金属缸，到后来的三片罐、二片罐，以铝合金为罐材的易拉罐，以及再后来的蒸煮袋的出现，品种更为新颖、多样、实用。罐藏技术也由最初完全手工操作演变到今日的机械化安全生产。

一、罐藏的定义

食品密封在容器中，经高温处理将绝大部分微生物杀死，同时防止外界微生物再次污染，使得食品能够在室温条件下长期贮存的保藏方法称为罐藏，这种食品称为罐头食品或罐头。

二、罐藏的原理

1. 罐头食品与微生物的关系

微生物主要包括细菌、霉菌和酵母菌。霉菌和酵母菌的败坏作用在食品原料装罐之前是重要的，除了在很少的特殊产品或存在密封缺陷的罐头中发生败坏外，它们一般不能耐罐藏的热处理以及在密封条件下活动。导致罐头食品败坏最主要的微生物是细菌。现在所采用的杀菌理论和计算标准都是以某类细菌的致死效应为依据的。细菌学杀菌是指绝对无菌，而罐头食品杀菌是指商业无菌，其含义是杀死致病菌、腐败菌，并不是杀灭一切微生物。严格控制杀菌温度和时间就成为保证罐头食品质量极为重要的事情。

2. 影响杀菌的因素

（1）微生物。微生物的种类、抗热力和耐酸能力对杀菌效果有不同的影响。杀菌的效果涉及细菌方面，主要应考虑以下因素。

①食品中污染细菌的种类：食品中污染细菌的种类很多，不同的细菌种类，其耐热性明显不同，即使同一种细菌，菌株不同，其耐热性也有较大差异。一般来说，非芽孢菌以及芽孢菌的营养细胞的耐热性较低，营养细胞在70～80℃下加热，很短时间便可被杀死。细菌芽孢的耐热性很强，其中又以嗜热性的芽孢为最强。另外，不同种类的细菌对氧的需要量有很大差异，嗜氧菌因罐头的排气密封而受到抑制，但厌氧菌仍能活动，若在加热杀菌时没有将其杀死，在贮藏时会造成罐头食品的变质。

②食品中污染细菌的数量：食品中细菌存在的数量，特别是芽孢存在的数量越多，抗热的能力越强，在同温度下所需的致死时间就越长。

③环境条件的影响：孢子在形成过程中的环境条件对其抗热力有影响，即外界的物理化学条件对其抗热力有改变作用，如干燥可增强芽孢的抗热力，而冷冻有减弱抗热力的趋势。

（2）食品原料。食品原料的组织结构和化学成分是复杂的，对杀菌及以后的贮存有不同的影响。

①食品的酸度：酸度是影响抗热力的一个重要因素，原料的pH对细菌芽孢的耐热性影响最显著。不同的微生物有不同的适宜生长的pH范围，不同食品的pH也有差异。食品的pH越低，在一定温度下细菌及孢子的抗热力下降越明显，从而提高了产品的杀菌效应。因此，在低酸性食品中加酸（如醋酸、乳酸、柠檬酸）可以提高其杀菌效果和保藏性。

②含糖量：糖对孢子具有保护作用是由于细胞的原生质部分脱水，防止蛋白质的凝结，使细胞处于更稳定的状态。所以，在一定范围内装罐食品和填充液中糖的浓度越高，则需要的杀菌时间越长。但当糖浓度增加到一定程度时，可利用高的渗透压抑制微生物的生长繁殖。

③无机盐：低浓度（$<4\%$）的食盐溶液对微生物有保护作用，但高浓度（$>8\%$）的食盐溶液则降低微生物的抗热力。食盐也有效抑制腐败菌的生长。另外，磷酸盐能影响芽孢的抗热力，它对芽孢的形成和萌发都是很重要的。亚硝酸盐也会降低芽孢的抗热力。

④其他成分：淀粉、油脂、蛋白质、果胶对微生物的抗热力有保护作用。淀粉本身不影响微生物的抗热力，但能有效吸附有抑制性质的物质，为细菌提供有利的条件；油脂有阻碍热对微生物作用的效果；蛋白质对微生物的抗热力起一定的保护作用；果胶也

可使传热显著减缓。

⑤酶的作用：酶是一种蛋白质性质的生物催化剂。在较高的温度下，蛋白质结构崩解，键断裂而失去活性。对罐头食品高温杀菌，绝大多数酶的活性在80～90℃下几分钟就被破坏，但如果酶的活性没有被完全破坏，在酸性特别是高酸性食品中常引起风味、色泽和质地的改变。一般来说，过氧化物酶系统的钝化常作为酸性罐头食品杀菌的指标。

3. 罐头食品杀菌的理论依据

（1）杀菌的目的。

①杀灭一切对罐内食品起败坏作用和可产毒致病的微生物，使食品得以稳定保存。一般认为，在罐头食品杀菌中，酶类、霉菌类和酵母类是比较容易控制或杀灭的。罐头热杀菌的主要对象是那些在无氧或微量氧条件下，仍然活动而且产生孢子的厌氧性细菌。这类细菌的孢子抗热力是很强的。

②改变食品质地和风味。

（2）杀菌的理论依据。要完成杀菌的要求就必须考虑到杀菌温度和时间的关系。热致死时间是指罐内细菌在某一温度下需要多少时间才能将其杀死，以此数据作为杀菌操作的指导。在实验室中进行这种测定，必须采用抗热力能够代表食品内有害细菌的菌种。该菌种被杀死，也就基本上消灭了其他有害菌种。在罐头食品工业上，一般认可的试验菌种是产生毒素的肉毒芽孢杆菌的孢子。

热对细菌致死的效应是操作温度和时间控制的结果。温度越高，处理时间越长，则效果越显著，但同时也增加了对食品营养的破坏作用，因此合理的热处理必须以下面两方面的资料为依据。

①抑制食品中最抗热的致败、产毒微生物所需的温度和时间。

②了解产品的包装和包装容器的热传导性能，温度只要超过微生物生长所能忍受的最高限度，就具有致死的效应。另外，在液体和固体食品中，升温最慢的部位有所不同，罐头杀菌必须以这个最冷点作为标准，热处理要在这个部位满足杀菌的要求，才能使罐头食品安全保存。

三、罐藏容器的类型及特点

根据罐藏容器的要求，按其材料性质大体可分为金属罐、玻璃罐和软罐三大类型。

1. 金属罐

按其材料性质不同可分为镀锡板罐、铝罐和镀铬板罐三种。按罐型不同分为圆罐、方罐、梯形罐、马蹄形罐等。除圆罐外，其他形状的罐头一般统称为异形罐。按生产方式不同又可分为两片罐和三片罐。三片罐是指由罐盖、罐底和罐身三部分组成的容器，罐身有接缝，也称接缝罐；两片罐由罐盖和一体成型的罐筒两个部分组成，又称冲底罐。金属罐的主要特点是质量轻、机械强度高、运输方便、能完全密封，但是制作工艺复杂、成本高、易与内容物发生作用、不透明。

2. 玻璃罐

玻璃罐安全卫生、性质稳定，能较好地保持食品原有风味，且透明可见，便于检查和挑选。但玻璃罐质量大、导热性能差、质脆易碎、透光率高，不利于食品的长期贮藏。

3. 软罐

软罐是以蒸煮袋作为包装容器的罐头，蒸煮袋由一种能耐高温的复合膜制成，袋壁很薄，利于传热，杀菌时间短，有利于保持食品的色、香、味和营养价值。软罐质轻、体积小、便于携带、食用方便，近年来得到了广泛的使用。但蒸煮袋易划伤划破、机械强度差、成本高、生产效率较低，有待进一步发展。

四、林果品罐头生产工艺

林果品罐头生产工艺主要包括空罐和实罐生产。空罐生产由成套机械设备完成，工艺连续稳定；实罐生产因品种和原料多样化，工艺流程也随之变化。

概括而言，林果品罐头加工的基本工艺流程是：原料处理→分选加工→装罐→加汁→排气→封罐→杀菌→冷却→贴签、包装→成品入库。

1. 装罐

（1）空罐的准备。空罐在使用前要进行清洗和消毒，以清除污物、微生物及油脂等，保证容器的卫生。

（2）罐液的配制。果品罐头的罐液一般是糖液。糖液的浓度依水果种类、品种、成熟度、果肉装量及产品质量标准而定。目前我国生产的糖水果品罐头，一般要求开罐糖度为14%～18%。配制糖液的主要原料是蔗糖，要求纯度在99%以上。用水要求清洁无杂质，符合饮用水质量标准。

（3）装罐注意事项。

①经预处理整理好的林果品原料应尽快装罐，不应堆积过久。

②确保装罐量符合要求，要保证质量，力求一致。

③保证内容物在罐内的一致性，同一罐内原料的成熟度、色泽、大小、形状应基本一致，搭配合理，排列整齐。

④罐内应保留一定的顶隙（罐盖与液面间的空隙）。

⑤保证产品符合卫生要求。

2. 排气

原料装罐注入填充液后，在封罐之前要进行排气。排气的目的在于减少顶隙的空气，使罐头在加热杀菌时不致因空气的受热膨胀使罐身变形或罐缝松裂。此外，排除罐内的空气可以减少罐壁的氧化锈蚀和营养物质的氧化损失。罐头经过排气、封罐、杀菌和冷却之后，罐头中的内容物收缩，顶隙中的空气及其他气体收缩，使顶隙部分形成真空，这是罐头保藏的重要条件。

排气的方法有加热排气法和真空抽气法两种：加热排气法是将尚未封罐的实罐放于热水箱或蒸汽箱中加热升温，从而达到排气的目的；真空抽气法是用真空封罐机封罐，此机配有抽真空装置，可同时完成排气和封罐操作，此法生产效率高、制品质量好。

3. 封罐

密封是使罐头与外界隔绝，不致受外界空气及微生物污染而引起败坏。显然，密封是罐头生产工艺中极其重要的一道工序，密封质量的好坏直接影响罐头产品的质量。排气后立即封罐，是罐头生产的关键性措施。不同种类、不同型号的罐使用不同的封罐机。封罐机的类型很多，有半自动封罐机、自动封罐机、半自动真空封罐机、自动真空封罐机等。

4. 杀菌

罐头经过封罐后，应立即杀菌。根据原料的耐煮性、新鲜度、pH及罐头的初温、杀菌设备性能等具体确定杀菌的温度和时间，并选择杀菌方法。林果品罐头常用的杀菌方法有以下两种。

（1）常压杀菌法。杀菌温度一般为100℃或100℃以下，适用于水果类、果汁类罐头。常压杀菌一般用沸水或蒸汽为加热介质，在加热介质达到所需要的温度后，才开始计算杀菌时间。

（2）高温短时杀菌法。该法适用于大多数林果品罐头的杀菌，常和无菌装罐操作相结合。无菌装罐系统都是在密闭的条件下进行的。原料经过热交换器杀菌冷却后，送到装罐器。消过毒的空罐通过装罐器，装入定量的原料，送到封罐机。消过毒的罐盖落在封罐口上密封后，送出密闭系统。这种杀菌、装罐系统不仅提高了生产效率，也保证了产品质量，是一种很有发展前途的杀菌方法。

5. 冷却

（1）冷却的目的。冷却使罐头内容物的色泽、风味、组织结构的破坏减轻，抑制嗜热性微生物的生长，降低罐头腐蚀的反应。因此，罐头杀菌后冷却越快、越好，对食品的品质越有利。

（2）冷却的方法。罐头冷却的方法根据所需压力的大小可分为常压冷却和加压冷却两种。

①常压冷却：主要用于常压杀菌的罐头和部分高压杀菌的罐头。罐头可在杀菌釜内冷却，也可在冷却池中冷却；可以泡在流动的冷却水中冷却，也可采用喷淋冷却。喷淋冷却效果较好，常采用分段冷却的方法，如80℃、60℃、40℃三段。

②加压冷却：又称反压冷却，主要用于一些高温高压杀菌，特别是高压杀菌后容易变形损坏的罐头。冷却时要保持一定的外压以平衡其内压。

6. 质量检验

为确保罐头质量，必须加强罐头食品的质量检验工作。检验主要从物理检验、化学检验、微生物检验三个方面进行，下面着重介绍物理检验方法。

（1）容器外观检查。观察商标及生产日期是否符合规定，金属罐接缝及卷边是否正常，底盖有无凹瘪、凸起现象，玻璃罐封口是否严密等。

（2）敲打试验。用特制的金属棒或木槌敲击罐盖或罐底，从发出的声响和传递到手上的感觉来判断罐头的真空度高低及其质量的优劣。良质的罐头发出清脆的“叮叮”音，次质罐头发出混浊的“扑扑”声。

（3）密封性试验。将罐头放入80℃热水中，观察接缝及卷边处是否有成串的小气泡，若有即说明罐头的密封性不良。

（4）真空度测定。用真空表测定，良质罐头的真空度在$2.37 \times 10^4 \sim 5 \times 10^4$Pa。

（5）保温试验。将罐头放入保温室内，保温一定时间后观察底盖是否有凸起现象，也称膨胀试验。良质罐头无胀罐现象。

（6）容器内壁检验。将罐内内容物倒出，洗净空罐，观察内壁有无锈蚀、黑斑、流胶现象。

（7）内容物的感官检查。观察内容物的色泽、组织状态、滋味和气味以及杂质存在情况，最后称量一下固形物、汤汁质量。

7. 贮藏

罐头要充分冷却后入库贮藏，贮藏过程中特别需要注意以下几点。

（1）温度。罐头贮藏的适宜温度是4 ~ 10℃。温度过高，会加速罐头内壁腐蚀，发生胀罐；温度过低，内容物冻结，影响食品的质地和风味。贮藏过程中，还要避免温度的变化及剧烈波动。

（2）湿度。一般相对湿度为70%左右。空气湿度过大，罐头外部易生锈。

（3）通风。由于湿度变化，水蒸气在罐头表面会凝结，所以贮藏过程中要有良好的通风条件。对贮藏的罐头应经常检查，并及时拣出坏罐。

8. 常出现的问题及其解决方法

几种水果罐头常见的质量问题及其解决方法见表2-6。

表2-6 水果罐头常见的质量问题及其解决方法

水果罐头名称	质量问题	原因	解决方法
柑橘罐头	白色沉淀	橘皮苷、果胶及少量蛋白质	控制原料，脱囊衣，加酶处理，减少运输过程中的抖动
桃子罐头	变色（红色）	花青素受热，酸性酚类与金属结合	控制原料，预煮处理，做好排气、护色处理
猕猴桃罐头	组织破损	预煮温度太高，去皮碱液浓度太高	控制原料，改进去皮方法，进行保脆处理
菠萝罐头	过敏现象	蛋白酶	钝化酶，加酸处理

五、林果品罐头加工实例

1. 糖水猕猴桃罐头的加工

（1）原料选择。选果形大、肉质厚、含糖多、香味浓的品种，以无毛的圆形或椭圆形品种较为适宜。加工前，将霉烂、有病虫害和机械伤、畸形、过度成熟及直径小于30mm的果子剔除。

（2）生产过程。原料选好后，用水充分洗净，投入浓度为20%～25%、温度为92～97℃的碱液中浸渍3～4min后，立即取出漂洗，并摩擦去皮。猕猴桃按大、中、小三级分别切片，厚度4～6mm。然后选片，装罐，注入浓度为35%、温度为80℃的热糖水。再排气，封罐。100℃下杀菌5～15min，然后冷却至40℃左右，擦净入库贮藏。

2. 橘子罐头的加工

（1）原料。我国是柑橘的重要原产地之一，柑橘资源丰富，优良品种繁多，有4000多年的栽培历史。早在夏朝（约前2070—前1600），江苏、安徽、江西、湖南、湖北等地生产的柑橘已列为贡税之物。经过长期栽培、选择，柑橘成了人类的珍贵果品。柑橘富含维生素A、维生素C、胡萝卜素等营养物质，具有抗氧化、增强免疫力等作用，还能预防肝脏疾病、动脉硬化。

（2）工艺流程。原料→选果分级→去皮、分瓣→脱囊衣→整理→分选装罐→配糖水→排气、密封→杀菌、冷却→检验→成品。

（3）操作要点。

①原料：果实扁圆，直径46～60mm；果肉橙红色，囊瓣大小均一，呈肾脏形，不要呈弯月形，无种子或少核，囊衣薄；果肉组织紧密、细嫩、香味浓、风味好，糖含量高，可溶性固形物含量在10%左右，含酸量为0.8%～1%，糖酸比适度（12：1），不苦；易去皮；八九成熟时采收。

②选果分级：原料进厂后应在24h内投产，若不能及时加工，可按短期或长期贮藏所

要求的条件进行贮存。加工时应首先除去畸形、干瘪、霉烂、重伤、裂口的果子，再按大、中、小分为3级。

③去皮、分瓣：将分级后的果子分批投入沸水中热烫1 ~ 2min，取出趁热进行人工去皮、去络、分瓣处理，处理时再进一步选出畸形、干瘪及破伤的果瓣，最后再按大、中、小分级。

④脱囊衣：脱囊衣是橘子罐头生产中的一个关键工序，它与产品汤汁的清澈程度、白色沉淀产生情况及橘瓣背部砂囊柄处白点形成直接相关。目前工业上常用酸碱处理法脱囊衣，即先用酸处理，再用碱处理脱去囊衣。脱囊衣时，橘瓣与酸碱液的体积比值为1：（1.2 ~ 1.5），橘瓣应淹没在处理液中。脱囊衣的程度一般用肉眼观察。全脱囊衣要求能观察到大部分囊衣脱落，不包角，橘瓣不起毛，砂囊不松散，软硬适度；半脱囊衣以背部外层囊衣基本除去，橘瓣软硬适度、不软烂、不破裂、不粗糙为度。酸碱处理后要及时用清水浸泡橘瓣，碱处理后需在流动水中漂洗1 ~ 2h。

⑤整理：全脱囊衣橘瓣整理是用镊子逐瓣去除囊瓣中心部残留的囊衣、橘络和橘核等，用清水漂洗后再放在盘中进行透视检查；半脱囊衣橘瓣整理是用弧形剪剪去果心、挑出橘核后，装入盘中再进行透视检查。

⑥分选装罐：透视后，橘瓣按瓣形完整程度、色泽、大小等分级别装罐，力求使同一罐内的橘瓣大致相同。装罐量按产品质量标准要求进行计算。

⑦配糖水：橘瓣分选装罐后加入所配糖水。糖水浓度为质量百分比，糖水的浓度及用量应根据原料的糖分含量及成品的一般要求（14% ~ 18%的糖度标准）而定。

⑧排气、密封：中心温度65 ~ 70℃。

⑨杀菌、冷却：净重为500g的罐头的杀菌方式为：[8min—10min—（14 ~ 15min）]/100℃分段冷却。

⑩检验：杀菌后的罐头应迅速冷却到38 ~ 40℃，然后送入25 ~ 28℃的保温库中保温检验5 ~ 7天，保温期间定期进行观察检查，并抽做细菌和理化指标的检验。

（4）产品质量指标。

①外观：橘肉表面具有与原果肉近似的光泽，色泽较一致，糖水较透明，允许有轻微的白色沉淀及少量橘肉与囊衣碎屑存在。

②滋味气味：具有本品种糖水橘子罐头应有的风味，甜酸适口，无异味。

③组织形态：全脱囊衣橘片的橘络、种子、囊衣去净，组织软硬适度，橘片形态完整，大小大致均匀，破碎率以质量计，不超过固形物的10%；半脱囊衣橘片囊衣适度去除，食之无硬渣感，剪口整齐，形态饱满完整，大小大致均匀，破碎率以质量计，不超过固形物的30%。

④杂质：不允许存在。

⑤净重：每罐允许公差为±5%，但每批平均重量不低于净重。

⑥固形物含量及糖度：果肉含量不低于净重的50%，开罐时糖水浓度为12%～16%。

⑦重金属含量：m（Sn）≤100mg/kg，m（Cu）≤5mg/kg，m（Pb）≤1mg/kg。

⑧微生物指标：无致病菌。

3. 板栗罐头的加工

（1）工艺流程。原料选择→剥壳去皮→护色→硬化→糖煮→烘干→罐装→加糖液→排气→杀菌→成品。

（2）操作要点。

①原料选择：选择新鲜饱满、风味正常、每粒果重在7g以上的果实，剔除虫蛀果、霉烂干枯果、破碎果及发芽果，将果实按大、中、小分成3级。

②剥壳去皮：剥壳采用生剥法，即在栗子端部用不锈钢刀将板栗皮壳切除一小块，以切口不伤害栗肉为宜，然后用去皮刀将其余皮壳剥除；去内皮采用热烫法，即将剥除外壳的板栗放入90～95℃热水中烫数分钟，捞出趁热剥除内皮，注意热烫时间不能太长。

③护色：用0.1%左右食盐和0.1%柠檬酸的混合液护色，护色液的温度必须在70℃以上，护色时间在30min以上。

④硬化：将板栗放入配制好的硬化剂溶液中浸泡一段时间，硬化剂一般用氯化钙溶液，硬化剂浓度、浸泡时间等会因不同的加工方法和产品要求而有所差异。

⑤糖煮：配制30%的糖液，按果水比为1∶3的比例，同时在其中添加0.2%亚硫酸钠、0.05%柠檬酸、0.05%氯化钙进行一次性煮制，在糖液沸腾后煮制30～35min，直到煮透为止。

⑥烘干：将预煮后的板栗迅速用清水洗去表面的糖液，沥干后在65℃的条件下鼓风2h，烘干表面水分。

⑦罐装、加糖液：按规格装入瓶中或者复合透明蒸煮袋中，注入40%～50%糖液。

⑧排气：采用热水排气法，罐内中心温度达80℃以上，排气时间10min。

⑨杀菌：罐头排气密封后立即进行杀菌处理，杀菌方法是在115℃高温中杀菌25min后立即冷却。

4. 桃子罐头的加工

（1）工艺流程。原料→分选→清洗→切片→去核→去皮→预煮→分选→灌装→预封→排气→密封→杀菌→冷却→贴标签→检验→包装→成品。

（2）操作要点。

①原料选择：选择无病害，成熟度在八成的果实。

②切片：不要切偏。

③去核：切片后立即去核，核窝要光滑。

④去皮：用15%碱液加热去皮。

⑤预煮：加1.5%果胶酶预煮，95 ~ 100℃，4 ~ 8min。

⑥分选：逐个修整，剔除损伤。

⑦配糖液：将适量的水放入不锈钢夹层锅，加热至沸腾；将蔗糖（20%左右）放入沸水中，一边加热一边搅拌，直至蔗糖全部溶化，并重新沸腾；然后加剩下的水；最后加少许柠檬酸以调整糖水的酸度，并过滤备用。

⑧装罐脱气：将桃瓣装罐后，加入温度为85℃以上的糖水。接着将其放入温度为80 ~ 85℃的热水中进行脱气。脱气时罐内中心温度要求不低于75℃，时间为5 ~ 10min。

⑨杀菌冷却：将封口后的半成品迅速放入温度为80 ~ 90℃的热水中，加热直到沸腾。维持该温度10 ~ 35min后，迅速将其分段冷却到38℃左右。

项目五　林果产品的果汁加工

知识目标

1. 掌握果汁的分类。
2. 掌握果汁加工的工艺流程。
3. 掌握果汁加工的操作要点。
4. 了解常见林果品果汁的加工方法。

技能目标

1. 能在果汁加工工艺中合理使用食品添加剂。
2. 能独立设计特色林果品果汁加工工艺。

林果品果汁的生产在果品加工业中历史较短。1869年，美国某公司对瓶装葡萄汁进行第一次巴氏杀菌，开始了小包装非发酵性纯果汁的商品化生产，1920年才开始有工业化生产。1929年在美国佛罗里达州诞生了第一罐橙汁，1960年已生产65%浓缩橙汁35万吨。林果品生产后保藏技术的进步以及浓缩果汁加工设备和技术的发展，为鲜果加工开辟了新的出路，从而促进了林果品果汁生产迅速发展，使其逐渐成为很多国家的主要饮料。

一、果汁的种类

果汁是新鲜水果经挑选、洗净、榨汁或浸提等方法制得的汁液。

1. 按形状和浓度不同分类

（1）原果汁。原果汁又称天然果汁，是由鲜果肉直接榨出的果汁，含原果汁量100%，未经浓缩。

（2）浓缩果汁。浓缩果汁是将榨取的果实原汁，经过浓缩以除去果汁中部分水分而成的产品。

（3）果饴。果饴又称果汁糖浆，是在原果汁中加入大量食糖配制成的产品。

（4）果汁粉。果汁粉是浓缩果汁脱水干燥后的产品，含水率1%～3%。

2. 按透明与否分类

（1）澄清果汁。澄清果汁也称透明果汁，不含悬浮物质，澄清透明，制品的稳定性好，但营养损失较大，如苹果汁、葡萄汁、草莓汁、梨汁。

（2）混浊果汁。混浊果汁也称非澄清果汁或带肉果汁，指果汁中存在一定量的果肉微粒或色粒，如果粒橙汁等。

二、果汁的加工工艺

1. 工艺流程

原料的选择、分级和洗涤→破碎、压榨和粗滤→澄清和过滤→均质、脱气→果汁调配→包装、杀菌。

2. 操作要点

（1）原料的选择和洗涤。制汁应选择新鲜、成熟、风味好、香气浓郁、色泽稳定、汁多、糖酸比适度的原料。应剔除霉烂果、病虫果、受伤变质果、未熟果和杂质，以保证果汁的质量。果汁只能从完整成熟的果实中制取，因为原料成熟度低，果汁风味不好；原料过熟，会出现乳酸和乙酸，有发酵味，使果汁风味不正，降低出汁率。

林果品必须充分洗涤，减少杂质、微生物的污染和农药残留。浆果类软体果实清洗时须十分小心，不要损伤果实。洗涤一般先浸泡后喷淋或用流动水冲洗。

（2）原料的榨汁和浸提。榨汁是果汁加工的主要操作之一，含果汁丰富的果实大都采用压榨法来提取果汁，含汁较少的果实如山楂等可采用加水浸提的方法来提取果汁。除了柑橘类果汁和带肉果汁外，一般压榨取汁生产常包括破碎工序。

①破碎和打浆：为了获得最大出汁率，果实压榨前须进行适度破碎，尤其对皮肉致密的果实来说，破碎工序更要细心。破碎程度依果实种类而定，如苹果、梨破碎到0.3～0.4cm为宜，草莓、葡萄以0.2～0.3cm为宜，太细反而影响出汁率。破碎后的果肉榨

汁前可以加热处理（60 ~ 70℃，15 ~ 30min），使果肉软化，果胶物质水解，汁液黏度降低，提高出汁率，并且有利于色素和风味物质的溶出。也可以加果胶酶制剂，分解果肉中的果胶物质，使黏度降低，提高出汁率，但须严格控制用量、作用时间及温度。

②榨汁：大多数水果的果汁包含在整个果实中，一般通过破碎就可榨汁。对压榨出的果渣的检查以没有汁液流出为度。生产上为提高出汁率，必须缩短压榨时间。开始压榨时压力不应太大，持续压榨一定时间再加大压力，可增加出汁率。常用的榨汁机有杠杆式榨汁机、螺旋榨汁机、液压式榨汁机、离心分离榨汁机等。

果实的出汁率取决于果实的质地、品种、成熟度、新鲜度、加工季节、榨汁方法和榨汁的效能。此外，压榨饼的孔隙度、果汁的黏度对出汁率也有很大的影响。一般以浆果类出汁率最高，柑橘类和仁果类略低。

对于果汁含量较少的果实，可采用加水浸提法。例如山楂片提汁时，先剔除霉烂果片，用清水洗净后加水加热至85 ~ 95℃，浸泡24h，滤出浸提液备用。

③粗滤：新鲜榨出的林果品果汁，一般都含有各种形式和不同数量的悬浮物质，如种子、果皮和其他悬浮物等，其类型和数量依榨汁方法和植物组织结构而异。这些物质不仅影响果汁的外观状态和风味，也会使果汁很快变质，因此须进行过滤。

过滤时首先进行粗滤，用2mm振动筛或振动筛滤机滤去粗渣和种子。粗滤主要用于制混浊果汁，使果汁中保留均匀细微的悬浮物质，这对保持果汁的色泽和风味很重要。

对于制澄清汁，粗滤后还需要进行精滤，或先行澄清后过滤，用0.11 ~ 0.3mm刮板过滤或离心过滤（内衬80目绢布），或以高速离心分离机去粗颗粒和粗纤维。

三、各种果汁加工的特有工序

1. 澄清果汁的澄清

制澄清果汁的关键工序是澄清和过滤。通过澄清和过滤，除了去除新鲜榨出汁液中的全部悬浮物外，也须除去易致沉淀的胶粒。常用的澄清法有以下几种。

（1）自然澄清法。破碎压榨出的果汁静置于密闭容器中，长时间静置使悬浮物沉淀，果胶物质逐渐水解而沉淀，从而降低果汁的黏度。在静置过程中，蛋白质和单宁也逐渐形成不溶性的沉淀，所以长时间静置可以使果汁得到澄清。但此法需时较长，易造成果汁的败坏，仅适用于由防腐剂保藏的果汁。

（2）明胶单宁法。此法是利用单宁与明胶络合成不溶性的鞣酸盐而沉淀的作用来澄清果汁，在此络合物沉降的同时，果汁中的悬浮颗粒也被缠绕而随之沉降。所用明胶和单宁溶液的浓度分别为0.5%和1%，使用前先进行澄清试验，而后确定使用剂量。溶液加入后，于10 ~ 15℃下静置6 ~ 12h，令其沉淀。

（3）加热凝聚澄清法。果汁中的胶体物质常因加热而凝聚沉淀。其方法是在

80～90s将果汁加热到胶体凝聚温度80～82℃，维持1～3min，然后以同样短的时间冷却至室温。由于温度的剧变，果汁中的蛋白质和其他胶体物质变性，凝固析出，使果汁澄清。

（4）加酶澄清法。此法是利用果胶酶制剂来水解果汁中的果胶物质，使果汁中其他胶体失去果胶的保护作用而共同沉淀，达到澄清的目的。这些酶制剂的用量根据果汁的性质、果胶物质的含量及酶制剂的活力来决定，一般用量为果汁质量的0.2%～0.4%。加入后约4h，果汁因果胶物质大部分被分解而得以澄清。

（5）冷冻澄清法。冷冻可改变胶体的性质，使果汁在解冻时形成沉淀，这种胶体的变性作用是浓缩和脱水复合影响的结果。如雾状混浊的苹果汁经冷冻后常易于澄清，葡萄汁和草莓汁也有同样的情况。

2. 混浊果汁的均质

均质是混浊果汁制造上的特有工序。均质时，将粗滤果汁中的悬浮粒通过均质机孔径为0.002～0.003mm的小孔，使其中的细小颗粒进一步细微化，均匀而稳定地分散于果汁中。果汁经均质后，色泽和外观得到了改善，装瓶后也不致发生沉淀而失去浑浊度。

3. 脱气

脱气可除去果汁中的空气，抑制褐变及色素、维生素C、芳香物质和其他物质的氧化；除去附着于果汁中悬浮微粒上的气体，抑制微粒上浮，保持良好外观；减少装罐和高温瞬间杀菌时果汁起泡，提高杀菌效果；减少对罐头内壁的腐蚀等。

果汁脱气的方法有以下几种。

（1）真空脱气法。采用真空脱气机将果汁引入真空锅的室内，然后果汁被喷射成雾状或注射成液膜，以增大果汁面积，使果汁中的气体迅速逸出。真空锅室内真空度为88～9010kPa，温度最好低于43℃。真空脱气处理方法一般会有2%～5%的水分和少量挥发性香味物质损失，可以安装芳香回收装置将气体冷凝，再将冷凝液作为香料回加到产品中。

（2）加热脱气法。将果汁温度升至50～70℃（常温脱气温度20～25℃），使其中的空气受热的作用而排出。

（3）氮交换法。在果汁中压入氮，使果汁在氮的泡沫流的强烈冲击下失去所带的氧，最后剩下的几乎全是氮。

（4）加抗氧化剂脱气法。即在果汁装罐时加入少量抗坏血酸等抗氧化剂以去除罐头顶隙中的氧。

4. 浓缩和脱水

浓缩果汁具有体积小，可溶性的物质含量高，便于储藏和运输，节约包装及运输费用等优点，经过浓缩和调整可以克服果汁因果实采收期和品种不同所造成的成分上的差异，使产品质量达到一定的规格要求。

制作浓缩果汁需要有脱水浓缩的工序。浓缩前原果汁应经过滤脱气、杀菌和冷却等工序，防止浓缩过程中受微生物及酶的影响。

果汁浓缩主要有以下几种方式。

（1）真空浓缩法。在减压下，浓缩温度一般为25～35℃，不宜超过40℃。真空度约为91kPa，果汁在真空浓缩的过程中由于芳香成分的损失，制品风味趋于平淡，在浓缩后可添加部分原果汁或果皮（主要是柑橘类）的冷榨油，或将浓缩时回收的香精油回加于浓缩果汁中，都可克服以上缺点。真空浓缩常用的方法有真空锅浓缩法、降膜式浓缩法、离心薄膜式浓缩法、真空闪蒸浓缩法等。

（2）冷冻浓缩法。此种浓缩方法是先将果汁缓慢冷却，当达到与果汁浓度相应的冰点温度时，果汁中的水分形成许多比较粗大的晶柱，即可获得浓缩果汁。

冷冻浓缩法因采用低温而无明显不良影响，尤其是挥发性风味物质损失极微，产品品质比真空浓缩的产品品质好。

但果汁越浓，黏度越大，冻结的温度也越低，果汁与冰块就很难分离，所以冷冻浓缩的浓缩度有一定的范围，一般用冷冻浓缩法所得的果汁其可溶性物质的含量最高只能达到50%。此外，离心机分离时，会使部分果汁黏附在晶体柱上造成损失。此外，该法费用高，机械能耗大。

（3）反渗透浓缩法。这是一种现代的膜分离技术，半透膜是由醋酸纤维或芳香聚酰胺等纤维制成，具有较大的渗透性和选择性。此种浓缩方法是将可溶性固形物浓度高的果汁用10～15kPa的压力加压，迫使其水分通过特制的半透膜向可溶性固形物浓度低或者浓度为零的一方移动，从而使果汁得到浓缩。

果汁用反渗透浓缩法能避免加热浓缩带来的一切不良后果，保留新鲜果汁原有的色、香、味和营养成分，并且生产费用也较低。

5. 调配

为使果汁符合一定的规格要求和改进风味，需要适当调整成分比例，但调整范围不宜过大，以免丧失果汁原来的风味。一般认为，非浓缩果汁适宜的可溶性固形物和酸分的比例为13：1～15：1。为了使果汁饮料符合一定规格要求和风味要求，一般果汁只进行糖酸调配，也可添加适量的食用色素和香精以改进果汁的色泽与风味。

6. 杀菌

林果品果汁杀菌工艺正确与否，不仅影响到产品的保藏，而且影响到产品的质量。常用的杀菌方法有以下几种。

（1）巴氏杀菌法。将果汁加热到80℃，保持30min，然后冷却。此法由于加热时间长，果汁营养物质损失大。

（2）高温短时杀菌法。将果汁加热到90℃，保持30～90s，然后立即冷却。此法营养物质损失小，适用于热敏性果汁。

（3）超高温瞬时杀菌法。将果汁在120℃以上加热3～10s杀菌。此法尤其适用于蔬菜汁，杀菌效果好，营养物质损失很小。

杀菌后的林果品果汁应迅速装罐，最好采用无菌罐装。

7. 包装

果汁的包装有冷包装和热包装，所谓冷包装即包装前后不进行加热杀菌，例如各种冷冻浓缩果汁，但大多数果汁都进行热包装，都需要加热杀菌，目的是保持果汁优良的品质。

四、林果品果汁加工实例

1. 蓝靛果汁的加工

蓝靛果汁有混浊蓝靛果汁和透明蓝靛果汁两种。它们的基本加工工艺相同，不同的是混浊蓝靛果汁采用均质步骤，而透明蓝靛果汁采用澄清过滤步骤。

（1）选果。剔除腐烂、病虫害、严重机械损伤等不合格的蓝靛果。

（2）清洗。蓝靛果浸泡后用流动水洗净。

（3）修整。有局部病虫害、机械损伤的不合格蓝靛果，用不锈钢刀修削干净，并清洗。合格的蓝靛果切瓣去果心。

（4）破碎。用不锈钢破碎机将蓝靛果破碎成碎块，及时把破碎的蓝靛果送入榨汁机。

（5）榨汁。用螺旋压榨机将破碎后的蓝靛果榨出蓝靛果汁。

（6）加热。榨出的蓝靛果汁不宜存放，立即用夹层锅或管式消毒器加热灭酶，温度85℃，然后冷却到65℃。

（7）均质（混浊果汁）。以10～12kPa的压力进行均质。有条件的工厂，在均质前宜先以77kPa以上真空脱气。

（8）澄清过滤（透明果汁）。透明蓝靛果汁要采用澄清过滤工艺。先用酶制剂法澄清后，再用饮料过滤机过滤，滤出的蓝靛果汁要求澄清透明。

（9）调和。天然蓝靛果汁根据原料的糖酸度调整到成品糖度为12%、酸度为0.4%左右。

（10）装罐。有条件的工厂最好用5104号罐包装，内装透明蓝靛果原汁200g，也可以用自动定量灌瓶机灌瓶。装罐（瓶）前果汁温度一般不低于70℃。

（11）密封。使用金属罐时用封罐机密封；使用瓶装时，根据不同瓶子的要求用压盖机或旋盖机密封。密封前果汁温度不低于65～70℃。

（12）杀菌。密封后的果汁在85℃的热水中杀菌，杀菌时间根据杀菌效果决定，一般以10min左右为宜。

（13）冷却。杀菌后的蓝靛果汁立即转入冷水中快速冷却至常温。在使用玻璃瓶包装时，冷却水的温度不要太低，防止炸瓶。

（14）浓缩、杀菌、包装。一般采用低温真空浓缩法，浓缩到65%，然后在93℃杀菌30s，冷却至85℃，装瓶、排气、封罐即成制品。

2. 山楂浓缩汁的加工

（1）工艺流程。山楂果→清洗→挑选→冲洗→破碎→加热软化→浸提→澄清→分离→过滤→原料山楂清汁→浓缩→成品。

（2）操作要点。

①准备原料：用于提汁的山楂果应是充分成熟、色泽红艳的新鲜果实。果实大小不限，但要尽可能剔除病虫及腐烂的不合格果实。

②原料的清洗与破碎：用流动的净水将山楂果洗涤干净，并经过挑选，以除去其中的草、叶等杂物，剔除不合格的山楂果。为了加速山楂汁的提取，提高出汁率，常将山楂果压裂，压裂可以使用辊式破碎机，调节两辊轮之间的距离，使果实被压成扁平状而不破碎。如果山楂果实大小不一，在加工量大时，最好于破碎前对果实进行大小分级，否则会使破碎程度不均，影响出汁率；或者压破大果的果核，使核中的不良成分进入浸汁中影响汁的风味。也可以不用机械方法压裂，例如，利用浸提水与山楂果的温差，使山楂果表皮破裂，使果实中的可溶性固形物加速向浸提水中扩散。

③加热软化和酶处理：山楂果实中的液汁较少，果胶含量高，使液汁较黏，加之果核重量占整果重量的15%～20%，山楂果肉质地紧密，直接用压榨法很难提取山楂汁。因此，在浸提山楂汁前需要进行预处理，生产中常用以下两种方法：加热软化和酶处理。

④浸提：水浸提法是从山楂中提取可溶性固形物最普遍的方法。将凝胶搅碎，用压榨机压榨，就可获得浓度稍高的山楂汁。

⑤澄清：山楂浸汁必须经过离心分离达到澄清。

⑥过滤：山楂汁经过澄清处理后，还必须进行过滤操作，以进一步分离山楂汁中的沉淀物和悬浮物，使山楂汁清澈透明。

⑦浓缩：可以用真空浓缩法或加热浓缩法。

3. 西番莲果汁的加工

（1）工艺流程。西番莲果→选果→洗果→切开→挖取果肉→捣碎取汁→过滤→调配→均质→脱气→一次杀菌→灌装→封口→二次杀菌→冷却→成品。

（2）操作要点。

①选果：剔除生、干、病害及腐烂果。

②洗果：以流动水或0.01%～0.05%的高锰酸钾溶液浸洗5～10min，用清水冲洗干净。

③捣碎取汁：采用人工方法把果实切开，用不锈钢勺挖取浆状果肉，置于捣碎机中搅拌打浆。

④过滤：先以双层纱布滤去种子和部分果肉纤维，再通过80目滤网细滤。

⑤调配：将增稠剂按配比拌入白砂糖中，加水加热溶解，配成70%以上的浓糖液，然后用80目滤网过滤，再配以过滤好的原浆和其他辅料，用水定容、调整。

⑥均质：均质压力18～20MPa。

⑦脱气：在真空度0.079～0.092MPa下进行脱气。

⑧一次杀菌：采用高温短时杀菌，糖浆果汁中心温度95℃，保持30s，然后迅速降温到70℃左右。

⑨灌装：先将瓶、盖置于95℃以上热水中迅速转动消毒，或以0.05%高锰酸钾溶液消毒，用水漂洗干净，再用无菌水冲洗。灌装时料温应保持在65～70℃，灌装完毕立即封口。

⑩二次杀菌：防止糖浆果汁在灌装、封口等过程中可能受污染而腐败，应进行二次杀菌。

项目六 果酒与果醋的加工

知识目标

1. 掌握葡萄酒的分类。
2. 掌握葡萄酒的酿造工艺。
3. 掌握常见果酒的酿造工艺。
4. 掌握果醋的酿造工艺。

技能目标

1. 能分析葡萄酒的成分与香味。
2. 能计算调整葡萄酒中的含糖量。
3. 能进行酒度调整。
4. 能独立设计特色林产果酒的酿造工艺。

一、葡萄酒的酿造工艺

葡萄酒是以新鲜葡萄或葡萄汁为原料，经酵母菌酒精发酵而成的低度酒。在这个酿造过程中，葡萄浆果里的糖经酵母菌的作用，分解为酒精及其副产物，而葡萄浆果里的其他成分，如丹宁、色素、芳香物质、矿物质及部分有机酸，以不同形式转移到葡萄酒中，因此葡萄酒是一种营养非常丰富的酿造酒。

（一）葡萄酒的定义与分类

1. 葡萄酒的定义

根据国际葡萄与葡萄酒组织（OIV）的规定，葡萄酒只能是破碎或未破碎的新鲜葡萄果实或葡萄汁经完全或部分酒精发酵后获得的饮料，其酒度不能低于8.5°。但是，根据气候、土壤条件、葡萄品种和一些葡萄酒产区特殊的质量因素或传统，在一些特定的地区，葡萄酒的最低总酒度可降低到7°。

2. 葡萄酒的分类

（1）根据葡萄酒的颜色分类。

①红葡萄酒：用红葡萄带皮发酵，或用先以热浸提法浸出了葡萄皮中色素和香味物质的葡萄汁发酵、陈酿制成。酒的颜色为红中微带棕色，主要有紫红、深红和宝石红色。具有浓郁的果香和优雅的葡萄酒香，没有涩口或其他刺激感。

②白葡萄酒：用白葡萄或皮红汁白的葡萄果汁发酵制成。酒的色泽从无色到金黄色，主要为微绿、浅黄、淡黄、禾秆黄色。具有新鲜的果香和优美的酒香，酒味清雅爽口。

③桃红葡萄酒：用红葡萄或红、白葡萄混合，带皮或不带皮发酵制成。葡萄固体成分浸出少，颜色介于红、白葡萄酒之间，主要有淡红、玫瑰红和砖红色。色泽鲜明悦目，具有明显的果香及和谐的酒香，新鲜爽口，酒质柔顺，是一种可口饮料。一般用于佐餐，但是缺乏陈化能力，难以酿出高级酒。

（2）根据葡萄酒中含糖量分类。

①干酒：含糖量小于或等于4g/L或者当总糖与总酸（以酒石酸计）的差值小于或等于2g/L时，含糖量最高为9g/L的葡萄酒。

②半干酒：含糖量大于干酒含糖量，最高为12g/L或者当总糖与总酸（以酒石酸计）的差值小于或等于2g/L时，含糖量最高为18g/L的葡萄酒。

③半甜酒：含糖量大于半干酒含糖量，最高为45g/L的葡萄酒。

④甜酒：含糖量大于45g/L的葡萄酒。

（3）根据酒中二氧化碳的压力分类。

①平静葡萄酒：在20℃时，二氧化碳压力小于50kPa的葡萄酒为平静葡萄酒。

②起泡葡萄酒：在20℃时，二氧化碳压力等于或大于50kPa的葡萄酒为起泡葡萄酒。起泡葡萄酒又可分为：当二氧化碳压力在50～250kPa时，称为低起泡葡萄酒（或葡萄汽酒）；当二氧化碳压力等于或大于350kPa（瓶容量小于0.25L，二氧化碳压力等于或大于300kPa）时，称为高起泡葡萄酒。当二氧化碳全部由葡萄经密闭（于瓶或发酵罐中）自然发酵产生时，称为天然起泡葡萄酒（香槟酒为代表）；当二氧化碳是人工加入时，称为加气起泡葡萄酒。

（4）根据再加工方式分类。

①利口葡萄酒：在葡萄原酒中，加入白兰地、食用蒸馏酒精或葡萄酒精以及葡萄汁、浓缩葡萄汁、含焦糖葡萄酒等，酒度为15°～22°的葡萄酒。

②加香葡萄酒：以葡萄酒为酒基，浸泡芳香植物（或添加其浸提物）而制成的酒度为11°～24°的葡萄酒。

③白兰地：葡萄酒经过蒸馏而成的蒸馏酒。有些白兰地也可用其他水果酿成的酒制造，但需冠以原料水果的名称，如樱桃白兰地、苹果白兰地和李子白兰地等。

（二）葡萄酒的成分与香味

1. 葡萄酒的成分

目前，在葡萄酒中已鉴定出1000多种物质，其中只有350多种被定量鉴定。葡萄酒成分的复杂性给消费者带来了双重的利益：葡萄酒的成分之多，使制假者无法制造出真正的葡萄酒；同时，葡萄酒的复杂性及其营养和保健价值说明葡萄酒并不是一种简单的酒精水溶液。

葡萄酒的1000多种成分包括氧化物、还原物、氧化-还原催化剂（金属或酶）、有机酸及其盐、酶及其活动底物、微生物的营养成分等，所有这些成分成为导致葡萄酒的化学、物理化学和微生物学不稳定的因素。所以，葡萄酒是一种随时间而不停变化的产品，这些变化包括葡萄酒的颜色、澄清度、香气、口感等。如在某些情况下，葡萄酒也会“生病”：它会浑浊、沉淀、失色、失光，甚至变成醋。如果将一瓶葡萄酒开启后，放置在室温下，让它与空气长期接触，它就会很自然地长出酒花或者变成醋，或者会再发酵（如果葡萄酒中含有糖）。此外，对于陈酿多年的葡萄酒，还会出现沉淀（包括色素、丹宁和酒石）。葡萄酒的这一不稳定性构成了葡萄酒的生命曲线。不同的葡萄酒都有自己特有的生命曲线，有的葡萄酒可保持其优良的质量达数十年，也有些葡萄酒需要在其酿造后的六个月内消费掉。葡萄酒工艺师的技艺就在于掌握并控制葡萄酒的这一变化，使其向好的方向发展，同时尽量将葡萄酒稳定在其质量曲线的高水平上。

2. 葡萄酒的香味

香气是给予消费者满足感所不可缺少的因素，在葡萄酒中具有特殊的重要性。构成葡萄酒香气的物质种类极多。香气使葡萄酒具有个性，使每种葡萄酒都具有其区别于其他葡萄酒的独特风格。它决定于葡萄品种、产地，有时也决定于酿造技术。

（1）果香与酒香。酒的香气比味觉更难以把握和描述。概括地讲有八种香气：动物气味、香脂气味、烧焦气味、化学气味、（厨房用）香料气味、花香、果香、植物与矿物气味。一般把葡萄酒中的香气分为两大类：果香与酒香。

①果香：葡萄酒的果香来源于葡萄。果香在葡萄中以游离态香（有香气）即原生香和结合态香（无香气）两种形式存在。结合态香的香气成分可通过酿造过程被释放出来，被称作次生香。这是某些品种的葡萄原来香味并不明显，但是经过发酵以后，出现了该普通品种的独特香气的原因。因此，葡萄酒的香气不仅与葡萄之中的游离芳香物质有关，还与结合芳香物质有关，并且还受这些物质在酿造过程中的浸提和释放芳香物质的能力的影响。

葡萄酒中的果香主要由酯类和萜类引起，其量甚微，不容易长期保存，随着酒龄的增长而消失。果香在葡萄酒中占有重要的地位，对葡萄酒的风格有非常大的影响。

②酒香：在葡萄酒的各种香气中，酒香常常占主导地位。然而酒香是什么，直到今天人们也不能明确地描述它，只知道酒香并不单是指酒精的香气，而是多种香气混合在一起，又经长时间的氧化、还原、缔合、歧化等作用形成的一种醇厚的老酒香气。

葡萄酒香是原料葡萄经微生物发酵之后再通过陈酿（老熟）而产生出来的特有的优美香气。其中，无氧条件下产生的陈香称作醇香，是优质红葡萄酒的特征性香味；有氧条件下产生的陈香称作氧化香，即以雪利酒为代表的香味。

酒香是在发酵及贮存中产生和发展的，是由于发酵微生物的代谢作用和酶的作用以及贮存容器的接触作用等，使葡萄酒的成分发生了一系列的变化。引起酒香的物质有酯类、醛类、酮类、脂肪酸以及酵母自溶物等。酒香随酿造工艺不同而有变化，而且具有特定的原料和地区特点。

酒香是葡萄酒最主要的特性，它决定了葡萄酒的个性与品质。它与经过贮存而变得舒服柔和的果香综合为一体而形成该种葡萄酒的独特风格。

（2）葡萄酒的香味平衡。一种酒的感官性质依赖于它的化学组分。酒可以被看作是含有醇、糖、有机酸、盐、酚类化合物和其他物质的水溶液。这些组分中，每种都有它特有的气味和滋味，在酒中融合为一个协调的整体。一种酒的质量和风味并不是这些单一物质的品质的总和，而是这些成分协调的共同性质。概括地说，酒味是一个平衡系列的结果，即在有气味物质和有滋味物质之间达成香气和味道的协调平衡，在愉快的甜味和不愉快的酸味、苦味和咸味之间协调一致。一种质量好的酒，这些成分的协调比例必定是很适当的，不论是甜白葡萄酒、干白葡萄酒，还是不含还原糖的红葡萄酒都是这样。

通过添加人工制造的普通香料，去获得自然酒香的协调平衡是不可能的。若加入人工香料的量太小，会被酒的综合香气所淹没，毫无结果；若加入的量超过感观阈值，这种占优势的香气会表现出外来的非酒中香气的特征，有经验的品尝者一下子就会识别它，也很容易被气相色谱技术检测出来。

人们在喝酒的时候，嗅觉香气和味觉滋味是同时被感知的，统称其为香味。香气成分当然是酒体印象中重要的一部分，如果把一种酒用溶剂处理，去掉所有的香气物质，这种酒将会是十分平庸乏味的。另外，若把酒中的不挥发固定物质拿掉，同样也会使香气的强度改变，这种酒将是寡淡的。

葡萄原料本身也有一个水果香气、木质香气、单宁香气和其他酚类化合物香气的自然平衡问题，所以按照单宁含量和酿造方法的不同，可以是果香型的酒，也可以是陈酿型的酒。因此，红葡萄酒可以有三个级别：新鲜型、欠浓厚型和单宁改善型。

总之，一种好的酒总要做到香气和口味都是平衡的。

3. 葡萄酒中主要的风味成分

（1）醇类。葡萄酒中含有的醇类很多，其中主要的有以下几类。

①乙醇：发酵好的葡萄酒的乙醇含量为8% ~ 18%（体积分数），具有芳香和带刺激性的甜味。在水溶液里经过长期贮存，刺激味减少，甜味显出，是干酒中甜味的来源之一。每升含有32g醇的水溶液和每升含有20g葡萄糖的水溶液有相同的甜度。把蔗糖溶液轻微地醇化，它的甜味明显增加。

乙醇在纯水溶液中的滋味阈值为40 ~ 52mg/L，在糖溶液中的滋味阈值高，最高可达30g/L。乙醇溶液经过贮存刺激性减少的原因是乙醇可与水通过氢键缔合成分子团，人的感官只能被那些没有缔合的外围乙醇分子所刺激。因此，缔合度越高即分子团越大，其滋味阈值就越高，就越感觉柔和协调。

酒度的高低对葡萄酒的风味有着非常重要的影响。酒度低的酒显得平淡无味，但是若能和酸糖调和好的话，则给人以愉快的感觉，只不过找到平衡点困难一些。酒的醇香在10.5°以下是不容易出现的，而且乙醇含量低于10%的葡萄酒，容易招致微生物污染，造成酒液败坏。但是高酒度的酒（一般为超过14°）假如没有好的平衡，会使人产生炽热辛辣的感觉，也不是好酒。

乙醇也是葡萄酒中易挥发物质的良好溶剂。改变酒度的高低能够改变这些易挥发组分的溶解度或挥发度，因此带来风味上的变化。所以，确定某一葡萄酒的酒度应力求达到酒中各种成分的良好融合，即醇和的目的。

②高级醇：高级醇是指比乙醇多一个或一个以上碳原子的一元醇，可溶于酒精而难溶于水，在酒度低的时候似油状，所以在酒精工业中又称杂醇油，以异戊醇、活性戊醇和异丁醇为主。

高级醇是饮料酒中不可缺少的成分，在少量时会带来受人欢迎的香味，这不单单是由于它本身的气味，同时也由于它的溶剂作用改变了酒中香气成分的含量。高级醇还是构成酒中酯类的重要成分，会产生特殊的香气。但是高级醇含量过高时，不但使葡萄酒具有使人不愉快的气味和粗糙感，而且使人头痛易醉。在其浓度高时，刺激性明显增大。高级醇等甜味物质占优势的酒一般是圆润的，但若缺少足够的酸度和单宁便缺乏新鲜感和立体感。

③甘油：甘油可增加葡萄酒的甜度，对干酒的甜度有较大的影响。甘油在水中的滋味阈值为3.8～4.4g/L，在葡萄酒中则随pH和酒度而改变。在pH为3.4、浓度为10%的酒精溶液中，其滋味阈值为10g/L。在干酒中含甘油高而总酸不太高时，往往难以区分是干酒还是半干酒。这种甜味使干酒表现出轻快圆润的感觉。葡萄酒中甘油的生成量主要取决于酵母的种类，其次与发酵温度有关。一般葡萄酒中甘油的含量在7～8g/L，有的甚至可以达到20g/L。

④双乙酰：双乙酰主要来源于酵母代谢过程，乳酸菌也能产生较高的双乙酰。双乙酰在啤酒中有馊饭味，而在葡萄酒中只要超过0.8mg/L（正常为0.2mg/L）就呈强烈的酸奶油味。双乙酰经过长期贮存（或者工艺处理）之后可转化为2,3-丁二醇。2,3-丁二醇略有甜味，滋味阈值也比较高，不会影响酒的质量。

（2）醛类。

①乙醛：乙醛是发酵副产物之一，因此也是酒中的必然成分。但是乙醛给酒以不好的滋味（苦味和氧化味），是形成生酒味的成分之一。正常情况下，新发酵葡萄酒中乙醛含量在75mg/L以下。乙醛在水中的滋味阈值为1.3～1.5mg/L，而在佐餐葡萄酒中是100～125mg/L。

②羟甲基糠醛：羟甲基糠醛是果糖在酸性溶液中受热脱水后生成的。葡萄酒中有羟甲基糠醛存在，表明葡萄酒在酿造过程中受过热处理。含羟甲基糠醛多的葡萄酒，其量可超过300mg/L。

（3）酯类。酯类是葡萄酒中芳香的主要来源之一，对于滋味的构成也起到重要作用。不管是在葡萄酒中还是在啤酒中，一定量的酯含量是必要的，但是过高就不好了。比如葡萄酒中含量最大的酯类是乙酸乙酯，当乙酸乙酯的含量在200mg/L以下时，有很好的香味，超过此量，就有尖锐的刺激味和令人不愉快的芳香味。另外，酯类还有乙酸异戊酯、丁酸乙酯、已酸乙酯等。

（4）有机酸类。酸味是葡萄酒风味之中最主要的一项。葡萄酒中的酸类物质一部分来源于葡萄，有酒石酸、苹果酸和柠檬酸；另一部分来源于发酵，主要有琥珀酸、乳酸、丙酸、乙酸。葡萄酒的酸度来源于没有解离的酸和氢离子浓度的总体反应，一般葡萄酒的pH为3.1～3.7，酸度为0.4～0.9（100%的柠檬酸为100）。葡萄酒的总酸用酒石酸表示。葡萄酒中的有机酸可分为以下两大类。

①不挥发酸：指葡萄酒中不随水蒸气一起挥发的有机酸，主要有酒石酸、苹果酸、柠檬酸、琥珀酸和乳酸。不挥发酸是影响葡萄酒品质的主要因素之一。酸味对酒味和香味都有增强作用，适当高的不挥发酸含量给人以清凉爽口的感觉（活泼性），而不挥发酸含量过高的酒则显得粗糙，失去回甜，而过低时就会寡淡、呆滞。不挥发酸对葡萄酒的防腐与保持酒颜色有一定作用。

②挥发酸：指能随水蒸气挥发而挥发的酸，主要有甲酸、乙酸、丙酸、丁酸，其中含量最大、影响最大的是乙酸。挥发酸的量用乙酸表示。当挥发性酸含量少于0.2g/L时，饮用时会感到酒质欠柔，不够丰富；当含量大于1.5g/L时，则产生灼烧与变质感。一般挥发性酸含量以0.25g/L为宜。

（5）含氮物质。葡萄汁和葡萄酒中都存在着多种含氮化合物，其中氨基氮的量占绝大多数，几乎是非氨基氮量的80倍，其来源是原果和酵母的自溶。葡萄汁中的含氮物质在葡萄酒发酵时对酵母增殖有益，而且在一定程度上可以增加葡萄酒的醇厚和营养。

但是评酒结果表明，超过了一定含量，酒中含氮物质含量越高，其质量就越低，有以下几个原因：由于氨基酸的氧化脱氨作用，酒中提高了醛的含量而导致氧化味的出现；容易滋生细菌，不利于稳定；容易产生絮状沉淀，不利于感官感受。

（6）酚类物质。

①花色苷：由花青素、花翠素和二甲花翠素与糖结合的苷。

②类黄酮型酚类：包括儿茶酸、花色素原、黄酮醇、黄烷醇类。儿茶酸与花色素原两类物质可以聚合成缩合单宁。

③非类黄酮型酚类：包括白藜芦醇、没食子酸、原儿茶酸、肉桂酸衍生物等。

这些物质中可显色的酚类物质称为色素物质。在新葡萄酒中色素物质主要为游离花色苷，以后逐渐被单宁聚合物和单宁-花色苷聚合物所代替。

色素物质特别是单宁有一种特殊的苦涩味。甜、酸、苦、咸味是可以彼此相互掩饰的，红葡萄酒之所以没有白葡萄酒那么酸，也正是因为红葡萄酒中的单宁苦味掩盖了它的酸味。

（7）糖类。干葡萄酒中所含的糖主要是残留的少量葡萄糖、果糖和蔗糖（加糖发酵）。糖是甜葡萄酒甜味的主要来源。葡萄酒中的糖有增加甘甜、醇厚感的效果。糖、酸、酒配合好，使人感到爽顺、舒适。如果糖高而酸低，则会腻；糖低（或无）酸高，则涩口。在葡萄酒中酒、酸、糖三者的比例恰当，干浸出物再配合好，则称之为协调。

（8）浸出物。浸出物是指葡萄酒中不随水一起蒸发的物质。把这些不蒸发成分的总量减去糖分的量，就是葡萄酒的干浸出物含量。干浸出物含量的多寡表现为口味上的浓淡，直接影响酒的典型性和醇厚感。当含量高时，在滋味上多出现浓的感觉，反之则感觉淡薄。但也不是含量越高越好，要与酒精、酸、单宁等成分配合好。葡萄酒的干浸出物含量一般为20g/L左右，因此干浸出物含量少就有可能掺假了。为了保证酒的质量，天然葡萄酒的干浸出物含量必须大于14g/L。

（9）无机盐。葡萄酒中的无机成分对酿造过程中的微生物生长和化学反应有着重要的作用，对葡萄酒的澄清和风味也产生着重要影响。无机盐的主要作用如下。

①作为酵母生长繁殖的营养物质。

②是葡萄酒干浸出物的组成成分。

③适当含量有利于葡萄酒协调丰富的口味。

④可以参加酿造过程的氧化还原反应（作为催化剂），加速酒的成熟。

⑤对葡萄酒的胶体稳定性不利，特别是铜离子和铁离子的作用尤为明显，所以一般在葡萄酒中铜离子限量在2mg/L以下，铁离子限量在10mg/L以下。

（10）二氧化硫。二氧化硫在现代葡萄酒酿造中，常用于选菌、防腐和作为抗氧化剂。二氧化硫溶于酒后，一部分呈游离态，称作游离二氧化硫；另一部分与醛类物质相结合，称作结合二氧化硫。适量的二氧化硫对滋味无影响，但是过量使用，造成游离二氧化硫过多时，对鼻腔和口腔有刺激感，有类似蛋白腥味和臭鸡蛋味的气味。如果结合二氧化硫过多，在咽下酒时，口中有苦的感觉。此外，二氧化硫与乙醛的结合会影响到酒的陈酿，因此对葡萄酒中二氧化硫的要求是总二氧化硫要在250mg/L以下，游离二氧化硫要在50mg/L以下。

（三）酿酒葡萄

在所有水果中葡萄是最适合酿造果酒的，有以下原因。

①葡萄汁含有的糖分的量，是酵母最适合作用的范围。

②葡萄皮上带有优良的天然酿酒酵母。

③葡萄汁里含有丰富的酵母生长、繁殖所需要的全部营养。

④葡萄汁的酸度较高，能抑制细菌生长，但是其酸度仍在酵母的适宜生长范围。

⑤由于葡萄汁的糖度高，发酵而得的酒度也高，再加上酸度高，从而保证了酒的生物稳定性。

⑥葡萄有美丽的颜色和或浓郁或清雅的香气，酿成酒色、香、味俱佳。

1. 葡萄的主要成分

葡萄包括果梗和果粒两个部分，其质量分数为果梗4% ~ 6%，果粒94% ~ 96%。

（1）果梗。在酿造葡萄酒时，必须把葡萄的果梗除去，有以下原因。

①果梗中所含有的单宁与果皮中的单宁不同，而且果梗中所含有的单宁具有粗糙的苦涩味，会败坏葡萄酒的风味。另外，果梗中的木质素和树脂也有苦味。

②果梗含糖量很少，含水率又较高，所以会稀释葡萄酒。

③发酵时果梗的存在会使部分花色苷固定在果梗上，对酒的色泽不利。

④除掉果梗会减小发酵醪液体积，减小发酵容器的体积，便于输送，提高输送效率。

（2）果粒。果粒包括果皮、葡萄籽、果肉三个部分。

①果皮：果皮中的单宁和花色苷对红葡萄酒的酿造非常重要。另外，果皮还有很丰富的芳香物质和碳、氮、无机盐和维生素，是酿造红葡萄酒不可缺少的一部分，对白葡萄酒则应根据所要酿造的葡萄酒成品的要求而判定。

②葡萄籽：葡萄籽所含有的单宁与果皮中的单宁不同，具有粗糙的苦涩味，会败坏葡萄酒的风味。葡萄籽中的脂肪会破坏葡萄酒的口感并影响其稳定性，所以在破碎葡萄时要尽量避免葡萄籽的破碎。

③果肉：果肉是酿造葡萄酒的主要汁液来源，含有还原糖、无机盐、苹果酸、酒石酸、单宁、含氮物质、果胶质等丰富的成分。当然，含量最大的是水分，要占据整个果粒质量的85%左右。

2. 葡萄一年的生长周期

无论是什么类型的葡萄酒，都是以葡萄浆果为原料生产的。葡萄浆果的成熟度决定着葡萄酒的质量和种类，是影响葡萄酒生产的主要因素之一。因此，了解葡萄果实的成熟现象和果实中的成分及其在成熟过程中的转化，并根据需要进行控制，是保证葡萄酒质量的第一步。

当春天的温度上升到10℃时，葡萄一年的生长周期就开始了：新芽萌发，然后出现第一片新叶，接着新梢开始生长；到五、六月份，花瓣开始形成，接着就是开花，形成幼果（坐果）。葡萄浆果从坐果开始至完全成熟，需要经历不同的阶段。

（1）幼果期。这个时期持续的时间从坐果开始，到转色期结束。在这一时期，幼果迅速膨大，并保持绿色，质地坚硬。糖开始在幼果中出现，但其含量仅为10～20g/L。相反，在这一时期中，酸的含量迅速增加，并在接近转色期时达到最大值。

（2）转色期。转色期就是葡萄浆果着色的时期。在这一时期，浆果不再膨大，果皮叶绿素大量分解，白色品种果色变浅，丧失绿色，呈微透明状；有色品种果皮开始积累色素，由绿色逐渐转为红色、深蓝色等。浆果含糖量直线上升，由20g/L上升到100g/L，含酸量则开始下降。

（3）成熟期。从转色期结束到浆果成熟，需35～50天。在此期间，浆果再次膨大，逐渐达到品种固有大小和色泽，含酸量迅速降低，含糖量增高，其增加速度可达每天4～5g/L。

（4）过熟期。在浆果成熟以后，果实与植株其他部分的物质交换基本停止。果实的相对含糖量可以由于水分的蒸发而提高（浓度增大），浆果进入过熟期。过熟作用可以提高糖的浓度，这对于酿造高酒度、高糖度的葡萄酒是必须的。

从开花到果实成熟通常需要90～100天。到了秋末，随着气温的降低，葡萄开始落叶，然后进入冬季休眠期。

在与所要酿造的葡萄酒种类相适应的葡萄成熟的最佳阶段进行采收，应是葡萄酒工艺师第一位的任务。

浆果的成熟度可分为两种，即工业成熟度和技术成熟度。所谓工业成熟度，即单位面积浆果中糖的产量达到最大值的成熟度；而技术成熟度，是根据葡萄酒种类，浆果必须采收时的成熟度，通常用葡萄汁中的糖酸比（即成熟系数M）表示。这两种成熟的时间有时并不一致，而且在这两个分别代表产量和质量的指标之间通常存在矛盾。现在，一般在葡萄转色后定期采样进行分析，并绘制成熟曲线，根据最佳条件（即葡萄酒质量最好时）确定采收时的M值，从而确定采收期。对于同一地块的葡萄，在不同的年份，应使用相似的M值。

成熟度差的葡萄原料缺乏果胶酶，因此果粒硬且汁少，不仅增加压榨的难度，而且葡萄汁中大颗粒物质含量高，影响葡萄酒的优雅度。此外，不成熟的葡萄原料中，富含氧化酶（影响葡萄酒的颜色和味道），脂氧化酶活性高（形成生青味），苦涩丹宁和有机酸含量高，缺乏干浸出物、色素和芳香物质。

在葡萄的成熟过程中，重要质量成分（酚类物质、芳香物质）的变化与糖的变化相似，即随着糖含量的升高，所有其他的决定葡萄酒风格和个性的口感及香气物质都不停地上升。实践证明，这些物质之间的平衡，即对应于最好的葡萄酒的原料中这些物质之间的平衡，只有在最优良的生态条件下在最良好的年份才能获得。

这些生物化学的研究结果具有重要的实践意义，它们表明用加糖发酵的方式来弥补由于不成熟原料含糖低的缺陷是不行的。因为成熟原料中除糖以外，还含有其他决定葡萄酒风格和个性的物质，即只有用成熟的原料才能酿造出优质的、独具风格的葡萄酒。

3. 葡萄品种对葡萄酒质量的影响

葡萄酒的特点首先决定于葡萄园的一系列因素。在这些因素中，气候和土壤是自然因素，它们一方面限制了葡萄栽培区域，另一方面又决定了葡萄酒的成分。在某一地理范围内，气候条件决定了可生产的葡萄酒种类（甜型、起泡、普通、白或红葡萄酒等），而土壤条件则会使在以上各种情况下的最终产品获得其特殊的个性。在一些特殊的自然条件下，就可以生产出一些特殊的、在世界上享有很高声誉的产品，如波尔多葡萄酒、波尔图葡萄酒以及赫雷斯白葡萄酒等。

栽培技术在一定范围内也能影响葡萄的生理状况和生长发育，从而影响浆果和最终产品的特征。栽培技术决定于葡萄种植者，他们可以在气候和土壤条件允许的前提下，通过栽培技术的控制获得所需产品的特性。

除以上因素外，所使用的葡萄品种对葡萄酒的特征和质量起着决定性的作用。对于同一类型葡萄酒，不同的葡萄品种具有不同的浆果成分，因此用之生产的葡萄酒的特点也不相同。葡萄品种间颜色、风味、稠度等方面的差异，必然在其葡萄酒中反映出来。因此，根据原料的不同，可以生产出白葡萄酒、红葡萄酒，以及在酒度、酸度、芳香性、优雅度等方面各异的产品。如糖度高、酸度低、易于过熟的葡萄品种，适于生产甜型葡萄酒；酸度高、糖度低的葡萄品种，适于生产起泡葡萄酒或蒸馏酒；糖度、酸度均高的葡萄品种，适于生产耐贮、需成熟的葡萄酒等。因此，葡萄品种对葡萄酒的质量、个性、风格都有很大的影响。在以产地命名葡萄酒的国家和地区，每一个产区都规定了只能用某一些品种，而不能用另一些品种生产葡萄酒。这也表明在这些地区，品种起着决定性的作用。

葡萄品种的遗传特性决定了其糖、酸、芳香物质、酚类物质以及其他物质的含量和产量，从而决定了它是否适于生产某类产品。所以，品种的选择必须与生产目标相适应。如果生产单品种葡萄酒，则可选用单一的品种，如波尔多的索味浓；相反，如果需要各个品种葡萄酒之间能相互取长补短，则应选用一系列葡萄品种，如波尔多红葡萄酒的梅尔诺、赤霞珠、品丽珠等。

总之，在影响葡萄酒质量的各种因素中，最重要的是葡萄品种，但是品种并不是决定产品质量的唯一因素，它只能在与之完全适应的生态条件（包括气候、土壤条件）和栽培技术条件下，才能充分在葡萄浆果中表现出其优良特性，即表现出品种的潜在质量。而葡萄浆果的质量又仅是葡萄酒的潜在质量，这一质量的表现决定于与之完全相适应的酿造方式和方法。

4. 常用酿酒葡萄品种

（1）白葡萄酒品种。主要为霞多丽、琼瑶浆、白雷司令、长相思、白麝香、灰雷司令、白品乐、米勒、白诗南、赛美蓉、西万尼、贵人香。

（2）红葡萄酒品种。主要为赤霞珠、美乐（梅鹿辄）、黑品乐、西拉、品丽珠、佳美、味而多、宝石、神索、歌海娜、弥生、桑娇维塞、蛇龙珠。

（3）其他葡萄品种。包括汉堡麝香（玫瑰香）、白羽、佳利酿、白玉霓、烟73、烟74、玫瑰蜜、红麝香（红玫瑰）、晚红蜜、巴柯等。

（四）葡萄酒的酿造工艺

葡萄酒的酿造离不开葡萄原料、酿酒设备及酿造葡萄酒的工艺技术，三者缺一不可。要酿造好的葡萄酒，第一要有好的葡萄原料，第二要有符合工艺要求的酿酒设备，第三要有科学合理的工艺技术。原料和设备是硬件，工艺技术是软件。在硬件规定的前提下，产品质量的差异就只能取决于酿造葡萄酒的工艺技术和严格的质量控制。

1. 红葡萄酒工艺

红葡萄酒必须由红葡萄来酿造，品种可以是皮红肉白的葡萄，也可采用皮肉皆红的葡萄。酒的红色均来自葡萄皮中的红色素，绝不可使用人工合成的色素。

红葡萄酒的酿造方法有很多，共同特点都是去梗、压榨，再将果肉、果核、果皮统统装进发酵桶中发酵，发酵过程中酒精发酵和色素、香味物质的提取同时进行。发酵桶或罐都需要先用低剂量的二氧化硫处理，以防微生物污染。葡萄汁在大桶中发酵生成酒精的同时，果皮和果肉经过在葡萄汁中浸泡，5 ~ 7天便发酵产生一定浓度的酒精并释出葡萄的色素。

红葡萄酒的酿造方法一般为传统发酵法（另外还有旋转罐法、二氧化碳浸渍法、热浸提法和连续发酵法）。

（1）工艺流程。葡萄采摘→破碎→除梗→主发酵→压榨葡萄渣→后发酵→澄清→陈酿→过滤→装瓶。

（2）成品要求。优良的干红葡萄酒应具有以下特点。

①有自然宝石红色、紫红色、石榴红色等。

②有该品种干红葡萄酒的典型性。这取决于葡萄的完好性和成熟情况，一般葡萄汁的相对密度至少在1.09 ~ 1.096的条件下才能形成。

③葡萄酒含酸量应在5.5 ~ 6.5g/L，最高不应超过7g/L。

④葡萄酒中单宁含量少，不应使葡萄酒产生收敛过涩的感觉（在发酵过程中，渣与酒接触时间长，酒中会溶入一部分单宁）。

⑤葡萄酒应尽可能发酵完全。残糖量在0.5%以下。

⑥有浓郁回味悠长的酒香，口味柔和，酒体丰满，有完美感。

⑦葡萄酒味浓而不烈，醇和协调，没有涩、燥或刺舌等邪味。

2. 白葡萄酒工艺

（1）工艺流程。葡萄采摘→破碎→除梗→抽取自流汁→压榨葡萄渣→主发酵→澄清→后发酵→陈酿→过滤→装瓶。

（2）白葡萄酒和红葡萄酒的主要区别。如果将一粒红葡萄从中间切开，就会发现只有葡萄皮是红色的，而葡萄果肉是白色的，这说明葡萄的红色素只存在于葡萄皮中。所以，如果要生产白葡萄酒，就应将葡萄汁迅速压出，防止葡萄皮中色素溶解在葡萄汁中；而要想生产红葡萄酒，则应使葡萄皮中红色素溶解在葡萄汁中，即必须将葡萄汁和葡萄皮混合在一起，使葡萄汁对葡萄皮进行浸渍。因此，红葡萄酒与白葡萄酒生产工艺的主要区别在于，白葡萄酒是用澄清葡萄汁发酵的，而红葡萄酒则是用皮渣（包括果皮、种子和果梗）与葡萄汁混合发酵的。所以，在红葡萄酒的发酵过程中，酒精发酵作用和固体物质的浸渍作用同时存在，前者将糖转化为酒精，后者将固体物质中的单宁、色素等酚类物质溶解在葡萄酒中。因此，红葡萄酒的颜色、气味、口感等与酚类物质密切相关。白葡萄酒是用白葡萄汁经过酒精发酵后获得的酒精饮料，在发酵过程中不存在葡萄汁对葡萄固体部分的浸渍现象。此外，干白葡萄酒的质量主要由源于葡萄品种的一类香气和源于酒精发酵的二类香气以及酚类物质的含量所决定。所以，在葡萄品种一定的条件下，葡萄汁取汁速度及其质量、影响二类香气形成的因素和葡萄汁以及葡萄酒的氧化现象，即成为影响干白葡萄酒质量的重要工艺条件。

归纳起来，红葡萄酒和白葡萄酒的主要区别如下。

①根据葡萄的颜色不同，可将葡萄品种分为白色品种（白皮白肉）、红色品种（红皮白肉）和染色品种（红皮红肉）三大类。用白色品种只能酿造白葡萄酒，染色品种只能酿造红葡萄酒，而用红色品种可酿造从白色到深红色的颜色各异的各种葡萄酒。

②白葡萄酒是用白葡萄汁发酵而成，红葡萄酒是用葡萄汁（液体部分）与葡萄皮渣（固体部分）混合发酵而成，其颜色的深浅决定于液体部分对固体部分浸渍的强度。浸渍越强，颜色越深。

③固体部分带给葡萄酒的不仅是色素，同时带给葡萄酒的还有与色素一样同为酚类物质的单宁，葡萄酒的颜色越深，其由色素和单宁构成的酚类物质的含量也越高。

3. 厂房的配置要求和酿造设备

葡萄酒是供人饮用的酿造酒。饮用好的葡萄酒给人美的享受和艺术欣赏。葡萄酒应该具备酿造葡萄本身的果香和口味，后味洁净。“洁净”二字是衡量葡萄酒质量好坏的重要指标。人的嗅觉器官和味觉器官是相当灵敏的，在葡萄酒酿造过程中，任何污染和过失给葡萄酒带来的异杂味都是葡萄酒本身无法掩盖的，甚至是“致命的缺陷”。所以，酿造葡萄酒的厂房必须符合食品生产的卫生要求，要根据生产能力的大小设计厂房和选购设备。发酵车间要光线明亮，空气流通。贮酒车间要求密封较好。葡萄酒厂的地面要有足够的坡度，用自来水刷地后，污水能自动流出去。车间地面不留水沟，或者留明水沟，水沟底面的坡面能使刷地的水全部流出车间。车间的地面最好是贴马赛克或釉面瓷砖，车间的墙壁用白色瓷砖贴到顶。厂房要符合工艺流程需要，从葡萄破碎、分离压榨、发酵贮藏，到成品酒灌装等，各道工序要紧凑联系在一起，防止远距离输送造成的污染和失误。

葡萄酒的加工设备主要有葡萄破碎机、果汁分离机、果汁压榨机、高速离心机、灌酒机等；贮藏容器主要有发酵罐、贮酒罐等。要根据生产能力的大小选择设备型号和容器规格，各种设备的生产能力和贮藏容器要配套一致。每种设备和容器凡是与葡萄、葡萄浆、葡萄汁接触的部分，要用不锈钢或其他耐腐的材料制成，防止铁、铜或其他金属污染。

4. 葡萄浆（汁）的制取

（1）原料分选。葡萄酒的质量，七成取决于葡萄原料，三成取决于酿造工艺，很难说这种估计是否绝对精确，但可以说葡萄原料奠定了葡萄酒质量的物质基础。葡萄酒质量的好坏主要取决于葡萄原料的质量。

所谓葡萄原料的质量，主要是指酿酒葡萄的品种、葡萄的成熟度及葡萄的新鲜度，这三者都对酿成的葡萄酒具有决定性的影响。

①酿酒葡萄的品种：不同的葡萄品种达到生理成熟以后，具有不同的香型、不同的糖酸比，适合酿造不同风格的葡萄酒。世界上著名的葡萄酒都是选用固定葡萄品种酿造的。一般来说，酿造白葡萄酒的优良品种有贵人香、雷司令、缩味浓、白诗南、赛美蓉等；酿造红葡萄酒的优良品种有佳丽酿、赤霞珠、蛇龙珠、梅鹿辄、增芳德、法国蓝等。实践证明，葡萄品种决定葡萄酒的典型风格。

②葡萄的成熟度：葡萄的成熟度是决定葡萄酒质量的关键之一。众所周知，用生青的葡萄是不能酿造出好葡萄酒的。葡萄在成熟过程中，浆果中发生着一系列的生理变化，其含糖量、色素、芳香物质含量不断增加和积累，总酸的含量不断降低，达到生理成熟的葡萄，其浆果中各种成分的含量处于最佳的平衡状态。葡萄的采收期应综合考虑生理成熟期和技术成熟期。

③葡萄的新鲜度：葡萄的新鲜度及卫生状况对葡萄酒的质量具有重要的影响。葡萄采收后，最好能在8h内加工。加工的葡萄应该果粒完整，果粒的表面有一层果粉，不能混杂生青病烂的葡萄。为此需要在果园里采摘葡萄时做好分选工作，先采一等葡萄做优质葡萄酒，然后再采二等葡萄或等外葡萄做普通的葡萄酒或蒸馏酒精。

品种选定以后还要注意原料的分选，在破碎榨汁之前应仔细挑除成熟度不好的绿穗、病穗和有伤的穗粒，尤其要去除原料中的腐烂、发霉和变质的穗粒。

（2）破碎、除梗、取汁。分选后的原料要及时进行破碎取汁，葡萄只有经过破碎，使果汁与酵母接触以后，才可以发酵。红葡萄酒的酿造只要除梗后将果实压破，使之成为葡萄浆即可，白葡萄酒还要进行皮汁分离。在大型生产厂家，这些工序均由专门的机械进行，一般小型或家庭生产葡萄酒多用手工操作，但总的原则是：每粒都要破碎完全，破碎时不伤及种子及果梗，因为种子、果梗中含有丹宁、油脂及糖苷，这些物质进入酒内会产生苦、麻、涩等异味。同时，要注意的是破碎设备和容器的质量，凡是与葡萄果汁接触的部分不能使用铁、铜制品，而应使用硬木质、铝、不锈钢等制品，因为果汁一旦与铁、铜接触会使葡萄酒产生铁、铜败坏病，并且增加葡萄酒中的重金属离子的含量。在使用天然酵母酿造白葡萄酒时，应避免果汁与皮渣过长时间接触。

小型生产破碎可在瓷缸或瓮中进行，并同时去除果梗和种子。大型生产需要采用破碎除梗机。

在取汁时，最好使用直接压榨技术，也就是将葡萄原料完好无损地直接装入压榨机，分次压榨，这样可避免葡萄汁对固体部分的浸渍，同时可更好地控制对葡萄汁的分级。利用直接压榨技术，还可用红色葡萄品种（如黑比诺）酿造白葡萄酒。

（3）二氧化硫处理。为了保证酵母菌发酵纯正，防止或抑制其他杂菌的活动，必须进行二氧化硫处理。二氧化硫可以抑制大部分杂菌、霉菌的活动，但又不影响正常酵母菌的活动，因此它有净化葡萄酒和控制发酵的双重作用。由于二氧化硫的独特作用，它在葡萄酒的生产和贮藏中具有不可替代的作用，善于使用二氧化硫是酿造葡萄酒的一个重要的技术诀窍。

二氧化硫常在破碎时或果汁入罐发酵前一次性加入，这样杀菌效果较好。一般常用6%的亚硫酸（H_2SO_3）来获得二氧化硫，除了亚硫酸外，还可用液体二氧化硫来处理。一般用量是每升葡萄汁加入100 ~ 200mg的亚硫酸，具体加入量要根据发酵时葡萄的质量状况而定。

5. 葡萄浆（汁）的改良

要想酿造出优质的葡萄酒，首先要选择优质的适合酿造个性酒的葡萄。但是在很多时候，葡萄的品质往往有不同的缺陷，因此就需要进行葡萄浆（汁）的改良以提高品质，主要是调整含糖量和含酸量。

（1）调整含糖量。糖是生成酒精的原料，按照发酵公式与实际测定，生成1°酒精需要1.7g葡萄糖。成品酒的酒精浓度一般为13%以上（13% ~ 18%），所以一般需要葡萄汁内含糖量应在22.1%以上。若葡萄含糖量高则不需要另外加糖，否则应该调汁加糖。我国各地酿酒葡萄一般糖度都不高，所以发酵前均进行加糖处理。但为了保证葡萄酒的质量，加糖量应控制在2个酒度以内（即每升葡萄汁加糖量不高于34g）。提高果汁含糖量的最好方法是加入浓缩葡萄果汁予以补充，而我国目前多以添加精制砂糖为主。

补加糖的多少要按要求达到的酒精浓度而定。如要求葡萄酒酒精达到13°，则理论上每升葡萄汁中应含22.1 × 1000=221g糖，若果汁实际含糖量为17%，则每千克果汁应补加221 - 170=51g糖。但事实上按这样的量添加砂糖，加糖后每升含糖量达不到221g，这是因为每千克砂糖溶解后体积增加了625mL，因此正确的加糖量应按下面的公式计算。

$$砂糖加入量=\frac{葡萄汁质量\times（所需酒度\times 1.7-每100mL葡萄汁含糖量）}{100-所需达到的酒度\times 1.7\times 0.625}$$

例如，100kg含糖量13%的葡萄汁要发酵成含酒精13°的葡萄酒，加糖量计算如下。

$$加糖量=\frac{100\times（13\times 1.7-13）}{100-13\times 1.7\times 0.625}\approx 10.56kg$$

一般生产中，为了计算方便，常用经验公式来计算加糖量，方法是：果汁含糖量高于15%时，砂糖加入量（g）=（23% - 葡萄汁含糖量）× 1000；果汁含糖量低于15%时，砂糖加入量（g）=（24% - 葡萄汁含糖量）× 1000。如上例，因含糖量低于15%，故每1kg果汁加糖量为：（24% - 13%）× 1000=110g。

给果汁加糖时要注意，酵母菌在含糖量20%以下的果汁中活动旺盛，在糖分过高时活动就受到影响，因此在酿造高酒度的葡萄酒时应采用分次加糖的方法。

用冷葡萄汁溶解砂糖后加入，千万不能化成糖浆后加入，每次补加的糖以醪液糖度不超过原葡萄汁糖度为限；补加糖不宜过晚，否则会因为酵母活力过高而残留过多糖；也可以添加浓缩葡萄汁，用浓缩汁中高含量的糖来调节糖分。浓缩葡萄汁是把天然葡萄汁在真空条件下蒸发去除水分，浓缩至原体积的1/5 ~ 1/4。根据需要，有的浓缩汁要进行降酸处理，而且要注意其他成分的变化带来的对葡萄酒酿造的不利因素。另外，还可以直接添加葡萄酒精。酒精可在发酵的前或后加入，也可以在主发酵时分次加入，加入早会有利于浸提。

（2）调整含酸量。酸对葡萄酒的口感、稳定性、色泽、贮存性都有影响，所以各种葡萄酒对含酸量都有一定的要求。但是葡萄中的含酸量很不稳定，所以要调节。

①增酸：若葡萄果汁酸度低于6g/L，一般添加酒石酸（先加）或柠檬酸（后加）。

②降酸：若含酸量高于10g/L，则降酸，有调配法（用不同酸度葡萄汁混合）、物理降酸法（酒石沉淀法）、化学降酸法（碱式盐中和法）、生物降酸法（苹果酸-乳酸发酵法）。

6. 发酵

（1）葡萄酒发酵概述。发酵是葡萄酒酿造的生物过程，也是将葡萄浆果转化为葡萄酒的主要步骤。它涉及酵母菌将糖转化为酒精和发酵副产物以及乳酸菌将苹果酸分解为乳酸两个生物现象，即酒精发酵和苹果酸-乳酸发酵。只有当葡萄酒中不再含有可发酵糖和苹果酸时，它才被认为获得了生物稳定性。

对于红葡萄酒，这两种发酵必须彻底。苹果酸-乳酸发酵是必须的，这种发酵可降低酸度（将二元酸转化为一元酸），同时降低生酒的生青味和苦涩感，使之更为柔和、圆润、肥硕。

而对于白葡萄酒情况则较为复杂。对于含糖量高的葡萄原料，酒精发酵应在酒-糖达到其最佳平衡点时中止，同时避免苹果酸-乳酸发酵；对于干白葡萄酒，有的需要在酒精发酵结束后进行苹果酸-乳酸发酵，而对于那些需要果香味浓、清爽的干白葡萄酒则不能进行苹果酸-乳酸发酵。总之，对于那些需要进行酒精发酵和苹果酸-乳酸发酵的葡萄酒，重要的是酒精发酵和苹果酸-乳酸发酵不能交叉进行，因为乳酸菌除分解苹果酸以外，还可分解糖而形成乳酸、醋酸和甘露醇，从而形成乳酸病。

葡萄酒工艺师的任务就是使酒精发酵迅速、彻底，并且在酒精发酵结束后，在需要时立即启动苹果酸-乳酸发酵。所以，需要促进酵母菌活动而暂时抑制乳酸菌的活动。但是对乳酸菌的抑制也不能太强烈，否则就会使苹果酸-乳酸发酵推迟，甚至完全抑制苹果酸-乳酸发酵。

目前，二氧化硫几乎是葡萄酒工艺师所能使用的唯一的细菌抑制剂。但在使用时，必须考虑其对酒精发酵的作用。

葡萄的酒精发酵可自然进行，这是因为在成熟葡萄浆果的表面存在着多种酵母菌，这些酵母菌在葡萄破碎以后会迅速繁殖。因为各种酵母菌抵抗二氧化硫的能力不同，所以二氧化硫对酵母菌有选择作用，有时也可抑制所有的酵母菌。因此，在多数情况下，可通过选择二氧化硫的使用浓度，来选择优质野生酵母菌，也可杀死所有的野生酵母菌，而选用特殊的人工选择酵母菌。

二氧化硫的用量根据原料的卫生状况、含酸量、pH和酿造方式不同而有所差异，一般用量为每升葡萄汁30 ~ 100mg。由于二氧化硫还具有抗氧化、抗氧化酶和促进絮凝等作用，所以在酿造白葡萄酒时，其用量较高，以防止氧化，并促进葡萄汁的澄清。

当葡萄原料通过二氧化硫处理和加入选择酵母菌后，葡萄酒工艺师就应促进酵母菌的生长及其发酵活性。在这个过程中，葡萄酒工艺师应对两个因素进行控制。一个因素是温度。温度一方面影响酵母菌的繁殖速度及其活力，另一方面影响酒精发酵。温度高于40℃，酵母菌就会死亡；温度高于30℃，发酵中止的可能性就会加大。因此，符合酵母菌生物学要求和葡萄酒工艺学要求的温度为18 ~ 30℃。另一个因素是氧。在添加酵母菌前的一系列处理过程中，葡萄汁所溶解的氧很快就被基质中的氧化酶所消耗，留给酵母菌的氧则很少，因此酵母菌的繁殖条件至少一部分为厌氧条件。在厌氧条件下，影响酵母菌生存和繁殖的主要因素为细胞中的固醇和非饱和性脂肪酸，但这两者的生物合成必须有氧参与，因此，必须为酵母菌供氧。供氧的最佳时间为入罐后酒精发酵以前。在这个时候，如果希望酒精发酵迅速彻底，就必须进行一次开放式倒罐。

酒精发酵并不仅是将糖转化为乙醇，它同时对香气起着非常重要的作用。正是在这一阶段，才使葡萄汁具有了葡萄酒的气味。一般认为，葡萄酒芳香物质的含量为其形成的酒精量的1%左右。工艺师的作用就是促进这些芳香物质的形成，并且防止它们由于二氧化碳的释放而损失。

在葡萄酒发酵的过程中，酵母菌把葡萄果汁中的还原糖发酵成酒精和二氧化碳，这是葡萄酒发酵的主要过程。在生成酒精的发酵过程中，由于酵母菌的作用及其他微生物和醋酸菌、乳酸菌的作用，在葡萄酒中形成其他的副产物，如挥发酸、高级酸、脂肪酸、酯类等。这些成分是葡萄酒二类香气的主要构成物。控制葡萄酒的发酵过程平衡地进行，就能保证构成葡萄酒二类香气的成分在葡萄酒中处于最佳的协调和平衡状态，从而提高葡萄酒的感官质量。

如果发酵速度过慢，一些细菌和劣质酵母菌的活动，可形成具有怪味的副产物，同时提高葡萄酒中挥发酸的含量；如果发酵温度高，发酵速度过快，二氧化碳的急剧释放会带走大量的果香，因此所形成的发酵香气比较粗糙，质量下降。所以，有效地控制发酵过程是提高葡萄酒产品质量的关键工序。

发酵期间管理工作的重点是保证发酵顺利进行到底，并获得对产品质量最有利的代谢产物以及葡萄原料中的良好成分。为此，温度的控制最重要，另外就是醪液的泵循环和适当通风。

在酒精发酵结束以后，接着登场的就是乳酸菌。由于葡萄酒的酸度高、pH低、酒度高，不利于乳酸菌的活动，因此苹果酸-乳酸发酵的控制比较困难。为了促进苹果酸-乳酸发酵的顺利进行，可在酒精发酵时对几罐原料不进行二氧化硫处理，并进行轻微的化学降酸。在酒精发酵结束后，用这几罐葡萄酒与其他罐的葡萄酒混合，同时防止温度过低，应将温度控制在18 ~ 20℃。在苹果酸-乳酸发酵结束后，应立即进行二氧化硫处理，防止乳酸菌分解戊糖和酒石酸。

在发酵结束后，葡萄酒的生物化学阶段也就结束了。酿造的第二阶段则是物理化学阶段。这一阶段的作用是将生葡萄酒转化为可供消费者享用的成熟葡萄酒。

（2）发酵前的准备。大型酒厂发酵多在发酵池或发酵罐中进行，而且是发酵与贮存共用一池（罐），对此在使用前应进行认真清洗，并用二氧化硫熏蒸消毒。小型发酵多用缸、瓮、罐、桶等，无论用什么容器，总的要求是不渗漏、密闭、无铜或铁与酒接触。容器在使用前要认真消毒，最常用的方法是硫磺熏蒸，每100L体积用硫磺5 ~ 10g，将其置于金属盒或瓷盆内点燃熏蒸，一定要注意硫磺决不能落入桶内，而且接触过硫磺的手一定要洗净，防止任何点滴硫磺落到果汁内。

利用缸、瓮、罐作发酵容器的可用含2%二氧化硫的亚硫酸冲洗，然后缸口朝下使亚硫酸流净，放置一夜后使用。

（3）装汁。将经过破碎、二氧化硫处理、糖酸调整后的葡萄果汁装入发酵桶（缸、罐）中，一般只装至4/5的程度，留下1/5预防发酵时皮渣外冲。然后，扣上发酵栓进行蜡封密闭发酵。发酵栓的作用是只许内部发酵产生的二氧化碳排出，而防止外界空气进入。

（4）添加活性干酵母。无论是发酵红葡萄酒还是发酵白葡萄酒，葡萄浆或葡萄汁入发酵罐以后，都要尽快地启动发酵，缩短预发酵的时间。因为葡萄浆或葡萄汁在进入发酵以前，一方面很容易氧化，另一方面也很容易遭受野生酵母菌或其他杂菌的污染。所以，在澄清的葡萄汁或葡萄浆中最好及时添加活性干酵母。

要注意的是，活性干酵母的种类并不相同，有的适合红葡萄酒的发酵，有的适合白葡萄酒的发酵，有的适合香槟酒的发酵。同样是适合白葡萄酒发酵的活性干酵母，但种类不同，其产酒风味也有差异。因此，应该根据所酿葡萄酒的种类和特点，来选购合适的活性干酵母。

活性干酵母的添加量按每万公升葡萄汁或葡萄浆，添加1kg活性干酵母为宜。做白葡萄酒，澄清汁入发酵罐以后，立即添加活性干酵母。添加的方法是将活性干酵母与1：1的葡萄汁和软化水的混合物按1：10的比例混合搅拌，即1kg活性干酵母与10L葡萄汁和软化水的混合液（其中5L葡萄汁，5L软化水）混合搅拌1h，加入可以盛10L白葡萄汁的发酵罐里，循环均匀即可。红葡萄酒发酵，添加活性干酵母的数量及添加方法与白葡萄酒的相同。只是红葡萄酒是带皮发酵，刚入罐的葡萄浆的皮渣和汁不能马上分开，无法取汁。应该在葡萄入罐12h以后，自罐的下部取葡萄汁，与软化水按1：1的比例混合。取1份质量的活性干酵母与10份的葡萄汁和软化水的混合物混合搅拌1h后，自发酵罐的顶部加入，然后用泵循环，使活性干酵母在罐里尽量达到均匀分布的状态。

（5）酒精发酵。

①发酵生热：酒精发酵是放热反应。理论上，酒度每升高1°，发酵液升温2.5℃，但是实际上达不到理论值。影响升温的因素有发酵容器的大小、导热系数、传热面积、气体蒸发的程度、原料的含糖量、发酵速度以及环境温度。所以，实际每生成1°酒发酵液升温为1～1.5℃。但是这对多种类型的葡萄酒来说仍然是不能允许的。可以采用顶部循环喷淋冷却、板式或套管式换热器冷却、冰块（塑料袋密封放入）或干冰冷却等方法对发酵液降温；也可以采用低温采摘葡萄，用小型发酵容器和降低发酵速度的方法来进行工艺降温。

②葡萄汁发酵：经过前加工和预处理得到的葡萄汁，被泵入发酵容器，添加酵母之后就开始发酵了。发酵容器可以用大小不等的桶、池、罐，但是都要注意两点：每批发酵的葡萄汁为容器容量的80%～85%；发酵罐上要装有发酵栓以释放二氧化碳。葡萄汁发酵时的起始温度为18℃，中期温度为22℃左右，后期温度恢复为18℃左右，发酵时间为7～10天。发酵结束后，要迅速将酒液降温到10～12℃，静置一周后倒桶除去酒脚。

③葡萄浆发酵：用葡萄浆发酵葡萄酒是传统的红葡萄酒发酵方法。在发酵的过程中，葡萄固体的成分也不断溶解出来。葡萄浆发酵时的起始温度为20℃，中期温度为25℃左右，后期温度恢复为20℃左右。发酵时间为7～10天。

通常采用以下几种发酵方法。

a. 开放式浮帽发酵：开放式浮帽发酵即发酵池顶部不加盖，由气体顶起的葡萄皮自然形成盖子（浮帽）。在这种发酵中，酵母菌生长旺盛，葡萄浆表面发酵旺盛，但有害菌容易污染，葡萄皮中的色素浸提不充分。所以，需要进行人工捣池或者泵循环，以起到散热、充氧和浸提作用，并可以同时进行加二氧化硫、补充酒母、加糖的工艺操作。

b. 开放式浸帽发酵：浸帽即“帽”在葡萄醪液之中，由空隙为0.5cm的木条（篦子）压入，葡萄汁高出篦子6～10cm。但发酵旺盛时，葡萄皮被压得很实，上下液对流难以进行，因此浸提效率降低。另外，池底部酵母活力差，所以也要揭池并进行泵循环。

c. 密闭式发酵：即发酵容器加盖，在密闭的环境中发酵，通过泵循环溶解氧和浸提色素。

d. 自动发酵池发酵：利用发酵生成的二氧化碳的压力作为动力进行循环来增加浸提和溶氧。水封阀门可以调节二氧化碳的压力，无须动力，自动浸提，溶氧，排除二氧化碳，而且可在升液管上加一套冷凝器来进行发酵液的降温操作。

④发酵浸提终点确定：当酒精发酵结束时，白葡萄酒的残糖要控制在2g/L以下，红葡萄酒的残糖要控制在5g/L以下。但是因为红葡萄酒的发酵是与葡萄皮中色素的浸提同时进行的，浸提终点不容易确定，受酿酒类型、葡萄品种和质量、发酵温度等很多因素影响。浸提的质量对葡萄酒的各种特性起到非常重要的作用，但是又很难通过量来确定浸提终点，所以主要还是以经验作为依据。据此有以下两种终点确定方法。

a. 定时法：依据规定的葡萄品种、质量以及发酵温度得出规定的时间。

b. 对应法：因为发酵温度难以控制，所以与酒度（残糖）相对应，可分为提前下酒、同步下酒与延迟下酒。

（6）后发酵（苹果酸-乳酸发酵）。很久以前，人们就发现在酒精发酵之后的贮酒期间，有些酒又出现了二氧化碳逸出的现象，并伴随着酒液的重新浑浊，酒的颜色也稍有减退，有时能察觉出不良气体的出现，但是几个星期之后就消失了，人们曾以为这是酵母菌的二次发酵引起的，后来才知道这是苹果酸-乳酸发酵。

苹果酸-乳酸发酵是乳酸菌活动的结果。当基质的条件有利于苹果酸-乳酸发酵时，乳酸菌可以把苹果酸分解成酸和二氧化碳。因为苹果酸是双羧基酸，酸性强，口味尖，而乳酸只含有一个羧基，酸性弱，口味柔和，所以苹果酸-乳酸发酵是一种生物降解过程。

①苹果酸-乳酸发酵的必要性：苹果酸-乳酸发酵可以降低葡萄酒的酸度，使酒变得柔顺，香味丰富，并可提高生物稳定性，这对提高大部分葡萄酒的质量非常有利，但是苹果酸-乳酸发酵所产生的香味复杂化对某些类型的葡萄酒也会产生不利的影响。因此，苹果酸-乳酸发酵的必要性根据以下几个因素来确定。

a. 产品类型：对于所有红葡萄酒来说，进行苹果酸-乳酸发酵总是有好处的；对于白葡萄酒来说，苹果酸-乳酸发酵难免会损害香味的清净优雅，大多数产品以不进行为好；对于桃红葡萄酒来说，则要看其偏向，偏向于红葡萄酒就需要，偏向于白葡萄酒就以不进行为好；对于起泡酒来说，一般要完成这一发酵，才有益于进行二次酒精发酵。

总之，如果希望获得醇美、丰满、适于贮藏的葡萄酒，就应该完成苹果酸-乳酸发酵；如果想获得爽、净，尽早上市的葡萄酒，则应防止这一发酵的进行。

b. 葡萄酒的含酸量：葡萄酒的含酸量高时，苹果酸-乳酸发酵可以作为降酸的手段。这种手段的灵活运用，即使对于干白葡萄酒质量的提高有时也有益。但是如果葡萄酒的含酸量太低，无论什么酒都要慎重考虑这一发酵是否进行。

c. 葡萄品种：有些品种的葡萄酒如果进行苹果酸-乳酸发酵，会使其典型的果香味消失，因此不能进行这一发酵；但是也有一些品种的葡萄酒，其天然果香味太浓，会使葡萄酒不协调，而苹果酸-乳酸发酵可以改善其香味，使其更加完满。

②苹果酸-乳酸发酵的自然发生和管理：苹果酸-乳酸发酵是葡萄酒生产中的重要环节。当这一发酵有益时，在新酒中进行这一发酵的时间是越早越好，并且应该在冬季来临之前完成，以避免第二年春天的细菌重新活动，提早使酒成熟。

苹果酸-乳酸发酵的自然发生开始时间并不一致，它有时是在酒精发酵结束的时候，在人们延长酒在发酵罐内滞留期的时候发生；有时候是在第一次倒桶之后发生；也有些是很晚，在第二年春季或者夏季发生。

在葡萄酒酒度超过13°以及pH小于2.9时很难发生苹果酸-乳酸发酵；pH为3.1 ~ 3.3时，有一半的样品发生；pH大于3.3时，绝大部分的样品都发生这一发酵。另外，还与葡萄的品种以及发酵的周围环境和温度有关。

由此可知，影响苹果酸-乳酸发酵自然发生的主要因素是酒度、pH、葡萄品种和生产环境，以及酒精发酵时的工艺处理。因此要促进这一发酵的自然发生，也应该从使酒度不过高、pH合适、酒精发酵之后的倒桶适当延长、贮酒温度适当以及保持良好的环境等几个方面入手。

③苹果酸-乳酸发酵剂的使用：依赖苹果酸-乳酸发酵自然发生，在管理上带来了许多麻烦，并且也不可靠。此外，对于某些已经经过预处理的葡萄酒（二氧化硫处理、热浸提）也是不可能的，因此需要使用发酵剂。

常用方法有：把苹果酸-乳酸发酵发生早的贮酒桶之中的葡萄酒作为发酵剂使用，宜在同时生产的同类酒之中进行；将本品种葡萄皮上的苹果酸-乳酸发酵菌经过培养后用作发酵剂，培养方法是将完整的苹果酸-乳酸发酵菌含量高的葡萄粒直接加入酒精发酵结束后的葡萄酒之中；优选一些耐酒度、耐酸的有用乳酸菌经过扩大培养之后制成菌剂使用。

④苹果酸-乳酸发酵结束后的处理：苹果酸-乳酸发酵结束情况，通过纸色谱法分析苹果酸的情况来确定。当纸色谱法鉴别无苹果酸斑点时，应迅速进行二氧化硫处理并倒桶去掉酒脚，不然的话，原来因为pH低而被抑制的耐酸性有害乳酸菌就有了繁殖机会，它们能将甘油转化成丙烯醛而使葡萄酒呈现苦味。

当糖分与苹果酸完全消失之后，葡萄酒的发酵过程就结束了。

7. 发酵结束后的处理

发酵刚结束获得的葡萄原酒质量粗糙，需要经过贮藏才能变得口味柔和。所以，严格控制贮藏过程的工艺措施，使原酒在最佳的成熟条件下发生一系列的物理化学变化，逐渐达到最佳的饮用质量。

（1）二氧化硫控制。二氧化硫具有抗氧和杀菌作用，在葡萄酒酿造的不同阶段，合理地使用二氧化硫是酿造优质葡萄酒的重要保证。白葡萄酒酒精发酵刚结束，立即加入150mg/L的二氧化硫，其中约有2/3的二氧化硫以游离态存在，即游离二氧化硫在100mg/L左右。随着贮藏时间的延长，游离二氧化硫逐渐消耗。当游离二氧化硫降到30mg/L时，再补加45mg/L的二氧化硫，控制白葡萄酒在装瓶时游离二氧化硫在50mg/L。红葡萄酒在酒精发酵结束以后加入120mg/L的二氧化硫。在贮藏过程中，游离二氧化硫逐渐消耗。当游离二氧化硫降到20mg/L时，补加到40mg/L。控制红葡萄酒在装瓶时游离二氧化硫在40mg/L。无论是白葡萄酒还是红葡萄酒，加时应该一次加足，这样杀菌效果最好。

（2）酒度调整。原酒倒桶（缸）后开始陈酿，这时若因主发酵时果汁中糖度不足使酒度仍未达到12°～13°时，就要先调整酒精度数，一般多用白兰地、白酒或食用酒精，调酒时加入的酒精或白酒量按下列公式计算。

$$\text{调酒量}=\frac{\text{原酒量}\times(\text{需达到的酒度}-\text{原酒酒度})}{\text{所用调酒酒度}-\text{需达到的酒度}}$$

例如，现有100kg酒度为8°的原酒，要调到13°，需加入60°白酒的量的计算方法如下。

$$60^\circ\text{酒酒量}=\frac{100\times(13-8)}{60-13}\approx 10.64\text{kg}$$

即将10.64kg的60°白酒加入原酒中则成。

要注意的是，调酒时不能猛然倒入，而是用弯管漏斗（即漏斗下接一个弯曲透明胶管）慢慢将浓酒添入，使浓酒在原酒上浮着，渐渐渗入原酒中。调好的酒在低温处静置，进行初步陈酿。经过一个阶段陈酿，酒质更加澄清发亮。

（3）酸度控制。当葡萄原酒中总酸的含量高于7.5g/L时，就需要进行降酸处理；当葡萄原酒中总酸的含量低于5g/L时，就需要进行增酸处理。葡萄原酒增酸和降酸处理，都应该在原酒转入贮藏以后到冬季自然冷冻以前进行。

降酸处理可以采用物理撤离法进行冷冻，促进酒石酸盐沉淀。当物理方法达不到降酸的要求时，需要采用化学方法降酸，即在葡萄原酒中加入强碱弱酸盐，中和其中过量的有机酸，从而降低酸度。最常用的降酸剂有碳酸钙、碳酸氢钾，其中以碳酸钙最有效，而且最便宜。1g/L的碳酸钙可降低总酸1g/L（以硫酸计），或可降低总酸1.5g/L（以酒石酸计）。

如果葡萄原酒需要增酸，最好加入酒石酸。由于葡萄酒中柠檬酸的总量不得超过1g/L，用柠檬酸增酸有很大的局限性，且其易被乳酸菌分解导致细菌性病害。通常，柠檬酸增酸添加量不能超过0.5g/L。

（4）澄清处理。葡萄酒中含有的蛋白质分子，是葡萄酒不稳定、早期混浊沉淀的主要因素之一。因此，除去葡萄酒中的蛋白质分子是提高葡萄酒稳定性的重要措施。葡萄原酒中添加皂土（膨润土）是除去蛋白质的有效方法。由于葡萄品种、葡萄产地不同，皂土的用量也不同。皂土用于葡萄酒澄清的具体用量，可通过试验确定。

生产上在使用皂土之前，一定要把皂土制成均匀的浆状，用水浸泡24h，因为皂土粉末的粒度太细，与水均匀混合很困难，所以生产上使用皂土，一定要采用机械搅拌来制浆。其方法是先把水注入搅拌罐里，开机将水搅起来，然后缓慢定量加入皂土。制浆时皂土的添加量按照水的质量：皂土的质量=10：1的比例添加。皂土加入后，连续搅拌1h，静置0.5h，再搅拌，再静置。然后静置浸泡24h后，再把皂土浆搅拌均匀，即可按计算比例，把皂土浆均匀地加入葡萄酒中。

一般白葡萄原酒只强调澄清和除去多余蛋白质，单纯加入皂土即可；红葡萄酒还要除去多余的单宁，减少苦涩味。所以在进行澄清处理时，要先加入明胶，除去多余的单宁，再加入皂土，除去多余的蛋白质。

8. 贮酒

新酿造的葡萄酒放在贮酒桶里，经过一定时间的存放，酒的质量能够得到改善，这个过程称为酒的老熟或陈酿。

（1）贮酒的几个阶段。葡萄酒在贮存过程中主要经过以下几个阶段。

①成熟阶段：结束了酒精发酵和色素浸提的葡萄酒，在有一定空气或氧化剂存在的情况下，经过氧化还原作用及酯化作用等化学反应以及聚合沉淀等物理化学作用，葡萄酒中的不良风味物质减少，芳香物质得到增加和突出，蛋白质、聚合度大的单宁、果胶质、酒石等沉淀析出，从而改善了酒的风味，表现出酒的澄清透明和醇正口味。

这个过程红葡萄酒一般要经过6～10个月，有的酒（含干物质和单宁较多）将持续更长的时间。优良白葡萄酒要经历3～6个月。

②老化阶段：成熟以后的葡萄酒如果继续在隔氧条件下贮存，随着酒中含氧量的减少，在还原作用下产生芳香物质，主要表现为醇香的生成和滋味的进一步柔和。适度老化的葡萄酒可以得到精美醇厚的效果。这个过程优质红葡萄酒一般要经历2年以上，优良白葡萄酒要经历半年以上。

③衰老阶段：贮酒时间或贮酒方式不当，葡萄酒由最高品质开始下降，随着时间的延长，会使酒体越来越瘦弱，口味无力。由于理论上的缺乏，贮酒的控制主要还是依据经验进行。不同的葡萄酒，其成熟、老化需要的时间也不同，也可以说有自己的生命史。贮酒的管理工作就是要根据不同酒的特性，设法加速酒的成熟，提高老化质量，延长酒的“壮年”时代。

（2）关于橡木桶。贮酒的过程尤其是成熟阶段最好是在橡木桶中进行。在橡木桶中，葡萄酒表现出深刻的变化：其香气发育良好，并且变得更为馥郁，橡木桶可给予葡萄酒很多特有的物质；橡木桶的通透性可保证葡萄酒的控制性氧化。因此，橡木桶不是只能给葡萄酒带来橡木味的简单贮藏容器。

由于橡木桶的通透性和能给葡萄酒带来水解单宁，使葡萄酒发生一系列的缓慢而连续的氧化，从而使葡萄酒发生多种变化。在此条件下可以认为，所有的红葡萄酒都能承受由这一贮藏方式带来的变化。如果葡萄酒的酿造工艺遵循了一系列原则（原料有良好的成熟度、浸渍时间足够长），在橡木桶中的陈酿可以使葡萄酒更为柔和、圆润、肥硕，完善其骨架和结构，改善其色素稳定性。相反，如果葡萄酒太柔和，多酚物质含量太低，在橡木桶中的陈酿则会使其更为瘦弱，降低其结构感，增加苦涩感，大大降低红色色调、加强黄色色调。

在葡萄酒的陈酿过程中，很多橡木内酯、香草醛、丁子香酚等橡木的成分会溶解在葡萄酒中，这些成分与来源于葡萄原料的成分有着不同的结构和特性。在橡木桶中的陈酿过程，除了能给葡萄酒带来一系列成分外，主要有以下三方面的改变。

①澄清和出气作用：橡木桶的容积通常较小，木桶壁具有通透性，便于葡萄酒自然澄清和除去二氧化碳气体。

②对口味的影响作用：橡木桶是通过影响葡萄酒中胶体物质而影响葡萄酒的稳定性和口感的。在冬季，由于温度的降低，葡萄酒中的酒石析出、沉淀，但葡萄酒中的胶体物质可阻止酒石的沉淀。所以，葡萄酒中的酒石长期处于超饱和状态，需要连续的几个冬季和冷处理，才能达到其相对稳定性。同在不锈钢罐中一样，在橡木桶中陈酿时，色素在低温下也沉淀。葡萄酒中的色素可分为两个部分，一部分可溶于水，另一部分则溶于甲醇。在葡萄酒的成熟过程中，可溶于水的色素含量逐渐降低，这部分色素主要是钾盐、铁盐和降解花色素苷；而溶于甲醇的色素含量则逐渐上升，该部分色素主要为丹宁-多糖、单宁-盐复合物。由细胞壁（特别是微生物细胞壁）释放的一些多聚体，可软化葡萄酒中的单宁。对于涩味重的红葡萄酒，加入1g/L橡木锯末贮藏3个月后的软化效果，相当于加入200mg/L酵母多糖的效果。在降低葡萄酒涩味的同时，葡萄酒中中性多糖的含量也上升到50 ~ 150mg/L。这说明在葡萄酒的陈酿过程中，橡木的木质降解可参与改善葡萄酒的口感质量。

③控制性氧化和酚类物质结构的改变：葡萄酒在橡木桶中的氧化为控制性氧化。由于橡木桶壁的通透性，氧可缓慢而连续地进入葡萄酒，使葡萄酒中溶解氧的含量在0.1 ~ 0.5mg/L，氧化-还原电位在150 ~ 250mV。含量低但连续的溶解氧的进入和木桶单宁的溶解，导致了一系列的反应。这些反应的结果主要表现在：色素的稳定，颜色变暗，丹宁的软化。在用木桶陈酿的过程中，单宁的缩合度（用HCL系数表示）提高，涩

味（明胶系数）下降；花色素总量下降，但单宁-色素复合物（T-A）的比例提高，使颜色更为稳定。与在不锈钢罐中陈酿的葡萄酒比较，在橡木桶中陈酿的葡萄酒的颜色更暗，但色度提高，红色色调更强。此外，橡木桶多糖的介入明显提高葡萄酒的肥硕感。

橡木桶，特别是新橡木桶，还会给葡萄酒带来一系列有利于控制性氧化的物质。除对香气的影响（与对白葡萄酒的影响相似）之外，橡木桶特有的水解单宁，比葡萄酒中的大多数成分更易被氧化。所以，它们首先消耗溶解氧，从而保护葡萄酒的其他成分。它们还能调节葡萄酒的氧化反应，使之朝着使葡萄酒中酚类物质的结构缓慢变化的方向发展。在这种情况下，明显地减慢了氧化性降解，从而获得在密闭性容器中不可能获得的结果。此外，来自橡木桶壁的多糖逐渐地溶解在葡萄酒中，使之更为肥硕，并明显减弱其涩味。

总之，大多数红葡萄酒须在橡木桶中陈酿，橡木桶可使葡萄酒带有橡木味，有时还有优质名酒所需的烟熏味。而对于需要口感清爽的干白葡萄酒而言，因为橡木桶会致使干白葡萄酒的口感复杂化，因此大多不采用。但陈酿型的干白葡萄酒也可在橡木桶中酿造和陈酿。

（3）贮酒工艺操作。橡木桶贮酒工艺操作有以下基本条件。

①温度：在一定的范围内，温度对葡萄酒的老熟影响很大。低温下成熟慢，但是有利于澄清与安全；高温下成熟快，但是不利于酒的澄清与安全。所以一般选择12～15℃的贮酒温度，在地窖中贮存比较合适。

②湿度：不可过干，过干会增加酒的损失；不可过湿，过湿会使环境发霉并且弄淡酒味。湿度以85%为佳。

③通风：保持空气新鲜，葡萄酒会释放不良气味以及二氧化碳，应在清晨经常通风，但是不可过于强烈。

④卫生：要保持清洁的卫生状况，切忌蚊蝇等昆虫入内。

⑤添桶：由于降温、二氧化碳释放以及酒的蒸发，经常出现液面下降，使酒大面积接触空气的情况。因此，必须随时将桶填满。可在酒桶的上部装玻璃贮酒瓶用以观察与添桶。添桶时要用相同的原酒，然后再用高度白兰地或精制酒精覆盖一层。一般需要半个月至一个月添桶一次。

⑥换桶：换桶是为了使已经澄清的葡萄酒与酒脚分开。酒脚中含有较多的不良有害物质，长期与酒接触会影响酒的质量，甚至产生异味，所以应该及时分开。另外，还可以在一定程度上释放出二氧化碳，溶解适量的新鲜空气，加速酒的成熟。开始桶贮以后，当酒液澄清时，即进行第一次换桶（大约1个月），第二次换桶时间为3～4个月之后，可根据需要5～6个月之后进行第三次换桶。换桶可用虹吸法，口要朝上。应选择无风、气压高、气温低的天气（或环境）进行。

⑦二氧化硫的使用：贮酒过程中使用二氧化硫主要是为了防止酒的过度氧化和微生物的侵染。二氧化硫的用量为红葡萄酒中游离二氧化硫20mg/L左右，白葡萄酒中游离二氧化硫40mg/L左右。当原酒酒度高（12°以上）、酸含量高（0.6%以上）和贮酒温度低（15℃以下）时可适当降低用量。

桶贮结束后还需要半年以上的陈酿，之后再行调配、装瓶和销售。陈酿能使葡萄酒更加醇厚、芳香。在陈酿过程中，继续发生着一系列生物化学变化，从而形成许多高级酯类化合物等芳香物质，使酒体饱满、香味醇厚、风味典型。

9. 葡萄酒装瓶前的质量控制

好的葡萄酒在发酵和贮藏的过程中，其各项理化指标就应该达到该产品技术标准的要求。如果原酒的理化指标达不到产品的技术标准，就应该进行冷冻以及调整成分，如调酸、调糖、调酒度等，最后进行过滤。

（1）冷冻。葡萄酒在装瓶以前，要进行冷冻处理，除去多余的酒石酸盐，增加装瓶以后的稳定性。冷冻的温度应该在葡萄酒的结冰点以上1℃，如12°的葡萄酒结冰点在－5.5℃，这样的葡萄酒冷冻温度应控制在－4.5℃。冷冻温度达到工艺要求的温度后应该维持这个温度，保温96h。

（2）过滤。冷冻保温时间到了之后，要趁冷进行过滤。冷冻过滤的目的，一方面要达到澄清，另一方面要达到除菌。所以，可将硅藻土过滤机和板框式除菌板过滤机连用，使冷冻的酒先经过硅藻土过滤机进行澄清过滤，接着经过板框式除菌板过滤机除菌过滤，就可以达到装瓶前的成品酒要求。

10. 无菌灌装

前几年低度葡萄酒的灌装，多采用装瓶后杀菌的工艺，近几年这种工艺已经被淘汰，而采用无菌灌装的工艺。这种工艺要求空瓶洗净以后，要经过二氧化硫杀菌，无菌水冲洗，保证空瓶无菌。输酒的管路、盛成品酒的空压桶、连接高压桶和装酒机的管路及装酒机等都要经过严格的蒸汽灭菌，以保证输酒管路和装酒机无菌。无菌的成品酒在进入装酒机以前，还要经过膜式过滤器再进行一次除菌过滤，防止有漏网的细菌或酵母菌装到瓶中。

葡萄酒的质量千差万别。好的葡萄酒宛如一种艺术品，给人美的享受。如果能够把葡萄酒的酿造过程作为一种精益求精的艺术加工过程，严格地、科学地控制酿造工艺的每一个环节，就一定能把葡萄酒酿造成一种艺术品。

（五）山葡萄酒的酿造工艺

山葡萄又名野葡萄，是葡萄科落叶藤本。果为圆球形浆果，黑紫色带蓝白色果霜。花期5～6月，果期8～9月。山葡萄喜生于针阔混交林缘及杂木林缘，在长白山海拔

200 ~ 1300m的地区经常可见，主要分布于安图县、抚松县、长白朝鲜族自治县等长白山山区各县。山葡萄含丰富的蛋白质、碳水化合物、矿物质和多种维生素，生食酸甜可口，富含浆汁，是美味的山间野果，更是酿造果酒的良好原料。

和其他葡萄酒相比，山葡萄酒具有以下突出特点。

①山葡萄酒中富含的糖、有机酸、多种维生素和无机盐等250多种成分的营养价值已经得到充分的肯定，特别是山葡萄酒中含有大量原花青素和白黎卢醇等多种能防治心血管疾病的物质。

②氨基酸是葡萄酒中的重要营养成分，与欧亚种葡萄酒比较，山葡萄酒是人体必需的八种氨基酸含量较高的酒种。

③矿物质是人体中重要的功能性成分，在山葡萄酒中含有多种矿物成分。山葡萄酒中矿物质含量除钠外均比欧亚种葡萄酒矿物质含量高。

④干浸出物是葡萄酒的重要质量材料，是特定葡萄汁含量的依据，与欧亚种葡萄酒相比，山葡萄酒干浸出物含量高。

由于山葡萄皮色素及单宁含量较高，如果与醪液接触时间太长，会使酒色泽太深，涩味过重。所以，通常发酵分三个阶段进行。另外，因山葡萄汁含糖量低，发酵时必须加糖和脱臭酒精，加糖一般分两次进行。

1. 工艺流程

山葡萄采摘→破碎→除梗→葡萄浆改良→初发酵→压榨葡萄渣→一次汁发酵→压榨葡萄渣→葡萄渣二次发酵→压榨葡萄渣→二次汁发酵→混合调配→贮存。

2. 操作要点

（1）山葡萄分选、破碎。把山葡萄分成一等、二等，二等品用于酿造散酒或白兰地。破碎机两辊间距离不能过大或过小，以5 ~ 6mm为宜。

（2）葡萄浆改良。

①加糖：加糖至糖度11% ~ 12%为宜。原酒酒度高些有利于酒石酸盐析出，提高稳定性。葡萄汁总酸在3%以上时，可加糖水。

②加脱臭酒精：通常使葡萄浆的酒度调整到4° ~ 5°为宜。加酒精的葡萄浆，发酵后的原酒味正、爽口、香浓；而不加酒精只加砂糖发酵的原酒，味正浓厚，但香气较差，有粗糙感；纯原汁自然发酵的酒，风味都不及前两者优良。

（3）发酵。

①带皮发酵（初发酵）：在上述已调整成分的葡萄浆中，加8%酒母。发酵温度低于25℃，发酵时间与酵母强弱及糖度高低有关，一般为3 ~ 4天。

②一次汁发酵：由葡萄浆发酵后第一次分离所得的一次汁，按发酵后酒度达15° ~ 16°加砂糖，分两次加，第一次加1/2 ~ 3/4。在20 ~ 25℃下，发酵3 ~ 4天后，加剩余

的糖，再发酵3～4天。在主发酵的6～8天，每天捣汁一次，每次30min。后发酵为密闭发酵，发酵期20～30天。发酵至残糖0.5%以下时，停留2～3天。再换桶一次，即为1号原酒。

③葡萄渣二次发酵：葡萄浆发酵后的渣，加入糖水进行二次发酵，糖水加量为渣量的1/3，调整糖度为4%～5%，发酵2～3天。

④二次汁发酵：由葡萄渣二次发酵所得的二次汁仍需加砂糖发酵，要求发酵后酒度达15°以上，即2号原酒。主要操作同1号原酒。

经二次发酵的渣，加渣量1/3的糖水调糖度为5%，发酵后酒度为4°～5°。经过分离，加入脱臭酒精，使酒度达17°。贮存半年后蒸白兰地，也可做散葡萄酒。

（4）贮存。贮存室室温要求8～15℃。东北地区地下贮酒室要低于地面3.5～4m。若贮酒室单独存在，房顶保温层厚度必须超过冻土层，即2m以上，或在室内安装暖气片。在酒窖入口处有套间。窖内一般放两排桶，过道为2m左右，桶间距为0.3m左右。天棚与顶棚距离在1m以上。窖内有风机排除二氧化碳。贮存期为2年以上，第一年换桶一次，第二年换桶两次，头两次换桶可接触空气。2年以上的原酒，每年换桶一次。换桶前，空桶用硫磺熏。在输酒的胶管头上，安一个有孔的挡板，使酒液成雾状，接触二氧化硫。

二、桦树汁酒的酿造工艺

桦树汁就是白桦树干中流出的汁液，是一种无色或微带淡黄色的透明液体，有清香气息，含有人体必需且易吸收的碳水化合物、氨基酸、有机酸及多种无机盐类，含有香精油、桦芽醇、皂角苷化合物、细胞分裂素等。天然桦树汁是目前世界上公认的营养丰富的生理活性水，具有抗疲劳、抗衰老的保健作用，是21世纪最具希望的功能饮料之一，被欧洲人称为“天然啤酒”。

（一）桦树汁的采集

桦树直径一般在16cm以上即可取汁，采汁时间每年以春季为宜，即3月中旬到4月中旬。桦树汁流量与直径成正比，直径20cm以上的桦树一昼夜可以取汁20kg，以向阳面取汁为最好。一个采汁期约需10天，长期流汁可能造成桦树枯死现象。美国、加拿大、捷克的科研人员证明正常采汁对桦树的影响不大，可采10～20年。桦树的单株年产汁量可达31～150kg，每公顷产汁量20～60吨。国内外经验证明，采1～3年对直径伸长、木材结构、桦树营养成分及植物状况总体影响不大，连采4年桦树的生长只下降20%。我国对采汁桦树观察发现，除发芽晚3～5天外，其他无明显变化。取汁工具以木工手摇钻为最简便，以离地40～60cm高度为宜，向南面或两树之间钻孔，流量最大。孔径在1～1.5cm，深度6cm左右为宜，导液设备采用大于钻孔的无毒无害导管和食品容器如塑料壶等作接汁器。

（二）桦树汁的营养成分

桦树汁含有丰富的营养物质，其pH为5.69 ~ 6.44，总糖含量为11% ~ 14%（以果糖和葡萄糖为主），总酸含量为25 ~ 55mg/100mL，干物质含量为1.36% ~ 1.42%，总氮含量为4.5 ~ 9.5mg/100mL，总氨基酸含量为20 ~ 30mg/100mL，其中含量比较多的有苏氨酸、谷氨酸、甘氨酸、丙氨酸、缬氨酸、异亮氨酸、亮氨酸、酪氨酸、苯丙氨酸、组氨酸、赖氨酸等。桦树汁中的矿物质也很丰富，对人体有益的钾、钠、钙、镁、铁、锰、锌等含量较高，而铜、铅等元素含量很低，且还含有丰富的维生素C、维生素B_1、维生素B_2、维生素PP等。

（三）桦树汁的贮藏与保鲜

桦树汁中含有丰富的糖、蛋白质等营养物质，很容易引起微生物污染，导致腐败变质。桦树汁采收后短时间内保存，可利用简陋的冰窖或地下室及带有荫蔽棚、填满冰雪的土坑。气温不超过5℃的情况下，汁液保鲜3 ~ 5昼夜。装料桶每次用后必须清洗消毒。为避免维生素C与单宁氧化变色，一定要用石蜡密封。

（四）桦树汁酒的酿造

桦树汁含有丰富的糖分，可用作微生物发酵原料，生产发酵食品。

1. 工艺流程

桦树汁→加糖→主发酵→换缸→后发酵→陈酿→装瓶→杀菌→成品。

2. 操作要点

（1）原料。选用新鲜的含糖量高的桦树汁。

（2）调整成分。参照葡萄酒酿造中调整果汁时加糖的公式将含糖量调整为21%，要在发酵前以及发酵过程中分三次加入糖液。

（3）主发酵。每100kg桦树汁加入10g焦亚硫酸钾杀菌；也可用熏硫的方法，将二氧化硫通入缸中，同时将桦树汁泼入缸内，当桦树汁中含有0.1%的二氧化硫时，即可抑制杂菌活动。将果汁倒入釉缸，其体积为缸容量的4/5，加入5% ~ 10%的酵母液，并充分搅拌，使酵母均匀地分布于发酵液中。发酵正常液温在20℃左右，如温度较高，所得果酒香气较差。经过2 ~ 3周发酵，尝一尝汁液，甜味变淡，酒味增加，则说明大部分糖已变为酒精，主发酵结束。

（4）换缸。主发酵结束后，用虹吸管吸出澄清的新酒，转入经洗刷和杀菌处理后的另一发酵缸内进行后发酵。

（5）后发酵。发酵时间25 ~ 30天。后发酵期间，酒温应控制在12 ~ 15℃，后发酵结束的新酒中要加入二氧化硫，使含硫量达0.01%。若酒度过低，可加食用酒精，使酒度达12°以上。

（6）陈酿。优质桦树汁酒陈酿需两年左右，普通酒也要一年之久。中间须倒缸几次，并过滤，除去浑浊物质。

（7）装瓶、杀菌。将桦树汁酒装入经沸水消毒的玻璃罐，加盖时不得漏气，然后在70～72℃的热水中加热杀菌。

3. 产品质量指标

（1）感官指标。

①色泽：酒液澄清透明，有桦树汁酒特有的色泽。

②香气：具有桦树汁香、陈酒酯香。

③口味：纯正柔和，绵软爽口，无其他刺激性异味。

④风格：具有桦树汁酒的独特风格。

（2）理化指标。酒度（20℃，体积分数）12%～14%，总糖含量0.5%以下，总酸含量0.2g/100mL以下，挥发酸（以乙酸计）0.07g/100mL左右，单宁0.07g/100mL以下。

三、海棠酒的酿造工艺

蔷薇科苹果属植物海棠的品种较多，东北主要为西府海棠。西府海棠果实通常称为海棠果，也有小海棠果、沙果的别称。海棠果通常呈卵形，直径2～2.5cm，果皮红色，无灰白斑点，果肉黄白色，气香，味甘，微酸。中医认为海棠果具有生津、消食的功效。海棠果中含有丰富的维生素A、硫胺素、尼克酸、维生素C、维生素E等维生素以及多种无机盐，尤其是糖类含量比较高，很适合酿酒。

1. 工艺流程

原料→选择→清洗→破碎及硫处理、酶处理→成分调整→前发酵→分离→后发酵→陈酿→澄清→处理→调配→贮存→过滤→灌装→检验→成品。

2. 操作要点

（1）原料选择与处理。选用充分成熟、颜色鲜红、糖度达到该品种最高含量的海棠果为佳，剔除腐烂果并用清水洗净。用破碎榨汁机对果实进行处理，注意破碎不宜过细，以免压破种子，出现苦涩味，影响酒的品质。破碎的同时，加入100mg/kg的偏重亚硫酸钾进行杀菌处理。为提高出汁率，可加入0.2%～0.3%的果胶酶处理，或加入5%白酒大曲粉末。

（2）皮渣处理。压榨后的皮渣，用清水漂洗，这样种子自然沉入水底，使种子与皮渣分离；或皮渣与汁液一起发酵4天后，去掉皮渣。皮渣用作饲料，或加适量水发酵、蒸馏，制成果实白酒，供调酒度时用。

（3）前发酵。将分离出的海棠汁转入发酵池，同时加入5%～10%的酵母液充分搅拌，进行发酵，控制较低的温度。当发酵液中的糖度降至5%左右时，进行补糖发酵。补加糖的量要依要求的酒度而定。待糖度降至1g/100mL时，前发酵结束。

（4）后发酵。后发酵品温控制在16～20℃，发酵30天左右，待糖度降至0.2g/100mL时，后发酵结束。

（5）陈酿、澄清。将新酒泵入洗净消毒的贮酒容器中，装满并用栓塞紧，避免新酒接触空气而氧化。新酒陈酿期间应采取澄清处理措施，并及时换桶，使清酒与酒脚分离，防止酒脚给原酒带来异味和有害微生物。贮酒温度≤20℃。

3. 产品质量指标

（1）感官指标。

①色泽：桃红色，色泽鲜艳，清亮透明。

②香气：具有海棠果独特的果香和清雅的酒香。

③口味：纯正柔和，绵软爽口，无其他刺激性异味。

④风格：具有海棠酒的独特风格。

（2）理化指标。酒度（20℃，体积分数）16%～18%，总糖含量1%以下，总酸含量0.48g/100mL，挥发酸（以乙酸计）0.02g/100mL，二氧化硫残留量（以游离二氧化硫计）0.24g/kg。

四、山楂酒的酿造工艺

山楂为蔷薇科植物山楂、山里红或野山楂的果实。果实较小，类球形，直径0.8～1.4cm。山楂除含有丰富的维生素、矿物质、糖类等营养成分外，还含有绿原酸、咖啡酸、山楂酸、齐菊果酸、槲皮素、熊果酸、齐墩果酸、金丝桃苷、表儿茶素等特殊成分，具有很高的营养价值。山楂除鲜食外，可制成山楂片、果丹皮、山楂糕、红果酱、果脯、山楂酒等。

1. 工艺流程

山楂原料→清洗→破碎→成分调整→主发酵→压榨→后发酵→陈酿→澄清。

2. 操作要点

（1）山楂原料。山楂果实富含有机酸和糖，但水分少，宜选成熟度好、新鲜、无病害、不烂的果实。

（2）清洗。用清水漂洗干净，最好用流水池。

（3）破碎。一般压破裂成数瓣即可。

（4）成分调整。用水把糖化成15°～18°Bx的糖水，再按照山楂与糖1∶3左右的比例，加在一起加热，浸泡。

（5）主发酵。加入果胶酶处理，使果胶分解，果汁黏度下降。加入耐酸葡萄酒酵母菌，发酵温度控制在22～25℃，发酵时间约1周。残糖降到5g/L以下，发酵液中无气泡产生时，发酵结束。

（6）压榨。发酵结束后，将浆进行压榨处理，使发酵果汁与果渣分离。

（7）后发酵。压榨后，发酵果汁尚有少量糖分，且与果渣分离操作时带入氧，使酵母菌恢复活力，可将残糖继续发酵。后发酵过程中，发生缓慢的氧化还原作用，并促使醇酸酯化，这对改善酒的口味有很大的作用。后发酵的管理工作主要是定期测定糖浓度、酒度及温度。正常后发酵，糖浓度是不断下降的。

（8）陈酿。糖浓度降到2g/L以下时，后发酵即结束。后发酵结束后进行第一次换桶，换桶后进入陈酿期。添桶与换桶都是陈酿过程中的必要操作过程。添桶是为了避免菌膜及醋酸菌生长，必须随时使贮酒桶中的酒装满，不让酒液表面与空气接触。换桶即从一个容器换入另一个容器。换桶是为了分离酒脚，使澄清的酒和沉淀物分离。酒在贮存过程中发生一系列的变化，可以保持果香味和酒体醇厚。

（9）澄清。澄清即保持酒的澄清透明。澄清方法有下胶净化、离心澄清、过滤等。如下胶净化，可用明胶与鞣酸。鞣酸与明胶的加入量可通过小型试验确定。使用这类澄清剂时，一定先加鞣酸，后加明胶。

3. 产品质量指标

（1）感官指标。

①色泽：深红色，色泽鲜艳，清亮透明。

②香气：具有山楂独特的果香和清雅的酒香。

③口味：纯正柔和，绵软爽口，无其他刺激性异味。

④风格：具有山楂酒的独特风格。

（2）理化指标。酒度（20℃，体积分数）8%～10%，总糖含量0.5%以下，总酸含量0.6g/100mL，挥发酸（以乙酸计）0.02g/100mL。

五、黑加仑酒的酿造工艺

黑加仑又名黑醋栗、黑豆果，学名黑穗醋栗，为虎耳草目茶藨子科小型灌木的果实。果实成熟后为黑色小浆果，富含维生素C、磷、镁、钾、钙、花青素、酚类物质。黑加仑的保健功效包括预防痛风、贫血、水肿、关节炎、风湿病、口腔和咽喉疾病、咳嗽等。黑加仑可以鲜食，也可以加工成果汁、果酱、果酒等。

黑加仑酒属浆果酒，色浓，含酸高，具有特别风味。

1. 工艺流程

原料→分选→破碎→一次发酵→补糖→二次发酵→后发酵→贮存→调配→成品。

2. 操作要点

（1）原料处理。分选去掉霉烂果实；两天内破碎完，破碎度达98%以上。

（2）主发酵。

①一次原酒的制造：果浆入桶后加水（每100L果浆加20kg水），加糖（糖度调至21%），混匀，加酵母液10%，发酵（25 ~ 28℃），使酒度达8° ~ 9°。残糖4% ~ 5%时分离，分离出的酒第二次加糖（所加糖的量按最终酒度为16°计算），当酒度达13°以上时送入地下室后发酵。

②二次原酒的制造：将第一次原酒的酒渣，加水30%，调整糖度为22%，进行二次发酵（25 ~ 28℃，时间36 ~ 48h）。当酒度达6° ~ 7°、残糖3% ~ 4%时，分离酒液，分离出的酒液按15°酒加糖继续发酵。当酒度达12°时，即送地下室后发酵。

（3）后发酵。

①清洗容器：严防漏酒，进行涂蜡处理。

②熏硫：熏硫量为1 ~ 1.5g/m^3。

③发酵：酒汁被抽入桶中后，加上发酵栓发酵。投料量为总容积的90%，发酵温度为18 ~ 20℃，时间为25 ~ 30天。酒度达到要求，还原糖达0.5%以下时倒桶，停止后发酵。

（4）陈酿澄清。

①装桶：必须装满，不准有空隙，贮藏桶要经过硫处理。

②换桶：必须注意同品种果酒用桶，不准乱用桶。3年以上的酒换桶时，严防接触空气。

③添桶：换过桶的原酒，经化验酒度不足15°时，用脱臭的优质酒精补充。如发现发霉、长膜现象，及时处理。

④下胶：一般用明胶。

⑤冷冻处理：采用自然冷冻法，一般是在冬季温度 - 20℃时。降温2 ~ 3天，冰点上0.5℃保持2 ~ 3天。酒的冰点为［（原酒酒度/2） - 1］℃。

3. 产品质量指标

（1）感官指标。

①色泽：深紫红色，清亮透明。

②香气：具有黑加仑独特的果香和清雅的酒香。

③口味：纯正柔和，绵软爽口，无其他刺激性异味。

④风格：具有黑加仑酒的独特风格。

（2）理化指标。酒度（20℃，体积分数）12% ~ 14%，总糖含量0.5%以下，总酸含量0.8g/100mL，挥发酸（以乙酸计）0.02g/100mL。

六、其他果酒的酿造工艺

1. 蓝莓酒

蓝莓又名越橘，属于杜鹃花科越橘属植物。由于果实呈蓝色，原产和主产于美国，因此俗称美国蓝莓。蓝莓果实除供鲜食外还有极强的药用价值及营养保健功能，联合国粮食及农业组织将其列为人类五大健康食品之一。

蓝莓果实平均重0.5 ~ 2.5g，最大重3.5 ~ 5g，果实色泽美丽、悦目、呈蓝色并有一层白色果粉。果肉细腻，种子极小，甜酸适度，具有香爽宜人的香气，可食率为100%，为鲜食佳品。

每100g蓝莓鲜果中含蛋白质400 ~ 700mg、脂肪500 ~ 600mg、糖类12.3 ~ 15.3mg，以及维生素A高达81 ~ 100IU、维生素E为2.7 ~ 9.5μg，各种维生素含量都高于其他水果维生素含量。蓝莓的元素含量也很高，每克鲜果中含钙220 ~ 920μg、磷98 ~ 274μg、镁114 ~ 249μg、锌2.1 ~ 4.3μg、铁7.6 ~ 30.0μg、锗0.8 ~ 1.2μg、铜2.0 ~ 3.2μg。

蓝莓果实不仅营养价值高，还含有大量对人类健康有益的物质，概括起来主要有以下几个方面的保健作用。

（1）蓝莓果实的VMA（花色苷色素）对眼睛有良好的保健作用，能够减轻眼的疲劳及提高夜间视力。

（2）具有保护毛细血管及抗氧化的作用。

（3）延缓脑神经衰老，增强记忆力。

（4）具有良好的消除体内炎症的作用，尤其对尿路感染、慢性肾炎的作用最为显著。

未能及时作为鲜果销售的蓝莓可速冻成冷冻果，冷冻果可加工制成果脯、干果、果酱、饮料等，以及冰激凌、奶制品等的添加剂。而用蓝莓酿造的果酒更是酒中之上品。

蓝莓酒的酿造可参照山葡萄酒的酿造进行。

2. 蓝靛果酒

蓝靛果又名羊奶子、黑瞎子果、山茄子果、蓝果，属忍冬科忍冬属，为多年生落叶小灌木。果实为浆果，呈暗蓝色，有白粉，椭圆或长圆形。花期5 ~ 6月，7 ~ 9月果实成熟。蓝靛果容易栽培，资源丰富，主要分布在我国吉林省长白山山区、黑龙江省大兴安岭东部山区以及华北、西北等地。此外，俄罗斯西伯利亚地区、日本及朝鲜北部等地都有分布。

蓝靛果果味酸甜，含7种氨基酸、多种维生素、丰富的活性物质，如花青苷、芸香苷、儿茶酸等，具有很高的药用价值，可生食，又可提供色素，还可酿酒、做饮料和果酱。

蓝靛果酒的酿造可参照黑加仑酒的酿造进行。

七、果醋的酿造工艺

果醋是以水果，包括苹果、山楂、葡萄、柿子、梨、杏、柑橘、猕猴桃、西瓜等，或果品加工下脚料为主要原料，利用现代生物技术酿造而成的一种营养丰富、风味优良的酸味调味品。

水果中含有丰富的糖质资源，是酿醋用的上等原料。与粮食醋相比，果醋的营养成分更为丰富，其富含醋酸、琥珀酸、苹果酸、柠檬酸、多种氨基酸、维生素及生物活性物质，且口感醇厚、风味浓郁、新鲜爽口、功效独特，能起到软化血管、降低血脂的作用。果醋呈酸性，经人体吸收代谢后生成碱性物质。

果醋具有以下保健功效。

①果醋中的挥发性物质及氨基酸等具有刺激大脑神经中枢的作用，具有开发智力的功效。

②果醋可提高肝脏的解毒机能，调节体内代谢，提高人体的免疫力，具有很强的防癌、抗癌作用。

③果醋中的酸性物质可使消化液分泌增多，从而起到健胃消食、增进食欲、生津止渴之功效。饮酒前后饮用果醋，可使酒精在体内分解代谢速度加快，因此果醋极具解酒功效。

④果醋在美容护肤方面有独到之处，对血液循环系统有调节之功效。它的微酸性对皮肤有柔和的刺激作用，可以平衡皮肤的pH，也可控制油脂分泌。

⑤果醋不仅使糖类与蛋白质等在人体内新陈代谢顺利进行，还可以使人体内过多的脂肪燃烧，防止堆积。长期饮用具有减肥疗效，抑制和降低人体衰老过程中过氧化脂质的形成，延缓衰老。可软化血管、降血压、养颜、调节体液酸碱平衡、促进体内糖代谢、分解肌肉中的乳酸和丙酮酸而消除疲劳。

（一）山葡萄果醋的酿造工艺

1. 工艺流程

原料选择→去梗→破碎→成分调整→酒精发酵→喷淋醋酸发酵→压榨→醋液→调配→过滤→杀菌→灌装→成品。

2. 操作要点

（1）原料选择。剔除病虫果、腐烂果。

（2）去梗、破碎。用除梗机除梗，然后用果蔬破碎机破碎。破碎时注意籽粒不能被压破，汁液不能与铁、铜等金属接触。

（3）成分调整。含糖量如果不足15%，可用白砂糖补足。

（4）酒精发酵。先把干酵母按8%的量添加到灭菌的用500mL三角瓶装的果汁中进行活化，加果汁97g，温度32～34℃，时间4h。活化完毕后，按果汁5%的量加入广口瓶中进行扩大培养，时间8h，温度30～32℃。扩大培养后按10%的量加入50L的酵母罐中进行培养，温度30～32℃，经12h培养完毕。将发酵好的酒母添加到发酵罐中进行发酵，接种量为10%，温度保持在28～30℃，经过3～5天后皮渣下浮，醪汁含糖＜4g/L时酒精发酵结束。

（5）醋酸发酵。将醋酸菌接种于由1%的酵母膏、4%的无水乙醇、0.5%的冰醋酸组成的液体培养基，盛于500mL的三角瓶中，装液量为100mL。培养时间36h，温度30～34℃，然后按10%的量加入扩大液体培养基中。培养基由酒精发酵好的果醪构成，再按10%的量加入酵母罐中进行培养。酵母成熟后，将其按发酵醪总体积的10%的量加入进行醋酸发酵。发酵罐应设有假底，其上要先铺酒醪体积5%的稻壳和1%的麸皮，当酒醪加入后皮渣与留在酒醪上的稻壳和麸皮混合在一起。酒液通过假底流入盛醋桶，然后通过饮料泵由喷淋管浇下，每隔5h喷淋0.5h，5～7天后检查酸度不再升高，停止喷淋。

（6）调配。对产品进行检验，调节酸度，保证纯正的果醋风味。

（7）过滤。用不锈钢网过滤。

（8）杀菌。将果醋加热到75～80℃，保持15min。

3. 成品特色

成品色泽呈宝石红色，具有葡萄特有香气，酸味柔和，微甜不涩，无异味，无悬浮物、杂质、白醭，清凉透明。

（二）五味子果醋的酿造工艺

五味子果醋酿造工艺包括三种：全固态发酵法、全液态发酵法和前液后固发酵法。

1. 五味子果醋全固态发酵法

（1）工艺流程。五味子果粒→剔除腐烂颗粒→去梗→清洗→破碎→加少量稻壳、酵母菌→固态酒精发酵→加麸皮、稻壳、醋酸菌→固态醋酸发酵→淋醋→灭菌→陈酿→成品。

（2）操作要点。选择成熟度好的新鲜果实用清水洗净，破碎后称重，按原料质量的3%加入麸皮和5%的醋曲，搅拌均匀后堆成1～1.5m高的圆堆或长方形堆，插入温度计，上面用塑料薄膜覆盖。每天倒料1～2次，检查品温3次，将温度控在35℃左右。10天后原料发出醋香，生面味消失，品温下降，发酵停止。

完成发酵的原料称为醋坯。将醋坯和等量的水倒入下面有孔的缸中（缸底的孔先用纱布塞住）泡4h后即可淋醋，这次淋出的醋称为头醋。头醋淋完以后，再加入凉水，淋醋一般将二醋倒入新加入的醋坯中，供淋头醋用。全固态发酵法酿造的果醋经过1～2个月的陈酿即可装瓶。装瓶密封后需置于70℃左右的热水中杀菌10～15min。

2. 五味子果醋全液态发酵法

（1）工艺流程。五味子果粒→剔除腐烂颗粒→去梗→清洗→破碎、榨汁（除去果渣）→粗果汁→接种酵母→液态酒精发酵→加醋酸菌→液态醋酸发酵→过滤→灭菌→陈酿→成品。

（2）操作要点。选择成熟度好的新鲜五味子果实用清水洗净。先用破碎机将洗净的五味子果破碎，再用螺旋榨汁机压榨取汁，在果汁中加入3%～5%的酵母液进行酒精发酵。发酵过程中每天搅拌2～4次，维持品温30℃左右，经过5～7天发酵完成。注意品温不要低于16℃，或高于35℃。将上述发酵液的酒度调整为7°～8°，盛于木制或搪瓷容器中，接种醋酸菌液5%左右。用纱布遮盖容器口，防止苍蝇、醋鳗等侵入。发酵液高度为容器高度的1/2，液面浮以格子板，以防止菌膜下沉。在醋酸发酵期间控制品温30～35℃，每天搅拌1～2次，10天左右即醋化完成。取出大部分果醋，消毒后即可食用。留下醋坯及少量醋液，再补充果酒继续醋化。

3. 五味子果醋前液后固发酵法

（1）工艺流程。五味子果粒→去梗→清洗→破碎→成分调整→酒精发酵→喷淋醋酸发酵→压榨醋液→兑制→过滤→灭菌→灌装→成品。

（2）操作要点。

①原料处理：选择成熟度好的新鲜五味子果实用清水洗净。用除梗机剔除果梗，果蔬破碎机破碎，破碎时籽粒不能被压破，汁液不能与铜、铁接触。

②成分调整：主要是用白砂糖调配，使含糖量至15%。

③酒精发酵：先把1g干酵母添加到灭菌的500mL三角瓶中进行活化，加五味子汁100g，温度32～34℃，时间4h。活化完毕后，按果汁量5%加入广口瓶中进行扩大培养，时间8h，温度30～32℃。扩大培养后按10%的量加入50L酵母罐中进行培养，温度30～32℃，经12h培养完毕。将培养好的酒母添加到发酵罐中进行发酵，温度保持在28～30℃，经过4～7天后皮渣下沉，醪汁含糖≤4g/L时酒精发酵结束。

④醋酸发酵：将醋酸菌接种于由1%的酵母膏、4%的无水乙醇、0.1%的冰醋酸组成的液体培养基，盛于500mL的三角瓶中，装液量为100mL。培养时间36h，温度30～34℃，然后按10%的量加入扩大液体培养基中（培养基由酒精发酵好的果醪组成），再按10%的量加入酵母罐中进行培养。酵母成熟后，将其按发酵醪总体积的10%的量加入进行醋酸发酵。发酵罐应设有假底，其上要先铺酒醪体积5%的稻壳和1%的麸皮，当酒醪加入后皮渣与留在酒醪上的稻壳和麸皮混合在一起，酒液通过假底流入盛醋桶，然后通过饮料泵由喷淋管浇下，每隔5h喷淋0.5h，5～7天后检查酸度不再升高，停止喷淋。

⑤兑制：对产品进行检验，调整酸度，保证纯正的果醋风味，先用不锈钢网过滤，然后将果醋加热到75～80℃，保持15min。

4. 成品特色

色泽呈石榴红色，具有五味子特有香气，酸味柔和，味甜，无异味，无悬浮物等杂质，无白醭，清凉透明。

模块二 林果产品加工

实训内容

实训一 山桃干的加工

1. 工艺流程

选料→原料处理→热烫→熏硫→干燥→回软→包装。

2. 操作要点

（1）选料。选择外观整齐、八九成熟的山桃，除去腐烂果及病虫害果。

（2）原料处理。先刷去果实表面的绒毛，然后用流动清水将果实冲洗干净。用不锈钢刀沿果实的缝合线对切两半，挖去果核。

（3）热烫、熏硫。将去核果坯放在沸水中漂烫5～10min，捞出沥干水分；将果坯排列在果盘里，切面向上，放入熏硫室熏硫4～6h，每吨鲜果约需硫磺粉3kg。

（4）干燥。将熏硫后的果坯置于烈日下暴晒，经常翻动以加速干燥。当晒至六七成干时，放在阴凉处回软2～3天，然后重新晾晒，直至晒干，使含水率为15%～18%。

（5）回软。将晒干的果坯放在密闭的贮藏室里静置20天左右，使果实内外水分均匀，质地柔软，即为成品桃干。

（6）包装。用食品袋或麻袋包装，贮存或外销。

3. 产品质量指标

产品色泽较一致，肉质紧密，无虫蛀，无杂质，含水率为15%～18%。

实训二 刺梨罐头的加工

1. 产品特色

刺梨又名茨梨、木梨子、九头鸟、文先果、刺酸梨子等。刺梨果实中含有果糖、葡萄糖、蔗糖、木糖、有机酸、单宁、维生素C、维生素B_1、维生素B_2、维生素E、维生素K、叶酸、多种氨基酸、胡萝卜素及多种矿物质。维生素C含量高达2～3g/100g，号称“维生素C之王”。还含有超氧化物歧化酶及微量元素硒等，其产品具有健胃、消食、止泻、抗衰老和防癌等保健作用。

2. 工艺流程

选果→去刺→去花萼→去籽→修整→清洗→装罐→封罐→杀菌→包装→成品。

3. 操作要点

（1）选果。罐藏用的刺梨，要求果形好，粗纤维少，无虫眼、霉烂、黑褐色斑点和机械损伤，选接近完全成熟的鲜果作原料。

（2）去刺。刺梨果带刺，加工罐头时要将刺去掉。常用的方法是操作人员戴上手套，将刺梨放在粗麻袋上搓揉，将刺去掉，也可用去刺机去刺。去刺时不得严重损伤果肉。

（3）去花萼。用不锈钢刀切去花萼，然后自刺梨果中部拦腰切成两半。

（4）去籽、修整。用竹签挑去刺梨籽，然后对果肉进行修整，使之美观。

（5）清洗。用清水洗去果肉上的污物、杂质及余刺。

（6）装罐。清洗后的果肉立即装罐。装罐量根据罐型定，果肉52%，汤汁48%。汤汁调配为砂糖30%，柠檬酸1%，其余均用无菌水。

（7）封罐。装罐后立即用真空封罐机封罐。

（8）杀菌。将实罐在100℃中杀菌5～15min，分段冷却。

实训三 多味山楂脯的加工

1. 产品特色

多味山楂脯由于经多味香料液浸渍，既具山楂的酸甜味，又含有多种鲜香特异的风味，是一种独具特色的新型果脯。

2. 工艺流程

选料清洗→去核→软化→浸糖→料液浸渍→干燥→整形、包装→成品。

3. 操作要点

（1）选料清洗。选果大肉红、成熟度较好的果实，剔除烂果、虫果及杂质，用清水洗净。

（2）去核。用去核机或手工将果核、果梗及花萼去净，尽量避免将果肉捅破。

（3）软化。以浸没为度，将去核的山楂倒入沸水中不断搅拌翻动，使其均匀受热软化，经2～3min后捞出沥干。

（4）第一次浸糖。将浓度40%的糖液加热至沸，倒入已软化的山楂（山楂与糖液之比为1∶1），室温下浸泡24h。

（5）第二次浸糖。将原糖液中的山楂沥出，糖液加热浓缩成50%浓度（或重新配制），进行第二次浸糖，方法同第一次浸糖一样。

（6）料液浸渍。把糖液中的山楂沥出，将所需香料按比例（桂皮5%、八角0.37%、丁香0.125%、甘草1.25%、食盐2.5%）与糖液一起加热煮成香料糖液，倒入山楂（山楂与香料糖液比为1∶1），共浸泡48h。

（7）干燥。将经上述处理的山楂捞出沥干后，送入烘箱，在40℃左右低温下送风烘制

10h，至果实表面色泽红亮，果肉饱满，软硬适中，含水率约20%，还原糖含量12.3%左右。

（8）整形、包装。烘干的果脯尽量保持原形，也可按压成扁形，剔除破碎不合格果，用食品袋（盒）分装密封即可上市。

4. 产品质量指标

果形美观，含糖量为43% ~ 44%，酸甜适口，鲜香特异。

实训四 刺梨火棘复合汁的加工

1. 产品特色

刺梨火棘复合汁以刺梨原果汁、火棘原果汁为主料，辅以蔗糖等加工而成。火棘酸甜芳香，含有歧化酶（SOD）抗衰老物质。刺梨清香浓郁，两者配合，具有很高消食化积、补脾益胃等保健功能。

2. 工艺流程

原料→调配→澄清→过滤→脱气→杀菌→灌装→封盖→检验→包装→成品。

3. 操作要点

（1）原料配方。含刺梨原果汁25%、火棘原果汁15%、蔗糖8% ~ 10%、柠檬酸0.2% ~ 0.3%、六偏磷酸钠0.05%、山梨酸钾0.04%，用软化无菌水补足100%。

（2）调配。按配方称取刺梨原果汁、火棘原果汁、蔗糖并加入适量软化无菌水，搅拌溶糖并加温到85℃，再按配方量分别加入山梨酸钾、六偏磷酸钠及柠檬酸（每加入一种原料后均需搅匀），最后用软化无菌水补至定量并搅匀。

（3）澄清、过滤。先将果胶酶（小试后确定用量）加入复合果汁中搅匀，室温下放置6h后再加入浓度为5% ~ 10%的明胶溶液，同时加入少量硅藻土，充分搅匀后静置于15℃条件下，3天后吸取上清液，用硅藻土过滤机过滤。

（4）脱气。脱气时脱气罐内真空度为90.7 ~ 93.3kPa。果汁温度25℃以下，排出果汁中的空气，以避免维生素C氧化和色泽、风味的劣变。

（5）杀菌、灌装、封盖。脱气后的复合果汁立即送入高温短时杀菌器，在90 ~ 100℃下杀菌25 ~ 30s，并在无菌灌装条件下装入洗净并消毒的易拉罐或玻璃瓶中封盖。

（6）检验、包装。封盖后经抽检合格，贴标签入库，贮存于10℃以下环境中。

4. 产品质量指标

产品为橙黄色澄清透明液体，具有浓郁的刺梨、火棘混合香味，无异味，久置后允许有微量沉淀。

模块三

林野菜加工

项目一 林野菜的保鲜贮藏

知识目标

1. 了解我国林野菜资源概况。
2. 了解林野菜的特点及加工意义。
3. 掌握林野菜的采收方法。
4. 掌握林野菜的采收标准。
5. 掌握林野菜的保鲜与贮存方法。

技能目标

1. 能判断林野菜的成熟度。
2. 能根据不同林野菜设计出对应的保鲜方式。

一、概述

我国幅员辽阔，地跨热带、亚热带、温带、寒带四个温区，物种资源极为丰富，可食用的野菜品种繁多。野菜从广义上讲包含菌藻类。菌类为陆地山林野菜，如蘑菇、香菇、猴头菌等；藻类多为海洋水生野菜，如海带、裙带菜、石花菜等。菌类自古以来就被视为高档山野菜，在民间广为流行的“山珍猴头，海味燕窝”就是最好的证明。很多野菜往往自生自灭，资源浪费十分惊人，充分利用自然资源开发野菜产品，具有极为广阔的市场前景。

1. 我国林野菜资源

中国拥有丰富的林野菜资源，由于广泛的地理和气候多样性，中国各地的林野菜种类繁多。以下是中国一些常见的林野菜资源。

（1）野生野菜。中国的森林、山区和湿地等生态系统中生长着大量野生野菜。一些常见的野生野菜包括山药、野生蘑菇（如松茸和牛肝菌）、苦菜、橡子、竹笋、野生花椒等。

（2）野生草药。中国有许多野生植物被用作草药，具有药用价值。例如，人参、灵芝、鹿茸草、黄精等都是野生植物，被广泛用于中药制剂。

（3）果实和坚果。中国的山区和森林地带产生各种野生果实和坚果，如松子、核桃、山楂、柿子、杨梅等。

（4）野生茶叶。中国是茶叶的故乡，许多野生茶叶植物生长在山区和林地中，如大叶种茶和普洱茶。

（5）野生水生植物。湖泊、河流和湿地地区生长着各种野生水生植物，如莲藕、菖蒲、黄菱、水生野菜等。

这些林野菜资源对中国的饮食文化和药用传统都具有重要意义。同时，野生植物资源也需要受到保护，以确保其可持续利用，避免过度采摘和生态破坏。因此，合理的采摘和管理方法以及相关的法规和政策对于保护和可持续利用这些资源至关重要。

中国的林野菜利用历史悠久，可以追溯到古代。林野菜一直在中国的饮食文化和传统医学中占据重要地位。早在3000多年以前，《诗经》中就有描述人们采集野菜的诗句。以下是中国林野菜利用历史的主要阶段和特点。

（1）古代时期。在中国的古代文化中，采摘和利用野生植物是人们生活的重要组成部分。古代文献中常常提到各种野生野菜、草药和水生植物的用途。这些植物不仅用于食物，还被用于制药、染料和手工艺品等领域。记载野菜的著作有很多，如《救荒本草》《野菜博录》《野菜谱》《野菜赞》等，这些著作总结了民间采集、食用野菜的经验。榆钱（榆树）、春头菜（椿树）、蕨菜、马齿苋、野苋菜、荠菜、蒲公英、山芹菜、刺老芽、薇菜等均为人们经常食用的野菜。宋代大诗人陆游有诗云：“采采珍蔬不待畦，中原正味压莼丝。挑根择叶无虚日，直到开花如雪时。”诗中描写了诗人对荠菜的珍爱，可见野菜是我国广大人民喜食的佐餐食品。

（2）现代时期。20世纪50年代以来，在广泛开展植物资源调查和植物化学研究的基础上，我国先后出版了《中国经济植物志》《中国植物志》《经济植物志》《植物志》《食用植物》《植物资源学》等论著，这些论著都有野菜的内容。20世纪80年代以来，国内野菜的生产和研究进一步得到重视，许多省（区、市）对当地的野菜资源进行了深入考察，摸清了野菜资源的种类、分布及蕴藏量等情况。有关院校、科研和生产单位进行多学科协作，在不同地区以不同形式开展野菜营养成分、采集加工、保鲜以及保健作用等的系列研究，为进一步深入开发利用野菜资源提供了可靠依据。20世纪90年代以来，随着生活水平的普遍提高，以绿色食品为代表的产品绿色革命已成为国际潮流，人们不只是希望传统野菜在产量上有所扩张，更期望野菜结构实现多样化和其质量上的提高。为此，林野菜的开发利用悄然兴起。我国林野菜也由民间食用变为宾馆、饭店宴席上的珍品，并远销日本、韩国以及西欧、东南亚等国家和地区，深受国内外市场的欢迎。

总的来说，中国的野菜利用历史反映了人们与自然的密切联系，以及对食物、药物和文化传统的重视。尽管在现代化进程中面临挑战，但中国仍然致力于保护和合理利用这些宝贵的资源，以满足食品需求、促进医药发展和保护生态环境。

我国林野菜的生产加工向商品化、产业化发展的速度正在加快。但同时也存在着不少问题，主要问题如下。

（1）丰富的资源没有得到充分的开发和利用。许多省（区、市）正在积极开发林野菜，但规模小，很多没有形成产业化。我国栽培野菜160多种，但林野菜1000多种，为栽培野菜种类的6倍多。目前已开发利用的野菜100多种，占野菜种类总数的10%左右；从利用资源数量初步统计，不超过野菜蕴藏量的3%。因此，我国野菜有90%的种类和97%的蕴藏量有待开发。

（2）人工栽培繁育技术滞后，不能保证常年时鲜供应及质量。目前野菜的收购多数是季节性地向农民收购，多为作坊式加工包装，质量参差不齐，嫩度不一，加工技术落后。同时，盲目地采挖使有些资源遭到严重破坏，限制了野菜的有序合理开发利用。目前，已人工栽培的野菜主要有蒲公英、牛蒡、荠菜等。

（3）产品加工技术相对落后，产品种类单调，口味欠佳。目前，我国山野菜的出口几乎都是原料或粗加工产品，如干蕨菜、干苦菜和相应的高盐渍原料。成本低，获利少。我国的辽宁丹东、河北承德等地均引进日本技术，生产的野菜保鲜加工品，直销日本、韩国和东南亚等国家和地区，而国内市场却很少见。

（4）保健功能和食用方法不明确。野菜的营养价值和保健作用备受人们青睐，但值得注意的是，有的野菜也会对人体造成损害。据资料记载：小蓟（青青菜）常食可致人脾胃虚寒、血瘀气滞；灰菜、苋菜等还含一种使人对日光过敏的物质，有的人吃后经日光照射而发病。因此，在注意研究野菜营养价值及食疗作用的同时，更要加强对其安全性的研究。另外，野菜毕竟是一种野生植物，口感风味及食用品质有时也不尽如人意，有人喜欢，有人还不习惯，因此野菜的保健功能和食用方法有待进一步开发研究。

（5）开发利用南方滞后于北方，这与物种丰富度的地域分布规律很不相称。

针对我国林野菜资源利用的发展现状，只有合理地对林野菜资源进行开发，系统地对人工有机生态型野菜进行栽培试验，以及对采收、加工技术等进行配套研究，才能使林野菜加工这一新兴产业具有更加广阔的发展前景。

2. 林野菜的特点

（1）种类繁多，分布广泛，蕴藏量大。林野菜在世界各地均有分布，类型丰富，种类繁多。但多数野菜没有被合理地开发利用，埋没于深山。将林野菜资源科学地开发利用，不仅可以增加野菜食品的种类，而且对于增添营养源，调整国民食物结构，适应市场需求均有一定的作用。

（2）天然无公害。林野菜多生于山坡林地、林缘、灌丛、草地、沟溪等处，自生自长，无环境污染，不受农药、化肥、城市污水、工矿废水等的污染，沐浴了充分的阳光雨露，属于无公害的绿色食品。

（3）具有独特的风味。野菜与栽培野菜相比，总有一股截然不同的野味和清香，味道鲜美，可以作为常吃栽培野菜的消费者的一种调味剂。例如，被誉为“山野菜之王”

的蕨菜，炒食、腌食、干食、配菜及肉熟食，均别有风味；又如荠菜的鲜香，刺龙芽的醇香，远非一般野菜能及。

（4）营养价值高。野菜是在自然状态下生长的，往往比栽培野菜更富有营养价值。许多野菜富含糖、蛋白质、胡萝卜素、多种维生素、矿物质、纤维素等人体所需的营养物质。例如紫萁的蛋白质含量是芹菜、青椒的3倍，是番茄的2倍，人体所必需的多种氨基酸、胡萝卜素、维生素也很丰富。据对72种野菜的分析，有65种野菜的胡萝卜素含量超过胡萝卜的；61种野菜每100g的维生素C含量比普通野菜的高50 ~ 100mg；有34种野菜每100g的核黄素含量比普通野菜的高0.2mg。如荠菜、蒲公英的胡萝卜素都高于胡萝卜的，荠菜的维生素C含量比大白菜、菠菜的高。由此可见，许多野菜的营养价值高于栽培野菜的营养价值，人们多食野菜可以补充特殊营养，利于健康。表3-1为蕨菜与人工栽培野菜的营养成分含量比较。

表3-1　蕨菜与人工栽培野菜的营养成分含量比较（每100g可食部分）

营养成分含量	蕨菜	番茄	胡萝卜	大白菜	菜豆
水分含量/g	86.00	95.50	89.30	95.40	92.20
蛋白质含量/g	1.60	0.90	0.60	1.10	1.50
脂肪含量/g	0.40	0.30	0.30	0.20	0.20
糖类含量/g	10.00	2.50	8.30	2.40	4.70
热量/（J/kg）	209.20	66.90	158.90	66.80	112.90
粗纤维含量/g	1.30	0.40	0.80	0.40	0.80
灰分含量/g	0.40	0.40	0.70	0.50	0.60
钙含量/mg	24.00	8.00	19.00	41.00	44.00
磷含量/mg	29.00	29.00	29.00	35.00	39.00
铁含量/mg	6.70	0.90	0.70	0.60	1.10
胡萝卜素含量/mg	0.40	0.35	1.35	0.04	0.24

（5）具有医疗保健功效。几乎所有的野菜都可入药，对一些疾病具有疗效。如马齿苋对痢疾杆菌、大肠杆菌等有较强的抑制作用，故有“天然抗生素”之称；蒲公英具有健胃、利胆、清血等功效；蕨菜可作肥胖症、高血压病的辅助药膳，对调节人体代谢、增强肠胃功能有一定积极作用。因此，野菜不仅营养价值高，而且可以加工成功能性食品。

3. 林野菜加工的意义

林野菜加工具有多重意义，对于推动农村经济、改善食品供应、保护生态环境和促进食品多样性等方面都具有重要作用。以下是林野菜加工的主要意义。

（1）促进农村经济发展。林野菜加工可以为农村地区提供新的经济机会。通过加工野生或栽培的林野菜，农民可以创造更多的就业机会，获得更多的收入，从而改善生计状况。这有助于减轻农村贫困问题，促进农村地区的经济发展。

（2）丰富食品供应。林野菜加工可以丰富食品供应，提供更多的食品选择。这对于改善人们的饮食多样性和营养摄入非常重要，特别是对于那些依赖有限食品资源的地区。通过加工，林野菜可以保存更长时间，使其在季节性供应短缺期间仍然可用。

（3）保护资源和促进可持续管理。合理采摘和加工可以促进野生植物资源的可持续管理。这有助于减少非法采摘、过度采伐和生态破坏，保护生态平衡，维护生态系统的健康。野生植物的可持续加工也可以为生态保护项目提供经济支持。

（4）提高林业价值。林野菜加工可以增加森林和林地的经济价值。这鼓励人们更好地管理和保护林木，以确保长期可持续的资源供应。对于森林经济而言，林野菜加工是一种可持续的资源利用方式。

（5）保护传统文化。一些林野菜在当地具有深厚的文化和传统价值，加工这些食材有助于传承和保护当地的文化遗产。它们可以成为地方美食的代表，吸引游客和提升地区的知名度。

（6）提供创业和创新机会。林野菜加工不仅为农民提供了创业机会，还激发了食品加工和创新。创业者可以开发新产品、研究新技术，推动农村和城市之间的食品价值链合作。

总的来说，林野菜加工有助于实现农村经济发展、改善食品供应、生态保护和文化传承等多个方面的目标，对于促进可持续发展和改善人们的生活质量具有重要意义。然而，必须确保加工活动是可持续的，不会对生态环境造成负面影响。同时，也需要保障从事林野菜加工的农民和企业的权益，确保他们获得合理的收入和支持。

二、林野菜的保鲜贮藏

（一）适时采收

每种野菜都有其最适食用期，适时采收就能保证质量好、数量多、商品价值高。如果未到最适食用期采收，则产量低、味酸涩，甚至有毒；如果过时采收，许多种类就如同杂草，失去商品价值。由于野菜种类、生长季节以及食用方法、加工技术的不同，对野菜成熟度的标准要求也有差异。一般情况下，野菜的成熟度可分为以下三种类型。

1. 食用成熟

当野菜的食用器官长到具有可供食用时的一定现状、色泽、风味和香气，并具有较高营养价值、一定的硬度时，称为食用成熟。但这时在植物学上有些尚未完全成熟。

2. 技术成熟

如果野菜的采收时期是根据运销、储藏加工所要求的成熟度来确定，则称为技术成熟。如长途运输，为了避免到达食用者手中时过熟而腐烂，也为了防止途中因挤压而至败坏，应提前于食用成熟期收获；以贮藏为目的时，应在贮藏器官进入休眠等最适于贮藏时采收。

3. 生理成熟

生理成熟又称自然成熟期，是指果实已经完熟，种子已有独立生活的能力，可供繁殖之用。以采收种子或收获老熟果实为目的的，都在此时采收。

决定野菜采收时期的因素较多，主要根据野菜品种熟性、食用方法、加工途径、市场需要、气候条件等具体要求来定。作为家庭食用的少量采收的绝大多数野菜都在食用成熟时收获。食用成熟度也没有固定的标准，常随各地的习惯、嗜好、季节和用途等而变化，只要适合人们的需要就算成熟，即可收获。采收时，应选晴天的上午或傍晚，应避免阴雨天或晴天的中午。否则，阴雨时收获的野菜在运输和贮藏时容易腐烂；在中午气温高、日照强烈时采收，野菜容易萎蔫，色泽不鲜艳，加上温度高，呼吸作用旺盛，影响品质。

（二）采收方法

好的采收方法是维护野菜优良品质、获得优质产品的重要保证。采收时应注意以下几点要求。

1. 择优采收

要选长势好、粗壮、鲜嫩、无病虫害的植株。采收时，要用手从根部掐下。为避免菜根因水分蒸发而老化，可将采下来的菜根在土地上擦一下，以促其茬口封闭。

2. 筐篮盛装

为了保护野菜内水分，装筐之前在筐底垫一层青草，然后将采收的野菜一顺放在筐里或篮里，不要按压，以防菜体因摩擦而变色。盛满后再盖一层青草，以免野菜因日晒失水萎蔫、老化变质。也可用背篓盛装，但千万不能用塑料袋，因塑料袋软，易使菜体受伤变形和发热腐烂，加快野菜的老化。

3. 分类存放、及时加工

不同种类的野菜不要混在一起，要将同一种野菜及时归拢，及时扎把。不易扎把的菜用纸卷在一起或用纸袋装起，及时入筐。当日采收当日加工，存放过久会使菜体老化变质，品质下降。

4. 按照规格采收

为保证野菜产品的质量，特别是加工出口菜应严格按照外贸出口规格采收。过大或过小都会影响品质和商品价值。

（三）出口野菜的采收标准

出口野菜的质量要求较高，必须严格控制在规定标准幅度之内，不能过大、过小、过嫩、过老。不合规格的野菜，不仅商品价值低而且不受消费者欢迎，销售速度慢，还可能由于腐烂变质而造成经济损失。下面是几种主要出口野菜的采收标准。

（1）龙头菜。采收出土22cm以上，不开卷的拳状菜。把绿茎菜和紫茎菜分别装筐，及时整理。将长短一致的菜挑放在一起，理成6cm直径的小把，用刀切去不能使用的硬根。

（2）荚果厥。当嫩茎出土4cm以上时，就可开始采收卷头紧密而不开封的卷曲嫩茎，但卷头以下部分不得长于5cm。不扎把，散装即可。

（3）马齿苋。当嫩芽长出9cm长、直径3mm即可采收，然后去净叶，扎成直径6cm的把，去掉老化根。

（4）野黄花菜。当花蕾已长成但尚未开放时，选择肥大，长10cm以上，呈黄色或橙黄色，花蕾完整、洁净、不折断、未被污染的部分采收。采收过早，产量低；过迟时，则干制品的质量差。

（5）展枝唐松草。当嫩芽长到9cm以上时，采收6 ~ 12cm长的嫩芽。将长短一致者扎成直径6cm的小把。

（6）紫苏。当紫苏叶充分长大而未老化时，挑选叶片新鲜、完整、无黄叶、无病虫的嫩叶，采收后散放即可。

（四）野菜的保鲜与贮存

野菜的生物学特点是：含水率很高，一般达到90%，有的高达95% ~ 98%；呼吸强度很高，尤其是表面积大的叶菜类；菜体主要由薄壁细胞组成，组织非常脆弱；多数外表无坚强的保护层，很容易碰伤，导致微生物污染，引起腐烂。因此，野菜的保鲜与贮存是非常重要的技术。野菜的保鲜与贮存措施的采用，取决于采收的目的、获得的数量、利用方式以及产品开发类型等。如果采收数量不多，仅限于家庭自用，则采用临时贮存或短期贮存（如鲜贮）就行了；如果采收数量大，需要长途运输供销于城市或加工成原料（如盐渍品、干制品），以备淡季或供异地烹调食用，或供应于其他各种类型的成品开发，则必须注意贮存的方式。

1. 直接鲜贮

直接鲜贮是不经任何处理趁鲜直接存放，以保水防蔫为原则，可用纸、塑料袋包装。具体操作方法是将受伤少、保存好的野菜理成小把用纸包好，梢向上、根朝下放于阴凉处、仓库或菜窖，或放于人工冷库为最好，家庭中可放入冰箱。如用塑料袋，四角要剪开直径1cm的小洞，以便散热。这样一般可以保鲜贮存5 ~ 7天。如果利用人工冷库直接鲜贮，应充分发挥人工调节的优势，将贮存条件调至最佳状态下。

（1）温度。创造适宜的贮存温度是搞好野菜贮存保鲜的关键。野菜呼吸作用的温度系数为2～4，10℃时的呼吸强度及产热量约为0℃时的3倍。在室温下放置的野菜，24h失糖达1/3～1/2，可见降低贮存温度对降低消耗有重要意义。但贮存温度不是越低越好，有的最低呼吸温度在0℃以上。各种野菜有各自最适的贮存温度。波动温度比恒温引起糖的损失增加15%～43%。野菜汁液的冰点为－4～－0.5℃。细胞结冰后，导致原生质损伤，酶处于游离状态，引起呼吸强度增加，一些代谢中间产物积累而产生异味。醌类物质积累引起褐变，使野菜出现褐色、褐斑块。

（2）湿度。野菜富含水分，少量失水引起呼吸底物消耗成倍增加，所以贮存野菜应保持环境湿度在80%～90%。湿度过大或饱和，以及贮存温度不稳定，容易造成水蒸气和呼吸产生的水分凝结在菜的表面，俗称“发汗”，形成微生物滋生的良好条件，引起野菜变质。

（3）氧气和二氧化碳的含量。空气中的氧气含量约21%，降低氧气含量能大大降低呼吸强度；空气中的二氧化碳含量约0.03%，增加二氧化碳浓度能降低呼吸强度。减少氧气和增加二氧化碳对呼吸的双重影响，是气调法贮存果蔬、花卉等的基本原理。减少氧气和增加二氧化碳，也同时抑制乙烯的产生。乙烯是一种激素，对器官和果实的衰老成熟有强烈的促进作用。大多数野菜贮存适宜的氧气浓度为1%～5%，二氧化碳浓度为5%左右。

（4）组织的完好性。野菜组织由薄壁细胞组成，多数外周无坚强的保护层，受到压、碰、刺及虫咬损伤后，会刺激呼吸升高和乙烯产生，引起微生物入侵，促进腐烂。所以轻拿轻放，用筐篮盛装，保持野菜的完好性是贮存的重要条件，不可忽视。

（5）选择耐贮品种。有些野菜耐贮性好，有些野菜极不耐贮，因此，作为准备贮存的野菜最好是耐贮品种。同时，根据贮存的需要确定合适的技术成熟度标准。

（6）利用防腐保鲜剂。野菜易受病原微生物侵染而腐败变质，低温法、气调法是目前最常用的保鲜手段。但是，即使在低温和气调条件下，如果没有防腐保鲜剂的配合，许多野菜也很难有理想的保鲜效果。贮前利用防腐保鲜剂处理，能杀死病菌，控制潜伏性病菌的生长，并能在一定程度上调节生理代谢，延长保鲜期，保持野菜的品质。下面是几类常用防腐保鲜剂。

①吸附性防腐保鲜剂：该类保鲜剂主要用于清除贮存环境中的乙烯，降低氧气的含量，脱除过多的二氧化碳，抑制野菜后熟。主要有乙烯吸收剂、吸氧剂和二氧化碳吸附剂。乙烯吸收剂主要有高锰酸钾载体，如沸石、膨润土、过氧化钙、硅酸盐等；吸氧剂主要有亚硫酸氢盐、抗坏血酸、一些金属如铁粉等；二氧化碳吸附剂主要有活性炭、氯化镁等。此外，焦炭分子筛既可吸收乙烯，又可吸收二氧化碳。

②溶液浸泡型防腐保鲜剂：这类保鲜剂主要制成水溶液，通过浸泡达到防腐保鲜目的，是最常用的防腐保鲜剂。该类保鲜剂能够杀死或抑制野菜表面或内部的病原微生物，有的也可以调节野菜代谢。按其功能和来源，又分为如下类别。

a．防护性杀菌剂：主要有磷酸钠、山梨酸及其盐类、丙酸、邻苯酚（HOPP）、邻苯酚钠（SOPP）、氯硝胺（DCNA）、克菌丹、抑菌灵等。其主要作用是防止病原微生物侵入，对野菜表面的微生物有杀灭作用。但对侵入内部的微生物作用不大，防护性杀菌剂是理想的野菜洗涤剂。

b．内吸性杀菌剂：如托布津、甲基托布津、多菌灵等苯丙咪唑及其衍生物类药剂，都是高效、广谱的内吸性杀菌剂，可以控制青霉菌丝的生长和孢子的形成。但长期使用易产生抗性菌株，并且对一些重要的病原菌如根霉、链格孢霉菌、疫霉、地霉、毛霉，以及引起软腐病的细菌没有抑制作用。而抑菌唑、三唑类灭菌剂、抑菌脲、瑞毒霉、乙磷铝等新型抑菌剂也是属于广谱性的，对地方霉及对苯丙咪唑类有抗性的菌株有效。

c．植物生长调节剂：该类保鲜剂可按照人们的期望去调节和控制野菜采后的生命活动，或延缓衰老，或促进成熟。目前，主要有生长素类、赤霉素类和细胞分裂素类。

d．中草药煎剂：近年来，研究以中草药煎剂用于果蔬防腐保鲜的项目越来越多，因为中草药中含有杀菌成分并且其具有良好的成膜特性。目前，研究利用的主要有薄荷油等。但是由于提取及大批量生产中存在着很多问题，尚未大量利用。

③熏蒸型防腐剂：是以气体形式抑制或杀死野菜表面的病原微生物，而其本身对野菜毒害作用较小的一类防腐保鲜剂。常见的熏蒸型防腐剂有仲丁胺、臭氧、二氧化硫释放剂、二氧化氯等。

④蜡和涂膜剂：用蜡和成膜物质涂在野菜表面成膜，可以减少野菜水分损失，抑制呼吸，延迟后熟衰老，还能阻止微生物侵染，增加野菜表面的光洁度，提高商品质量。最初使用的涂膜剂主要是松香、紫胶、蜂蜡等，目前常用的涂膜剂有食用蜡、油脂类、蔗糖酯、单甘酯、壳聚糖、聚乙烯醇、蛋白质沉淀剂等。

2. 焯后贮存

有些野菜如香椿、蕨菜、马齿苋、莼菜等直接鲜贮时不仅很快变硬，而且风味损失较快。可以用开水焯一下后放入塑料袋中，加5%盐水，排尽气，扎紧口，放入冷凉处保存，可随时食用。但加工时水一定要多，不用铁锅，因部分野菜中单宁物质较多，遇铁变黑。除此以外，加工时还要除去涩味。

3. 制成半成品贮存

由于野菜的生物学特性，采收后不管是直接鲜贮还是焯后贮存，都不能长久贮存，在有限的贮期内进行长途运输，特别是外贸出口或加工成产品都是困难的。所以，有必要将所采收的大量野菜加工成半成品，作为工厂成品生产的原料。半成品加工也可称为原料加工，这样的加工方法主要有两大类：野菜干制加工和盐渍。经过盐渍加工处理的野菜，既便于运输和存放，又能基本上保持野菜鲜时的营养价值。食用或成品生产的时候，经过脱盐处理，就可以制成小菜或作配料烹饪成菜肴，或作为成品规模生产的原料。

（1）盐渍的原理。食盐在野菜腌制过程中起着非常重要的作用。食盐溶液具有较高的渗透压，当食盐浓度为10%时，各种腐败杆菌的活动就完全停止了。15%的食盐溶液则引起细胞质壁分离而死亡。同时，食盐中的一些钠、钾、钙、镁等离子在浓度较高时也会对微生物产生生理毒害作用。此外，经过盐渍，野菜水分减少，野菜变软，有利于贮存。

（2）食盐浓度的确定。野菜加工与盐的浓度有不可分割的关系。盐的用量的确定与许多因素相关，如各类微生物抗盐能力的强弱、盐渍液的酸碱度、野菜组织的老嫩，同时还要考虑食用期、贮存期、盐渍季节及利用目的等。此外，野菜含单宁多，盐渍时盐的用量比一般野菜多些。

（3）盐渍必要的工具。由于野菜大多富含单宁，遇铁后会变褐变黑。因此，在盐渍加工时以及盐渍品的贮存中都要避免使用铁质器具。盐渍时常使用如下工具。

①容器：可用日常所用的陶瓷器皿、搪瓷制品、玻璃制品等，也可特制专用的瓶、木桶、塑料薄膜、水泥大桶、水泥池等。

②重石：通常利用天然石头，也可将小石头装入塑料袋中，也可用合适的容器加水代替。利用天然石头，要选择坚硬、耐盐水腐蚀的石头。

③盖子：用于盖在野菜的上面，然后在其上压重石。要选择小于容器口、没有特殊气味的材料制作盖子，通常以木质的为最好。

④叶盖：在盐渍过程中，为了防止野菜暴露在空气中氧化变色，通常用竹叶、竹皮以及一些树的叶子等盖上，然后再在其上盖盖子。

⑤上盖：为防止灰尘和虫子等落入其中，最后用塑料薄膜或布、纸、竹垫等封住容器口。

（4）制作过程。以长期贮存为目的的原料腌制与腌咸菜不同，其中最主要的区别在于用盐量宁多勿少，确保盐渍野菜不变质，做菜肴或进一步加工时再进行脱盐处理。通常采用两次盐渍法制作。

①第一次盐渍：总的原则是用盐量偏多，通常为野菜量的20%～30%。具体用盐量还要根据季节、野菜质地的差异而进行适当调整。

②第二次盐渍：这次盐渍用盐量通常为第一次腌制后去水野菜量的10%～15%，并另备适量的饱和食盐水（饱和食盐水中水和盐的比例以100：37为宜）。腌制时，要将第一次腌制时摆在上面的野菜放到底下，装缸方法与第一次相同。不过这次盐渍装好缸

后，要用饱和盐水灌满缸，然后再盖上盖子，并压上重石。经过10～15天即可腌好。

（5）渍后保存。腌制好的野菜盐渍物应放置于阴凉处，温度过高或渍液盐浓度低于20%以下时易变质。在长期贮存过程中，如果渍液表面浮起泡沫的话，应及时更换渍液。

项目二 林野菜的干制加工

知识目标

1. 理解干制野菜加工的基本原理。
2. 掌握干制野菜的加工工艺。
3. 了解常见干野菜的加工方法。

技能目标

1. 能把握干制的要点。
2. 能分析干制工艺流程。
3. 能独立设计特色林野菜干制品加工工艺。

林野菜干制品是利用我国各地森林地带的农林副产品，经一定的加工后干制而成。它们具有悠久的生产历史和独特的地方风味，还具有丰富的营养价值，是我国重要的传统土特产。下面举例分析我国的林野菜加工前景及价值。

龙牙楤木，五加科落叶小乔木。一直以来，人们都把采集龙牙楤木作为发展多种经营发家致富的重要途径。但由于掠夺性的采集，其野生资源受到严重破坏，龙牙楤木的蕴藏量和可采量逐年减少，供需矛盾日渐突出，市场价格一涨再涨。龙牙楤木具有药用、食用、工业加工、观赏等价值。日本民间用其治疗糖尿病、胃肠疾病。苏联有关文献报道：龙牙楤木的根皮对心脏有强壮作用，效果较人参强，对老年痴呆症、阳痿、多种神经衰弱综合征等均有类似人参的作用。

凤尾蕨菜，生长在山地、草坡、稀疏阔叶混交林或阔叶林空地及林缘，是著名的无污染野菜。其营养丰富、含多种维生素及微量元素，富含野樱甙、琥珀酸、延胡索酸等，有清热化痰、利尿安神等功效，且具有清香适口、风味特殊等特点。目前已制成多种多样的佳肴，是理想的食、药兼用的野生植物，大批量出口日本和韩国等。

黄花菜，百合科萱草属多年生宿根草本植物，含有丰富的营养。据分析，每100g干花中含有人体极易吸收的糖类60%、蛋白质14%、脂肪2%，并含有多种维生素和钙、磷、铁、锌等矿物质，除加工成干菜做佳肴外，也可用鲜花炒食或做汤菜，清香色艳，味美可口。东南亚一些国家和地区把黄花菜称为健脑食品。我国土地资源丰富，气候条件适于黄花菜生长，大面积种植有利于脱贫致富，而且更适合产业化生产。

其他种类，如猴腿、薇菜、山芹菜、燕尾草等。另外，由于林野菜属特色野菜，干制林野菜如黑木耳、银耳深受国外朋友的喜爱，对外出口创汇方面有良好前景。

一、干制加工的基本原理

野菜多生于山野，又称山野菜，以其天然、无污染、营养丰富而备受关注。本书中的林野菜主要是指山野菜，也包含被驯化多年而广泛食用的野菜，如我国东北的刺嫩芽、南方的香椿等。

林野菜加工是指利用食品工业的各种加工工艺处理新鲜野菜，制成各异的野菜产品。林野菜加工是食品加工重要的组成部分，其根本任务就是使野菜通过各种加工工艺处理后，达到长期保存、经久不坏、随时取用的目的。在加工过程中，要最大限度地保存其营养成分，改进食用价值，使加工品色、香、味俱佳，进一步提高野菜加工制品的商品化水平。

1. 原料要求

野菜加工产品的品质除了与先进的加工工艺和设备有关外，还与原料的品质好坏以及原料的加工适应性有密切的关系。

（1）野菜加工产品品质与野菜种类的关系。从加工方法上看，各种加工方法对原料的性质都有一定的要求。如干制要求野菜有较高的干物质含量、水分低、大小合适；制汁要求野菜出汁率高、取汁容易、有良好的风味和色泽；罐藏和冷冻要求野菜肉质丰富、可食性强、质地紧密、色香味好、耐煮制、不变味、不变形等；野菜的腌制加工是我国的传统方法，对原料的要求不是非常严格，但一般应以水分含量较低、干物质多、肉质厚、风味特殊、粗纤维少为好。从野菜的种类与品种上看，何种原料适宜制何种加工品是根据其理化特性决定的。准确地根据原料的品种特征进行适合的加工，是充分利用资源、获得优质产品的保证。不恰当的加工，只能是浪费原料，制得低劣的产品。

（2）野菜加工产品品质与原料采收期的关系。不同的加工产品，具有不同的采收期。选择正当采收期的原料进行加工，产品质量高，原料损耗率也低。反之，产品质量低，原料消耗量大，也给加工带来困难。

（3）野菜加工产品品质与原料新鲜度的关系。野菜新鲜度对加工产品的质量有较大影响，一般加工原料越新鲜、完整，成品的品质越好，损耗率也越低。例如桔梗在开花后，易丧失加工价值，这些原料从采收到加工一般为4～12h。新鲜野菜采收时及运输过程中易受机械损伤，轻者及时加工，品质仍好；若延缓加工，易引起腐烂，失去加工价值。野菜腐烂后，导致加工产品带菌量增加，加重了后续过程的杀菌负荷，可能会导致加工产品的杀菌不足，而强化杀菌会导致食用品质和营养成分含量的下降。

总之，野菜加工要求从采收到加工的时间尽量缩短。如果必须放置或进行远途运输，则应有一系列的保藏措施。为了保持原料的新鲜、完整和饱满，在厂房的设置、采收点的布设以及原料的种植和采收整个过程中应综合考虑。采后在包装、运输过程中，应尽量避免伤害野菜组织。

2. 原料预处理

野菜在加工前，均须对原料进行预处理。预处理包括原料选择、分级、洗涤、去皮切分、热烫、硫处理、护色等工序。

（1）原料选择。不同的加工产品对品质的要求不一样，采取的工艺措施也不同。根据实际情况应考虑野菜的品种、含水率、产地等因素对野菜进行筛选。例如要加工绿色野菜或野菜有机食品，除了对野菜的品种、质量有所要求外，还应考虑生产基地的条件是否满足绿色食品或有机食品的条件。同时，原料选择还应注意剔除霉烂、病虫害、畸形、机械伤严重、过老过嫩等不合格原料，并除去杂质。

（2）分级。原料分级的目的在于可以保证产品的质量，降低消耗。分级包括成熟度分级、大小分级和色泽分级几种。在我国，成熟度分级常用目视估测的方法进行，大小分级常用筛分法。

（3）洗涤。洗涤可以除去野菜表面黏附的泥沙、尘埃、微生物以及部分残留的化学农药，保证产品清洁卫生。对喷过防治病虫害药剂的原料，更应注意洗净，清除药害。一般需要用0.5%～1%盐酸溶液先浸泡数分钟，再用清水冲洗药剂，可起到杀菌作用。

（4）去皮切分。部分野菜需要去皮切分，其目的是提高制品的品质。去皮去心时，只要求去掉不合要求的部分，不可过度，否则会增加原料的消耗。去下的皮、心中的有用者可作其他综合利用原料。去皮的方法有多种，根据原料外皮结构而定。

（5）热烫。野菜的热烫在生产上又称预煮、烫漂或杀青。野菜除供腌制外，供作糖制、干制、罐藏、制汁及冻藏者，都需要进行热烫。所谓热烫，即是将已切分或未切分的新鲜野菜原料，在温度较高的热水、沸水或常压蒸汽中加热处理。一般所用的温度为沸点或接近沸点，个别组织很嫩的野菜如马兰，为保持其绿色，可采用76℃的温度。热烫时间随野菜的种类、老嫩及体形大小而异，一般为2～10min，以原料肉质内部酶活性破坏、失去原有的硬度、仍能保持脆性为原则。热烫后立即用冷水浸漂冷透，防止余热伤害，降低脆性。

热烫的主要目的是加热钝化酶，改善风味、组织和色泽，除去部分辛辣味和其他不良气味，可以杀死野菜表面附着的一部分微生物和虫卵，降低污染物的含量。热烫的缺点是在热烫的同时，要损失一部分营养成分。

（6）硫处理。野菜加工中，经常要用亚硫酸溶液对野菜加热处理或进行熏硫处理，如供干制用的野黄花菜等热烫后，一般要进行熏硫处理，这都是利用亚硫酸的保藏作用。亚硫酸是一种强还原剂，易被氧化，可以减少溶液中或植物组织中氧的含量，微生物常因得不到氧而死亡。亚硫酸还能抑制氧化酶的活性，可以防止野菜中维生素C的损失。未解离的亚硫酸分子抑制作用最为有效，一旦解离成离子状态或与其他物质成结合态，则没有效果。此外，亚硫酸也能增大细胞膜的渗透性，因此也能加快水分的蒸发，缩短干燥脱水的时间，以及防止原料在干制脱水过程中及干制成品在贮存期内的非酶褐变。二氧化硫在水中可以变成亚硫酸，从而具有保藏效应。二氧化硫还能与原生质内某些成分起作用，如能与二氧化硫水解酶和氧化酶的醛基结合，破坏酶的活性，从而使微生物和野菜本身的系列活动受阻，达到抑制目的；二氧化硫还能与许多有色化合物（特别是花色苷类）结合变成无色衍生物，使有色的野菜褪色，失去光泽。但是若脱除二氧化硫，色泽仍可复现。二氧化硫对类胡萝卜素影响不大，对叶绿素则无影响。但是，一方面应当看到，亚硫酸和二氧化硫对人体有毒，人的胃中如有80mg的二氧化硫即会产生有毒影响。国际上规定每人每日每千克体重二氧化硫允许摄入量为0 ~ 0.7mg。对于成品中的亚硫酸含量，各国的规定不同，但一般要求在20mg/kg以下。近年来，一些发达国家的食品管理条例中限制使用亚硫酸盐。另一方面，二氧化硫易挥发，去硫较方便，所以在加工制品中不至于残留过量的二氧化硫。尽管如此，亚硫酸保藏的原料或食品在加工前或食用前常须脱硫，使其最后含量在规定值以内，其方法有加热、搅动、打气、真空处理。

（7）护色。野菜切分之后，与空气接触会迅速变成褐色，从而影响外观，也破坏了产品的风味和营养品质。这种褐变主要是酶褐变，物质由野菜中的多酚氧化酶氧化成具有儿茶酚类结构的酚类化合物，最后聚合成黑色素。其关键的作用因子有酚类底物、酶和氧气。因为底物不可能除去，一般护色措施均从排除氧气和抑制酶活性两方面着手，在加工预处理中所用的方法主要有盐水护色、亚硫酸盐溶液护色、酸溶液护色等。

二、干制加工工艺

野菜干制是我国各地人民经常采用的方法，如黑木耳、猴腿、蕨菜、野黄花菜等制成的干制品是久负盛名的土特产品，在今天的乡土特产中仍占有重要的位置。野菜干制与其他加工方法比较，不少方面都显示出了优越性。野菜干制设备简单，操作技术易掌握，特别是自然干燥（晒干、晾干或风干）不需要特殊设备，可随时随地加工，家家户户都可以采用；其次是野菜干制的生产成本比其他加工方法低廉，因为不用加糖、盐等副料，特别是干制后体积缩小（为新鲜时的20% ~ 35%）、质量减轻（为新鲜原料的6% ~ 20%），大大节省运输费和保管费，总成本降低；同时，干野菜在短时间内不易变质和败坏，运送时也不需要冷藏设备，适于长途运输，有利于地区调节和周年供应。因此，野菜干制技术仍然是其产品开发的重要技术之一，尤其适合乡镇企业及农民就地加工产品。但是，如果干制方法不当，就会降低制品的营养价值和破坏原有的风味，而选择比较科学的干制方法和工艺，就能提高干菜制品的质量和食用性能。

1. 干制定义

野菜的干制是指为了降低野菜的含水率，降低水分活度，提高原料中可溶性固形物含量，使微生物难以生存，同时抑制野菜内酶的活性，以此来保存野菜的加工方法。野菜的干制技术作为农村野生资源增值利用的有效途径之一，近年来逐渐兴起。野菜干制技术适宜在山区和农村实施，便于因地制宜加工生产，产品质量易于保证，对促进山区经济的发展和增加农民收入具有积极的作用。

2. 干制方式

野菜干制的方式包括自然干燥和人工干燥两种。

自然干燥又包括晒干和风干。原料直接受日光暴晒的加工方式称为晒干；在通风良好的室内或荫棚下进行干燥的方式称为风干或晾干。自然干燥设备简易，有晒场、竹席等即可。但受外部环境条件影响较大，卫生条件也较差。

人工干燥则不受气候条件的限制，干燥速度快，制品质量好。常见设备有烘灶及烘房，或微波炉、烤箱等。干燥初期不宜采取过高的温度，否则会造成结壳现象，水分不易散发。

3. 干制工艺

（1）工艺流程。选料→洗涤→切分整形→热烫→硫处理→升温烘烤或晾晒→通风排湿→倒盘烘烤→回软→分级→包装→入库。

（2）操作要点。

①选料与分级：采集来的野菜首先去除杂质，将相同粗细大小的挑在一起。有些种类需要进行适当切分整形，嫩茎及鳞茎还要去掉叶子和根部。为了获得较高经济价值，有时可根据不同的需要对原料进行分级，目的是保证部分质量较高的产品品质，获得更高的利润，特别是对于出口的野菜更是如此。

②洗涤与热烫：通常用软水洗涤，或用0.5% ~ 1.5%的盐酸溶液在常温下浸泡5 ~ 6min，再用清水冲洗。有些种类要漂洗几次才能洗净泥土。洗后沥干水分。将洗涤后沥干水分的野菜在90℃以上的热水或蒸汽中热烫2 ~ 5min，之后尽快冷却，以减少营养成分的损失。

③硫处理：常采用熏硫法或浸硫法处理。熏硫法是将硫燃烧，在1m^{3}空间用0.1kg硫

磺，或1000kg原料用2kg硫磺，要求达到野菜内二氧化硫的浓度为0.08%～0.1%。浸硫法是用亚硫酸及其盐类配成一定浓度的水溶液浸渍野菜，通常在1000kg野菜原料中加入亚硫酸溶液400kg，要求二氧化硫的浓度不低于0.15%。注意加入一定量的柠檬酸，因为二氧化硫在酸性条件下易释放。硫处理工序中，起作用的是二氧化硫，因为二氧化硫具有强还原性，能抑制原料氧化褐变，提高维生素C的保存率，抑制微生物的活动。

④烘烤或晾晒：人工干制为烘烤，自然干燥时进行晾晒。根据野菜的粗细、大小、质地、含水率高低以及所具备的条件，分别选用合适的方式，以便干得快，又能干得透。人工干制时，多采用前期低温、中期高温、后期低温的方式；或前期急剧升温，维持70℃，再降温的方式；或始终维持在55～60℃进行恒温干燥。烘房内的相对湿度达到70%以上时，就要排湿，方法是打开进气窗或排湿窗。通风排湿的具体操作和时间的长短，应根据具体情况确定。倒盘烘烤的目的是使原料受热均匀，成品干燥程度一致，必要时需要将原料予以多次翻拌。

⑤产品回软、包装和贮存：回软即均湿、发汗，就是将烘烤后的干制品堆起来放置一段时间。其目的是通过干制品内部与外部的水分转移，以便各部分的含水率均衡，有利于包装和贮存。包装要求封盖、防虫、防潮，也可采用真空包装法包装。适宜贮存的条件是保持在0～2℃的环境条件下，最好不超过10～14℃；湿度在30%左右，同时还要注意环境条件的清洁卫生，并随时要做好防鼠防虫工作。

4. 冻干工艺

目前绿色、方便、保健已经成为世界食品工业发展的三大趋势，由于腌制、熏制食品存在一定的安全问题，以及较长时间加热的干制食品存在营养损失等，冻干食品悄然兴起。冻干食品符合绿色、方便、保健三大趋势。

野菜冻干工艺包括选料→分拣→清洗→热烫→铺盘→预冷干制→包装等操作，一般野菜都适合这种工艺。对于部分增值较大的产品可以考虑冻干食品加工，由于冻干食品加工设备投入高、技术性强，对于一般的野菜加工不宜采用，限制了冻干野菜的推广与应用。

三、干制加工实例

野菜干是我国出口的主要野菜品种之一，在国际市场上较受欢迎，如国产薇菜干在国际市场上被称为“中国薇菜干”，销路良好，价格也比较可观。适合加工野菜干的野菜种类很多，如薇菜、蕨菜、黑木耳、龙须菜、折耳根、桔梗等。

1. 黑木耳干

目前市场上流行的黑木耳产品主要是黑木耳干，在无特殊说明的情况下，人们习惯将黑木耳干称为黑木耳。黑木耳的加工包括黑木耳干、黑木耳砖等，并且以黑木耳干为主。

（1）工艺流程。原料选择→烘干→分级→包装→质检。

（2）操作要点。原料的采摘最好是在雨后晴天、耳片开始收边时进行，应注意采大留小，选择耳片展开、边缘内卷、耳片富有弹性的黑木耳。黑木耳的烘干可以用烘干房，也可以用烘干机，温度先低后高，注意通风，黑木耳含水率控制在13%以下即可。烘干后的黑木耳应进行分级，并剔除病虫害浸染的原料。耳面黑褐色，有光泽，背面暗灰色，朵片完整，含水率不超过14%，不能通过直径为2cm的筛孔，干湿比1：15以上的黑木耳为一级品；耳面黑褐色，有光泽，背面暗灰色，朵片基本完整，含水率不超过14%，不能通过直径为1cm的筛孔，干湿比1：14以上，杂质不超过0.5%的黑木耳为二级品；还可以继续划分为三级品及等外品。为了防止烘干黑木耳的吸水回潮而导致霉变或虫蛀，要分级包装，并进行必要的质量检查。

2. 薇菜干

薇菜含大量蛋白质、维生素和矿物质等，不仅营养丰富、味道鲜美，而且可清热解凉、止血杀虫，特别适合夏天食用。但野生薇菜具有季节性，加工成薇菜干是保证四季供应的主要手段。

（1）工艺流程。原料采收→整理→水煮→晾搓。

（2）操作要点。薇菜5月进入采收期，一般情况下，薇菜可以采收2～3茬。第一茬要在幼叶长到50cm以上时采收，一般不能短采。此后气温逐渐升高，薇菜生长速度增加时，叶柄即开始老化，出现纤维，这种叶要停止采收。切去薇菜下部老化部分，同时挑出霜打、虫蛀、变质菜以及杂质等。按粗细将薇菜分开，然后用凉水浸湿，抹去茸毛和勾卷的端头。将整理好的鲜嫩菜按粗、细分别放入开水锅内进行水煮。水煮时水要没过薇菜，用急火，不盖锅盖，勤翻动，使菜受热均匀，边翻边观察水煮的程度。水煮时间5～8min，要求以菜煮透不夹生，不过烂，菜发出清香味，从基部往顶端能撕成两半，颜色鲜绿为准。菜捞出后进行晾晒，晾晒场地要干净卫生，晾晒过程中防止雨淋、露湿。晾晒过程中要进行几次揉搓，其目的是将菜内原有组织破坏以提高菜干的泡涨率和质量，并使纤维软化。边晒边搓，经7次以上，次数越多，质量越好。

薇菜干可用麻袋、编织袋、纸箱等盛装。存放环境要通风良好，不潮湿，垛底离地面30cm以上，不能与农药、毒物、化肥、酱、醋、油类和含水率高的物品同库保存。

（3）产品质量指标。下端柄径2mm以上，无短碎菜，颜色为红褐色或棕色，微有光泽，无老化根，无杂物，无异色，无斑点，无泥土，无异味，不潮湿，可折断，含水率控制在15%以下。

3. 蕨菜干

（1）工艺流程。进料→去根→洗涤→烫漂→冷却→晒制→揉搓→晒干→包装→成品。

（2）操作要点。采收后要立即切去菜根及老硬部分，然后用清水洗去泥沙。在95～98℃水中，烫漂7～10min，捞出后用冷水冷却。将菜在日光下晒制，表皮见干时揉搓数次，经过2～3h再揉搓1次。将菜晒干后用塑料袋包装，然后装入纸箱，每箱净重10～20kg。

（3）产品质量指标。色泽为金黄色，间或有微红或微绿色。

4. 桔梗干

桔梗是人们比较喜爱的野菜，也是朝鲜族特色菜之一。选择直径较粗、长度较短的原料，挑除受病虫危害、腐烂变质的个体。清洗去皮的方法有两种：一是机械法，用带尼龙毛刷的洗刷机将泥土和桔梗外皮一起刷洗干净，这种方法去皮效率高、效果好；二是化学去皮法，先将原料表面的泥土清洗掉，然后将其放入5%～10%的氢氧化钠溶液中浸泡3～5min，用清水冲去外皮和残留的碱液，用刀削去腐烂部分和残留的外皮。

将桔梗切成小丁或片，投入含0.2%亚硫酸钠的沸水中漂烫3～5min，捞出后沥水，散摊在晾盘中。烤房烘烤，将原料先于85～95℃下干燥1～2h，然后降温至65～75℃干燥3～4h，最后降温至55～60℃干燥2～3h，使桔梗的含水率降至5%～8%。

5. 百合干

（1）工艺流程。选料→剥片→清洗→煮制→冷却→熏硫→干燥→分级→包装。

（2）操作要点。选用立秋前晴天采收、新鲜良好、鳞茎肥厚、无病虫害、无机械损伤、品质优良的百合作原料。将选好的百合鳞茎用剪刀剪去须根，从外向内逐层剥下鳞片，每个鳞茎的鳞片以剥至芯子重25g左右为宜。将剥下的鳞片分外、中、内三层及黄、白、斑点三色分别倒入清水中，并轻轻搅动，防止鳞片破损，洗净后捞出沥干水分，分别堆放备用。煮前先洗净铁锅，倒入约占锅容量2/3的清水，加热煮沸，然后倒入5～10kg鳞片，用锅勺搅拌1～2圈，加锅盖煮制。外层鳞片用猛火煮6～7min，内层鳞片煮2～3min。煮时经常揭开锅盖观看鳞片颜色的变化，鳞片由白色变成米黄色，再由米黄色转为白色，或见鳞片稍呈碎纹时，应立即捞起出锅。也可用嘴品尝，以片尖不生脆，或用手指刮片，百合片起粉状时即可。

出锅迟早是保证百合干品质的关键。出锅太早，鳞片过生，易变黑、发硬，成为次品；出锅太迟，鳞片过熟，常出现燥花、缺边，碎片过多，甚至变成粉渣，并失去香味，降低产量和品质。出锅后的百合，要立即置于清水中让其迅速冷却。对需要保存较长时间的百合干还要进行熏硫处理，其方法是出锅晒至半干后，以100kg干百合用硫磺0.8kg，在熏硫室放置炭火，关闭门窗熏10h即可。将煮制熏硫后的百合，薄薄地摊于晒席上置烈日下暴晒3～4天，用手一折即断时即为成品。若煮制后遇阴雨天，应摊放在室内通风处，但切忌堆积。天晴时及时出晒。如连续多天阴雨，应采用烘烤法烘干，以防霉变。

干制后的百合片，按照市场或客商要求进行包装，一般可分如下五级。

①一级品：色泽鲜明，呈黄象牙色；全干；洁净；片大肉厚，片长6cm以上；无霉变、虫伤、麻色及灰碎等。

②二级品：色泽鲜明，呈黄白象牙色；全干；洁净；片较大，肉厚，片长4 ~ 5cm；无霉变、虫伤、麻色及灰碎等。

③三级品：色泽较明，一般呈黄白色；片长2 ~ 3cm；斑点和黑边不超过2%；全干；洁净；无霉变、虫伤、麻色及灰碎。

④四级品：色泽较暗；全干；洁净；片长不少于1.8cm；黑边不超过30%；无霉变、虫伤及灰碎等。

⑤等外品：片小肉薄；全干；洁净；无霉变、虫伤及杂质。

分级后用塑料袋分装，每袋0.5kg或1kg。封装后再装入麻袋或纸箱中，置于通风干燥处贮存或外销。

6. 龙须菜干

以龙须菜为原料，先削去基部粗老部分，热煮至发出香气为止，取出摊凉。剥去龙须菜壳，修整基部。大型龙须菜先切分成两半，然后斜切成片状，铺放在阳光下暴晒。由于龙须菜片较厚，自然干制需时较长，可人工烘制至坚韧程度。为了改进制品色泽、利于保藏，常进行熏硫处理。

7. 野黄花菜干

采收时选择花蕾已充分发育而含苞欲放者，此时花蕾颜色黄亮，两端呈淡黄绿色，手捏花蕾有弹性，充实饱满。一般在清晨采摘，注意不抽丝、不带梗。

采后应立即蒸烫，即先将水烧开，再将花蕾分层装入蒸笼中，用急火蒸10 ~ 20min，花蕾下塌呈里生外熟状态。然后取出摊放于席箔、竹帘上暴晒，适当少次翻动，晴天2 ~ 3天即可晒好。也可用烤房烘烤，先将烤房内温度升至70 ~ 80℃，当野黄花菜的表皮略干时，温度降至50℃。脱水后的野黄花菜用手握紧不脆，松手后又能自然散开，以相互不粘连为宜。

将脱水后的野黄花菜置于晾盘中，放入熏硫室进行熏硫，每吨野黄花菜燃烧3 ~ 4kg硫磺，熏硫时间为3 ~ 5h。熏硫的目的是防止干野黄花菜发霉、生虫以及改善色泽。

脱水野黄花菜在包装上市前还须入缸回软2 ~ 7天，使野黄花菜的水分保持均衡，不干脆，略发软。根据消费者或销售需要，采用一定规格的复合塑料袋真空密封包装。

野黄花菜干制品含水率为10% ~ 15%，色泽均匀，呈淡黄色。

8. 野韭菜干

应采用辛香味浓烈的品种，多选择直径在12mm以下的野韭菜为原料。剥去野韭菜外面干枯、发黄的韭叶，切去根部，用清水洗去泥土和杂质，排列整齐。将野韭菜切成段或小丁，不需要漂烫，直接铺放在晾盘中，先在烤房内85～90℃下脱水1h，然后降温至70～75℃干燥1～2h，最后降温至55～60℃干燥2～3h，使野韭菜段的含水率降至5%～8%。

四、产品质量指标

1. 感官指标

要求外观上整齐、均匀、没有碎片。片状干制品标准为片形完整，片厚基本均匀，干片不能严重弯曲，稍卷曲和皱缩的尚可，没有碎片；块状干制品标准为规格均匀，形状规则；粉状干制品标准为粉体均匀，未黏结，没有杂质；条状干制品标准为大小均匀，没有碎屑，伸展，适度弯曲的尚可。干制品的色泽均匀，最好与原森林野菜比较为相近。风味应保持原森林野菜的气味和滋味，不存在异味。

2. 理化指标

理化指标主要指含水率指标，含水率以5%～10%为宜。

3. 微生物指标

一般要求干制品中不得检出致病菌，干制品的保质期超过6个月。

项目三 林野菜的腌制加工

知识目标

1. 掌握腌制的基本原理。
2. 理解腌制过程中化学组成的变化。
3. 掌握腌制的方法。
4. 了解腌制过程中的注意事项。

技能目标

1. 能使用常用盐腌和糖腌的方法。
2. 能把控腌制品的质量品质。
3. 能控制好腌制过程中野菜的品质。
4. 能设计林野菜腌制加工工艺。

野菜的腌制是一种生物化学的保藏方法，是利用有益微生物及各种配料来加强野菜产品保藏性的方法。腌制保藏的成本低廉，产品风味多样，为广大人民所喜爱。野菜能腌制成各种成品小菜，可直接食用。制作方式及风味有盐渍、酱油渍、酱渍、糖醋渍、糖渍、料酒渍等。制作的原料一般多用盐渍的产品，减盐后再加工，只有少数种类野菜可直接使用新鲜原料。其原因是野菜鲜品不易保存，有些种类用新鲜菜时，加工后菜体变软，品质不如盐渍品的好，如龙头菜。

一、腌制的基本原理

利用食盐、食糖渗透进入食品组织内，提高渗透压，降低水分活度，抑制腐败菌的生长，这种保藏方法叫腌制保藏。食盐浓度一般要求大于15%，食糖浓度一般要求大于50%。细胞内水分向细胞外渗透，发生原生质紧缩，出现质壁分离，使微生物生长活动受到抑制，细胞外的这种溶液成为高渗溶液，这就是腌制保藏的原理。

腌制食品保藏原理

野菜腌制过程中，发生一系列的生物化学变化和微生物的发酵作用。泡菜在腌制过程中发生了强烈的乳酸发酵作用，还有微弱的酒精发酵和醋酸发酵作用，利用乳酸发酵积累的乳酸和较低浓度的食盐来保存野菜，并增进产品风味；咸菜则以蛋白质的水解为主，同时还有微弱的乳酸发酵与酒精发酵，以增进制品的风味品质，用食盐和香料来调味和防腐；酱菜吸收酱料和酱油中的鲜香成分与色素，糖醋菜则吸收糖醋液中的甜酸成分，增进产品风味，并借助酱料、酱油或糖醋液中的食盐、糖酸等成分来保存制品。

1. 扩散

扩散是由于微粒的热运动而产生的物质迁移现象，即为分子不规则热力运动下固体、液体或气体浓度均匀化的过程。

扩散通量：单位面积单位时间内扩散传递的物质量。食品的腌制过程实际上是腌制液向食品组织内扩散的过程。

扩散的推动力——浓度差：扩散总是从高浓度处向低浓度处转移，并将继续至各处浓度均等时才停止。

2. 渗透

渗透就是溶剂从低浓度溶液经过半渗透膜向高浓度溶液扩散的过程。食品腌制过程中，食品细胞内外溶液浓度借渗透逐渐趋向平衡，食品细胞外面溶液和食品细胞内部溶液的浓度通过溶质扩散达到均衡化。因此，腌制过程实际上是扩散和渗透结合的过程。

二、腌制过程中化学组成的变化

1. 糖与酸的消长

（1）发酵性腌制品。经发酵作用，野菜中糖量大大降低或完全消失，酸的含量相应增大，其原因是乳酸发酵。

（2）半干态腌制品。发酵过程中添加某些含糖分或能分解为糖类的填充物，则制品的含糖量常比鲜原料中含糖量要高。

2. 含氮物质的变化

（1）发酵性腌制品。其含氮物质明显减少：一是部分含氮物质被微生物消耗掉；二是部分含氮物质渗入发酵液中；三是蛋白质因微生物和酶作用而分解。

（2）非发酵腌制品。盐腌制品中，含氮物质渗出而减少；酱腌制品中，酱内蛋白质渗入野菜中，因此含氮物质含量增加。

3. 维生素C减少

在腌制中，野菜组织死亡，维生素C暴露在空气中，与氧接触就会被氧化。腌制时间越长，维生素C消耗越大。维生素C在酸性环境中较为稳定，若在腌制中加盐量少，生成乳酸较多，维生素C损失就少。因此，加盐量关系到维生素C的保存。腌制中多次冻结和解冻，维生素C会大量被氧化破坏。不同野菜中，维生素C的稳定性有差异。

4. 水分的变化

（1）湿态发酵性腌制品。含水率基本上无变化。

（2）干态和半干态发酵性腌制品。含水率明显减少。

（3）非发酵性盐（酱）腌制品。含水率介于上述两者之间，与鲜菜相比有少量下降，一般在70%。

（4）非发酵性糖醋制品。含水率基本上无变化。

5. 矿物质的变化

腌制加入食盐的各种腌制品，其矿物质总量均较新鲜的原料高，而清水发酵的酸菜则均下降。盐腌制品因食盐中含钙，腌制过程中钙渗入野菜，所以腌后含钙量均高于原料含钙量；而磷和铁则相反，因盐中不含磷和铁，则野菜中磷、铁向外渗出。

三、腌制方法

1. 减盐的方法

盐渍过的野菜含盐量过多，继续加工食用时必须去掉部分盐分，使之减少到适当含量再进行其他腌制加工过程，以便其他调味料的吸收。减盐方法如下。

（1）取出盐渍后的野菜马上放入锅中慢慢加热，当温度达到75～80℃时，保温

30 ~ 40min即可去掉部分盐分。

（2）可以通过加工工艺调节盐量。通常用2% ~ 5%的酱油渍、8% ~ 12%的酱渍、10% ~ 20%的糟渍、6% ~ 8%的芥末减轻盐分。减盐时要用热水，否则野菜会变色、变硬；不使用铁锅和其他铁质用具，否则野菜会变黑；也不能使用有毒的铜锅，通常使用铝锅、不锈钢锅等来进行野菜的腌制。

2. 酱油渍

将盐渍过的野菜去掉部分盐，使之不咸为度，再加入酱油、醋、糖等，然后加重石压住野菜，泡透即可食用。通常，每1000g野菜加酱油200g、盐30 ~ 40g、醋30g、砂糖25 ~ 30g、调味剂8 ~ 12g。常温环境下3 ~ 5天即可食用。

3. 酱渍

将脱盐后的野菜浸入酱内，通常称为制作酱菜。野菜从酱中吸收其鲜美滋味和特有色泽及大量营养物质，并借助酱内盐分的防腐作用得以保存。酱是生产酱菜的重要调味品，以高质量的黄酱或甜面酱为好。制酱过程是通过霉菌的作用，发生一系列的复杂变化而形成特有的鲜香气味及色泽。如果加工后即食，可用新鲜野菜直接腌制，如野韭菜、鸭跖草等；如果要长期保存，通常采用盐渍后的野菜原料为好。具体制作方法如下：首先，将脱盐后的野菜（一般残留盐的浓度在10%以下），按每1000g加酱800 ~ 1000g、糖70g、调料25g的比例，在容器底部先铺一层酱，其上铺一层野菜，上面再铺一层酱，再加一层野菜，如此反复渍入，最上面弄平后，盖上塑料薄膜、盖子及重石。根据材料的大小及温度决定第一次渍入时间，通常5 ~ 9天即可。然后将第一次渍过的材料，按每1000g加酱1000g、砂糖70g、醋40g、调料30g的比例进行第二次渍入，其方法与时间长短基本上同第一次渍入。最后，将第二次渍过的材料，按每1000g加糖70g、醋30g、烧酒100g、调料30 ~ 40g的比例进行第三次渍入，其方法与时间长短与第一、二次渍入相同。

4. 糖醋渍

将野菜浸渍在糖醋液中而制成糖醋制品的方法，很多野菜都适用。由于醋酸具有防腐作用，糖醋液中的醋酸含量达到1%以上时，就能有效地防止产品败坏。加糖的作用在于调味和着色。糖醋渍主要利用醋、糖、水及各种调料。制作方法是将盐渍后的野菜（含盐率减少到4%），每1000g的量加入醋330g、糖300g、调料25 ~ 27g、烧酒30g、水300mL，再加入少许其他调料如胡椒、月桂叶、辣椒等。3 ~ 4天后即可食用。不同种类野菜，加入糖、醋的量略有增减，有些种类也可以选用新鲜原料进行糖醋渍。但是，凡带有涩味的野菜必须先用4%的盐水浸泡一夜，去掉涩味为好。

四、腌制加工实例

各种野菜腌制的操作基本相似，下面以盐渍蕨菜为例说明工艺及其操作要点。

（1）工艺流程。采集、选料→第一次盐渍→第二次盐渍→装桶。

（2）操作要点。

①选料：野生蕨菜每年在5～6月采集，要采收长势鲜嫩粗壮、无病虫害、长度在20cm以上的鲜蕨菜为原料。采收时要轻轻从蕨菜鲜嫩部分采下，分长、短和绿、紫秆分别捆扎成直径6cm的把，整齐地放在垫有青草的筐内，装满后上盖一层青草，防止日光照射萎蔫，影响产品质量。采收时千万不能用麻袋装料，以免将蕨菜挤、压伤和揉条老化。

②第一次盐渍：采集或收购的蕨菜，一定要及时进行盐渍，不能过夜或推迟加工，以减少老化变质。如确实来不及及时加工，可暂用5%的盐水浸泡护色，然后入缸腌制。第一次盐渍按每100kg鲜菜加食盐35～40kg分层盐渍，先在缸里放一层厚约0.5cm的底盐，然后一层蕨菜（一把把菜整齐地排列好）一层盐，投盐量下少上多逐层增加，装满缸时，最上一层加3cm厚盐密盖菜面，其上盖一个干净、无异味的木盖，压上石头等重物进行盐渍。10天左右倒缸1次。

③第二次盐渍：将第一次盐渍的菜从缸面上取出，逐层放在另一腌缸内，按盐渍后的菜质量的15%加入食盐（绝对不能采用第一次盐渍后的卤水），一层菜一层盐，最上一层菜面放2cm厚的盐封面。最后把40%的过滤盐水灌入缸内，灌满后盖上木盖，压上石头，盐渍10天以上。盐渍蕨菜的腌缸要放在室内阴凉处，防止日晒雨淋，并要注意卫生，严防油污、化肥、农药及碱性物污染。

④装桶：第二次盐渍10天以上即为成品，便可装桶。装桶前应用40%的盐水（千万不能用生水洗）对菜体洗一遍，去除泥沙和杂质，切去老化根，控净水分。然后将鲜嫩、粗壮、长度在15cm以上的蕨菜放到内衬两层无毒塑料袋的硬塑桶内（出口时有特制桶），装满桶后在面上放一层2cm厚的洗涤盐（不少于5kg），灌满浓度为40%的过滤盐水，将两层袋口分别扎好（扎口时要尽量排出袋内空气），再将桶盖旋紧，即可入库贮存或起运外销。

（3）产品质量指标。色泽鲜嫩青绿或青紫，盐水浓度不低于40%，具有蕨菜特有清香味，无异味。

五、腌制注意事项

1. 选好腌制原料

腌制咸菜原料必须符合两条基本标准：一是新鲜，无杂菌感染，符合卫生要求；二是品种合适。不是任何野菜都适于腌制咸菜，有些野菜含水分很多，怕挤怕压，易腐易烂，就不宜腌制；有些野菜含有大量纤维质，一经腌制榨出水分，只剩下粗纤维，无多少营养，吃起来又无味道；还有一些野菜吃法单一，适于生食或做汤菜，炒食、炖食不佳，也不宜腌制。因此，腌制咸菜要选择耐贮藏，不怕压、挤的品种。腌菜最好选择新鲜野菜，部分野菜放置一段时间，就会随着水分的消失而消耗一定的营养，发生老化现象。

2. 准确掌握食盐的用量

食盐是腌制咸菜的基本辅助原料。食盐用量是否合适，是能否按标准腌成各种口味咸菜的关键。腌制咸菜用盐量的基本标准，最高不能超过野菜的25%（如腌制100kg野菜，用盐最多不能超过25kg）；最低用盐量不能低于野菜重量的10%（快速腌制咸菜除外）。腌制果菜、根茎菜，用盐量一般高于腌制叶菜的用量。

3. 按时倒缸

倒缸也称翻缸或换缸，就是将腌制品从腌制的缸中倒入另一空缸里。野菜采收之后仍然进行着生命活动，即呼吸作用。野菜呼吸作用的快慢、强弱，是与不同品种、成熟时期、组织结构有密切关系的。叶菜类的呼吸强度最高，果菜类次之，根菜类和茎菜类最低。腌制野菜由于野菜集中，呼吸作用加强，散发出大量水分和热量，如不及时排除热量，就会使野菜的叶绿素变为植物黑质而失去其绿色。

4. 保绿和保脆

（1）保绿。使用微碱水浸泡野菜。在腌制前，先用微碱水将野菜浸泡一下，并勤换水，排出菜汁后，再用盐腌制，可以保持绿色。碱水可保持绿色主要是由于野菜的酸被中和，去除了植物黑素的形成因素；另外，石灰乳、碳酸钠、碳酸镁都是碱性物质，都有保持绿色的作用。但如用量较大，会使野菜组织发“疲”，石灰乳过量时也会使野菜组织发韧；使用碳酸镁则较为安全。

（2）保脆。把野菜在铝盐或钙盐的水溶液内进行短期浸泡，或在腌制液内直接加入钙盐；用微碱性水浸泡（因其含有氯化钙、碳酸氢钙、硫酸钙等几种钙盐）；石灰和明矾是我国日常常用的保脆物质。石灰中的钙和明矾中的铝都可与果胶物质化合形成果胶酸盐的凝胶，可防止细胞解体。但用量要掌握好，以菜重的0.05%为宜。如过多，菜带苦味，组织过硬，反而不脆。

5. 腌制工具的选择

腌制数量大、保存时间长的野菜，一般用缸腌；腌制数量极少、时间短的咸菜，可用小盆、盖碗等。腌器一般用陶瓷器皿为好，切忌使用金属制品。

6. 咸菜的腌制温度及放置场所

（1）温度。咸菜的腌制温度一般不能超过20℃，否则会使咸菜很快腐烂变质、变味。在冬季要保持一定的温度，一般不得低于－5℃，最好以2～3℃为宜。温度过低，咸菜受冻，也会变质、变味。

（2）放置场所。野菜腌制之后，除必须密封发酵的咸菜以外，一般供再加工用的咸菜在腌制初期，腌器必须敞盖，同时要将腌器置于阴凉通风处。

项目四 林野菜的糖制加工

知识目标

1. 掌握糖制工艺。
2. 掌握配糖的技术。
3. 了解常见林野菜产品的糖制加工。

技能目标

1. 能控制好糖制品的品质。
2. 能设计林野菜糖制品加工工艺。

野菜的糖制在我国已有悠久的历史，早在5世纪甘蔗制糖发明前，我国就已经开始用蜂蜜制作糖制品。人们通常把利用蜂蜜熬煮果蔬制成的各种加工品称作蜜饯，这一方法一直延续至今。野菜糖制是野菜保藏的方法之一，是利用糖藏的方法贮藏野菜。糖制品是利用食糖的保藏作用制成的。一定浓度的食糖溶液能够产生较高的渗透压，从而降低野菜本身的含水率，使微生物细胞的原生质脱水收缩，产生生理干燥现象而无法生存，从而达到保存制品的目的。同时，糖还有抗氧化的作用。但是，食糖只是食品保藏剂而不是杀菌剂，食糖只能抑制微生物而不能消灭微生物。而且，只有当食糖溶液达到一定浓度时方能产生所需要的渗透压。

一、糖制工艺

1. 工艺流程

原料选择→预处理→预煮→配糖→煮制和浸渍→烘烤干燥→上糖→整理包装。

2. 操作要点

（1）原料选择。大多数野菜都可以用来做野菜蜜饯，但以含水率低、固形物含量高、成熟时不易软绵、煮制中不易糜烂的品种为佳。

（2）预处理。

①洗涤：切分整形同野菜干制工艺。

②硬化：通常用氯化钙、亚硫酸氢钠处理，使野菜硬化，有利于野菜经过预煮工艺脱盐脱硫。

③硫化处理：硫化处理同野菜干制工艺。

④野菜胚的制作：野菜胚是蜜饯的半成品，是野菜加食盐腌制而成的。野菜胚的制作过程包括盐渍、暴晒、回软和复晒。野菜胚腌制改变了组织细胞的渗透性，因此有利于糖制时糖分的渗透。

（3）预煮。此工序的目的是抑制微生物的生长繁殖，防止败坏，固定品质，破坏酶的活性，排除野菜内的氧气，避免氧化变色，并适度软化组织，有利于糖分的渗入。预煮的温度和时间，根据野菜体积的大小、质地来确定。

（4）配糖。正常成品的含水率为17%～19%，总糖含量为68%～72%，其中还原糖含量为43%，当还原糖含量占总糖含量的60%以上时，不会发生成品表面或内部蔗糖结晶（晶析）和葡萄糖的返糖现象，这时制品质量最佳。在煮糖时，用柠檬酸将糖液pH调为2～2.5，经90min煮制，便可形成大量转化糖，配制好的糖液加入0.1%山梨酸钾防腐剂备用。

（5）煮制和浸渍。

①一次煮成法：此法适用于加工含水率低、结构疏松的野菜。

②多次煮成法：此法适用于加工含水率高、细胞壁厚、组织结构比较致密的野菜。煮制可分3～5次进行。首先将处理好的原料在40%的糖液中热烫几分钟使野菜进一步变软，然后连同糖液一起倒入缸内浸24h，以后的糖液浓度每次增加10%。每次煮制十几分钟，煮后取出浸泡8～24h。此法能提高渗透性，利于糖分扩散渗入，破坏酶的活性，防止单宁氧化褐变，有利于保护野菜的鲜美色泽和香气风味，也可减少营养损失。

③连续扩散煮制法：此法适用于现代加工的流水作业。连续扩散煮制法是将野菜在由淡到浓的几种糖液中进行连续多次浸渍。具体操作方法是先在真空扩散器内将野菜装入后密闭，排除组织内的空气，然后加入95℃的热糖液，待糖液扩散后，将糖液转入另一扩散器内，在原来的扩散器内注入浓度更高的热糖液，连续几次便可达到所要求的含糖量。该法采用数个扩散器配套进行真空处理，连续操作，煮制效果较好，而且生产量也较大。

（6）烘烤干燥。糖渍后的糖制品需要进行干燥处理，一般采用自然晾晒或加热烘干的方法。将煮制的糖制品取出沥去糖液，铺于屉上，送进烤房。烤房温度50～60℃，含水率达18%～20%时结束烘烤，即得干态蜜饯。

（7）上糖。

①上糖衣：糖衣蜜饯是用饱和糖液处理干态蜜饯，干燥后使制品表面形成一层透明状糖质薄膜。不但外观好看，也可减少糖制品在贮藏期的吸湿黏结。方法是将蔗糖、淀粉糖浆、水按3：1：2的比例，混合后煮沸到113～114.5℃，再冷却到93℃，即得饱和糖液，再将干态蜜饯浸泡1min，取出在50℃下干燥2h即成。

②上糖粉：即在干燥蜜饯表面裹一层糖粉，以增强保藏性，也可改善外观品质。糖粉的制法是将砂糖在50～60℃下烘干磨碎成粉即可。操作时将收锅的蜜饯稍稍冷却，在糖未收干时加入糖粉拌匀，筛去多余糖粉，成品的表面即裹有一层白色糖粉，上糖粉可以在产品回软后，再行烘干之前进行。

（8）包装与贮运。蜜饯包装主要以防霉防潮为主，同时要保证卫生安全，便于贮藏运输，还要达到在市场竞争中具备美观、大方、新颖和反映制品面貌的目的。干态蜜饯通常是用塑料薄膜或玻璃纸进行包装，再进行外包装；湿态蜜饯、带汁蜜饯，则装入罐内，加入糖液密封，在90℃热水中杀菌20～40min，冷却即成。在成品贮藏中也要创造一个良好的环境。库房要求保持清洁、干燥、通风，温度保持在12～15℃，相对湿度70%左右；搬动时要轻拿轻放，防止损坏包装；运输中要防止日晒雨淋。

二、糖制加工实例

1. 龙须菜蜜饯

（1）工艺流程。选料→去皮→切料→预煮→灰漂、漂洗→浸糖→糖煮→粉糖→包装。

（2）操作要点。

①选料：可利用加工龙须菜罐头时剩下的等外料，也可采用合格鲜龙须菜，剔除烂、老龙须菜和杂质，按其直径大体分两类，即直径为6～10mm和3～6mm，以利于分别加工。

②去皮：用流动清水将龙须菜洗净（注意勿将龙须菜条折断），然后用刨刀由龙须菜尖向茎部刨净皮及粗纤维层。龙须菜尖可保留3～5cm长不去皮。中后期采收的龙须菜较老，老皮部分可适当多刨一些，去皮后按不同规格分别堆放。

③切料：将去皮后的龙须菜切成7～10cm或3～7cm两种长度的段，作为坯料待用。

④预煮：先在预煮水中加入0.05%的柠檬酸（以利于护色），当水沸时下龙须菜坯料，煮1～2min。捞起，立即放入冷水中冷却。

⑤灰漂：将预煮后冷却的龙须菜坯料放入2%的氧化钙水溶液中浸漂12h，以进行硬化处理。灰漂时，应防止时间过长，既要使坯料达到硬化，又不至于变黄，它关系到成品质量的好坏，应切实加以重视。

⑥漂洗：灰漂后的坯料要放在清水中漂洗4h，以除去石灰味，然后捞起沥净水分待用。

⑦浸糖：将沥净水分的坯料倒入蜜缸中，加入浓度为50%的冷糖液，浸渍24h。而后将坯料与糖液分开，糖液入锅加热，并加入适量白糖，使其浓度达65%，再将糖液倒回蜜缸，将坯料浸渍24h，然后将糖液滤出，再次加热浓缩，使其浓度达到60%～70%，将坯料加入煮沸10～15min，再一同倒入蜜缸中浸渍48h。

⑧糖煮：将蜜缸中的糖液倒入锅中，加入适量白糖，使其浓度达70%，加热到112℃，然后把龙须菜坯倒入锅中，煮制50min，使坯条呈透明状。当糖液浓度达72%～75%、温度达116℃时，停止煮制。出锅，趁热滤去糖液。在煮制过程中，火候要先大、后中、再小，最后采用文火煮制，以保持糖液微沸为度，以防煳锅。

⑨粉糖：待起锅的龙须菜条冷却至50～60℃时，拌入糖粉；然后筛去多余糖粉，即为成品。合格的成品含水率不超过15%。若含水率过高，应摊入烘盘中送入烘房，在55～60℃温度下烘制4h左右，使其含水率控制在指标内。

⑩包装：待龙须菜蜜饯冷却后用塑料袋按一定规格包装密封，最后用防潮纸箱包装入库。

（3）产品质量指标。龙须菜条透明柔软中带有韧性；甜味适口，无异味；含水率不超过15%；含糖率不低于70%。

2. 黑木耳脯

（1）工艺流程。选料→剪切→清洗→沥水→预煮→浸糖→糖煮→上糖衣→包装。

（2）操作要点。选择无霉烂、无虫蛀的新鲜黑木耳，用剪刀去蒂，大朵剪成条状，小朵可以保留原状，清洗后沥水。将沥水后的黑木耳用50%糖液（黑木耳：糖液=1：2）煮制10min后，倒入糖桶中糖渍6～8h。捞出黑木耳，剩余糖液加糖配制成70%糖液，将黑木耳加入糖液中，并加入糖液质量0.3%的柠檬酸煮制50min后捞出黑木耳，冷却至50～60℃后将黑木耳与白糖粉混合均匀即可，然后用塑料袋包装即为成品。

3. 低糖洋姜脯

（1）工艺流程。洋姜→拣选→清洗→去皮→切条修整→浸泡→减压浸胶→第一次减压渗糖→第二次减压渗糖→第三次减压渗糖→干燥→裹糖胶膜→包装→成品。

（2）操作要点。

①拣选、清洗：拣除难以去皮、不易整形、损伤过大且变色严重、明显萎缩、过于细小的洋姜，反复清洗，除尽表面泥土。

②去皮：既可用手工去皮，也可用碱液去皮。碱液去皮的条件为：把洋姜置于4%的氢氧化钠溶液中，在95℃下浸泡100～120s，立即用清水洗净碱液及表皮，然后放入0.3%～0.4%盐酸溶液中浸泡，使洋姜表面黄色消失。去皮时注意既要去净表皮，又要不

使肉质部分损伤过多。为防止褐变，应使去皮的洋姜尽量少直接暴露在空气中。

③切条修整：把洋姜切成长4cm、宽1cm的长条，然后把表面修整平滑整齐。注意弃去红变或空心的洋姜肉质。

④浸泡：通过浸泡对洋姜条进行护色并硬化。浸泡液组成：0.3%氯化钙+0.1%硫酸氢钠+0.5%柠檬酸。浸泡液与洋姜条质量比保持1∶1，把洋姜条压入液面下浸泡6～8h。

⑤减压浸胶：渗入一定量的亲水胶体可以保护洋姜在渗糖时不皱缩，阻止过多的糖进入洋姜。把护色硬化后的洋姜条放入0.3%的羧甲基纤维素钠溶液中，在0.09MPa的真空下保持30min后，缓慢解除真空，在室温下浸泡约12h。

⑥减压渗糖：第一次把洋姜条放在25%的蔗糖液中，第二次把洋姜条放在35%的F-42型果葡糖浆中，第三次把洋姜条放在45%的F-42型果葡糖浆中，均在0.09MPa的真空下保持30min后，缓慢解除真空，在室温下浸泡约12h，至洋姜条下沉，达到透糖平衡时止。糖液要求澄清透明，无杂质。

⑦干燥：将渗糖结束后的洋姜条捞出，沥干糖液，在45～50℃下烘至表面干燥。

⑧裹糖胶膜：果糖与葡萄糖的吸湿性大于蔗糖，裹一层胶质膜可防止其吸潮。方法是把烘干的洋姜条浸入1.5%果糖液中后取出，在50℃下干燥至表面形成一层透明的胶质膜为止。

⑨包装：对产品进行真空或真空充二氧化碳包装，可延长其保质期。

（3）产品质量指标。

①感官指标：无色透明，有光泽，无黄斑、红点，四方长条形，形态完整，无皱缩，软硬适度。

②理化指标：总糖含量≤45%，含水率18%～20%，重金属含量符合国家标准的要求。

③微生物指标：细菌总数≤100个/g，大肠菌群≤30个/100g，致病菌不得检出。

项目五　林野菜的罐藏加工

知识目标

1. 掌握野菜的罐藏工艺。
2. 熟知林野菜罐头加工的要点。

技能目标

1. 能判断罐头的质量。
2. 能设计野菜罐头的加工工艺。

罐藏保存野菜贮藏期长，食用方便，是适宜罐藏加工的野菜产品开发中最重要的加工工艺。许多野菜是加工罐头的良好原料，如山芹菜、蕨菜、苦菜、猴腿等。野菜加工为罐头后，不仅保持了野菜的原有风味，而且便于贮运，保质期较长，食用方便。

罐头食品长期贮存的原因

一、罐藏工艺

1. 工艺流程

原料→调制→装罐→排气→密封→杀菌→冷却→成品贴标→外包装→质检→入库贮存。

2. 操作要点

（1）原料、调制、装罐。野菜的瓶袋罐制可用新鲜原料、盐渍原料（如蕨菜），进行脱盐处理保留2%左右的盐分，拌入调味品，再加入调味液即可。调味液没有统一规格，随口味而定。通常在材料及调味液中加入4%的盐、1%的糖、0.2%的醋、8%的酱油、1.5%的调味品。调味液不宜太浓，否则食品外观不好，原料的色泽不明显。

野菜罐制对分量的规定比较严格。例如使用200mL的瓶子，总量为200g，要求固形物在130 ~ 150g，液量在50 ~ 70g；使用400mL的瓶子，总量为380g，固形物280 ~ 300g，液量为80 ~ 100g。同时，还要根据材料的性质进行调整，通常液量为固形物的1/3 ~ 1/2。

（2）排气。调制的野菜装入瓶内，注入调味液后密封，去掉残留空气的操作称为排气或脱气。排气的目的是防止残存的好氧细菌生长繁殖，减少营养损失，减少内容物对罐壁的腐蚀。假如不排气就密封，加热杀菌时内容物膨胀，瓶内压力变大，瓶子会破裂或使盖子松动，密封不好，造成产品腐败。

工业批量生产时，使用真空泵排气；家庭瓶装时，往往采用加热排气。由于加热，内容物膨胀，瓶子上部的空间充满水蒸气，空气几乎不存在了。野菜瓶装时一般加热到75 ~ 80℃，即可基本排净空气。

（3）密封。密封是紧接排气的一个步骤。工业化生产时，排气和密封采用真空封罐机一步完成。家庭制作时，要在加热排气后，趁瓶内没有冷却时立即加盖密封。操作动作一定要尽可能快，可戴手套等避免烫伤。瓶内温度一下降，外面的空气就会进入，影响排气效果。

密封时一定要封紧，家庭制作时最好利用螺口瓶，盖中再加一个富有弹性的软木塞或橡皮塞。如果密封不好，杀菌过程中内容物膨胀使液汁流失，冷却后将可能进入腐败菌。确定密封是否符合要求，可将瓶子浸入水中没过盖子，产生气泡的为密封不严产品。

（4）杀菌。瓶装的杀菌就是要求杀死瓶内的有害微生物，如酵母菌、霉菌、细菌等，使之失去活性。杀菌的方法是通过高温处理来进行的，通常采用高温短时杀菌法，彻底杀死罐瓶内的有害微生物。这是保证产品质量达到卫生标准的关键工序之一。但是，家庭加工由于设备的关系，进行沸点以上杀菌比较困难，通常采用沸点以下温度杀菌。杀菌的时间要长一些，以瓶内达到目标温度的时间为准（通常以杀菌锅内的热水温度作为目标温度）。家庭制作时，将瓶子放入锅中，加水没过瓶子，然后加温至目标温度，维持一定的时间即可。瓶装野菜的目标温度和杀菌时间因种类变化而异，一般情况下在70 ~ 90℃，维持30 ~ 90min。温度也不能过高，否则肉质软化、影响口感。排气后立即杀菌效果最理想。

（5）冷却。常采用风冷或水冷的方式，冷却至罐内温度为38 ~ 40℃为宜，目的是防止余热继续破坏营养成分。为了加快冷却速度，采用淋水滚动冷却为好。玻璃罐冷却时应分不同温度阶段降温，每段温度相差20℃，以防骤然冷却玻璃罐爆裂。如果是金属或塑料罐则可直接放入冷水中冷却。

（6）成品贴标、外包装。贴标和包装要求美观、实用，能引起消费者注意，增加产品的竞争力。

（7）质检。为了保证产品质量，产品成型后必须由工厂质检室抽样进行细菌检查和理化检验。及时发现生产工艺流程、设备与操作中所存在的问题，以便及时改进，减少损失；同时，也可及时发现不合格产品，制止不合格的产品进入市场。

（8）入库贮存。将成品贮存在阴凉、温度变化小、空气干燥的库房中。这是产品生产的最后一道工序，是生产与消费之间的中间环节，也是产品长期贮存、防止败坏、保持产品合格标准的重要步骤。

二、罐藏加工实例

1. 龙须菜罐头

制罐用的龙须菜一般要求茎长10 ~ 16cm，茎直径为1 ~ 3.6mm。收获后应在数小时内完成全部加工过程。

采用淋水和流动水两种洗涤方法。流动水洗涤应注意缩短清洗时间。

龙须菜需要削去外皮，方法是由尖顶部向根部方向剥去粗老表皮、粗纤维及棱角，削去裂痕部分。

龙须菜的装罐规格分整装和段装，整装龙须菜应切成95 ~ 105mm长的段，短于

90mm的则切成40～60mm长的段。

整装龙须菜一般采用分段预煮法，先将龙须菜竖放在漂烫笼内，在90～95℃的热水中，直径在1.8mm以上的先煮2～3min，再将其浸入煮1min，共煮3～4min；若直径在1.8mm以下，先煮1～2min，再将其浸入煮1min，共煮2～3min。段装龙须菜，先煮2～3min，再浸入煮1～2min。此时，龙须菜由白色变为乳白色，稍透明。为了保持龙须菜良好的色泽，通常在预煮水中添加0.1%～0.3%的柠檬酸，使pH在5.5左右。

装罐前按粗细、长短、色泽分级。整装龙须菜要求尖朝上，整齐地装入罐内；段装龙须菜要求粗细搭配，龙须菜尖占20%以上。然后加入煮沸的汤汁，汤汁配方为2%食盐、2%食糖、0.05%柠檬酸。

真空封罐或加热排气后封罐，在121℃的条件下杀菌15～17min，然后快速冷却至38℃左右。

2. 山野豌豆罐头

山野豌豆罐头的品质主要以豆粒的大小、嫩度、色泽的均匀度以及汤汁的澄清度来衡量。

山野豌豆原料的品种、成熟度和新鲜度等因素，不仅决定罐头成品的色泽和风味品质，而且关系到加工工艺和原料的利用率。山野豌豆在成熟过程中，随着成熟度的提高，淀粉含量逐渐增多，而糖分则随之减少。因此，制罐原料必须在豆粒已长足、饱满但仍青绿柔嫩时采摘。采摘过早，豆粒小、水分多、糖分高；采摘过迟，豆粒中淀粉多、糖分少、质地粗糙、品质差。一般在开花后20～25天为采摘最适期。采摘后的豆荚应及时装运，快速加工处理。

通常用去荚脱粒机去除荚壳。出豆率为41%～48%，依成熟度而异。大小分级常用圆筒筛式分级机，按豆粒直径大小分为五级：一级5～7mm，二级7～8mm，三级8～9mm，四级9～10mm，五级10mm以上。

根据豆粒的密度随成熟度提高而增大的原理，用不同浓度的稀食盐水进行浮选，将不同成熟度的豆粒分开，以便采取不同的工艺条件进行加工处理。

预煮即漂烫，主要是为了破坏原料中的酶类，排除豆粒中滞留的空气，防止豆粒破裂、汤汁浑浊、胀罐，以及保持维生素等。预煮的温度和时间依豆粒大小和成熟度而异，一般为85～96℃、1.5～5min，预煮后应立即用冷水漂洗冷却。漂洗时间也应依老嫩程度而定。

山野豌豆经过高温、高压加工处理后，往往由于叶绿素分解而呈紫褐色。因此，有的工厂试验用镁、铜、锌等金属离子或碱性缓冲剂进行护色处理；有的则主张采用高温短时杀菌法，以避免使用化学添加剂的弊病。如果以115.6℃杀菌18min，叶绿素损失74%，改用137.8℃杀菌6～9s，叶绿素损失仅1%左右。高温（或超高温）短时（或瞬时）杀菌已成为改进罐藏工艺的方向之一。

3. 山芹菜罐头

（1）工艺流程。原料→清洗→脱盐→复绿→热烫→冷却→切段→装罐→真空封口→杀菌→冷却→成品。

（2）操作要点。由于山芹菜多为零散采收，鲜品又难以保存，故一般都将其用盐腌制后外运。要求盐渍山芹菜达到柔软、脆嫩、风味正常、无黑变的质量要求。将捆绑原料的皮筋放松，用流动清水漂洗干净，严禁揉搓。将山芹菜浸入清水中浸泡6～8h，用水量为菜量的4倍，每2h更换一次清水。

经盐渍后的山芹菜，常失去鲜绿的色泽而变成黄绿色，降低了山芹菜的外观质量。为保持山芹菜的天然绿色，必须进行复绿，其方法是把山芹菜投入含0.01%氧化钙和0.01%硫酸钠的溶液中，1份菜加入2～3倍复绿液，浸泡6～8h，在室温下放至恢复其绿色。将复绿后的山芹菜置于80～85℃的0.01%硫酸钠溶液中热烫2～3min。热烫后捞出，控干并自然冷却。将山芹菜切成长度为10cm的菜段，剔除夹杂物和不合格部分。将大小、色泽基本一致，组织脆嫩的山芹菜，整齐地装入罐内，然后加入80℃的汤汁。装罐量为：500g玻璃瓶装山芹菜260～270g，汤汁230～240g。汤汁配方为每100kg清水中加入食盐2.5kg、白砂糖2kg、味精0.2kg、柠檬酸0.1kg，加热至沸，过滤，保温备用。

采用真空封罐机抽气密封，要求真空度在0.0534MPa以上。

杀菌公式为（15min—20min—15min）/110℃，反压冷却至37℃左右。

经过保温检查后，抽样进行感官、理化指标及微生物指标检验，合格品方可装箱出厂。

（3）产品质量指标。

①色泽：山芹菜呈天然绿色，汤汁清澈。

②滋味及气味：具有山芹菜天然口味及气味，无异味。

③形态及质地：大小均匀，质地脆嫩，食用时无明显纤维感。

④净重：500g，每罐允许公差±3%。

⑤氯化钠含量：1%～1.5%。

⑥重金属含量：每1kg制品中，铜含量不超过10mg，铅含量不超过1mg，砷含量不超过0.5mg。

⑦微生物指标：无致病菌及微生物作用所引起的腐败特征。

4. 蕨菜罐头

（1）工艺流程。原料分选→清洗→热烫→漂洗→装罐→真空封口→杀菌→冷却→成品。

（2）操作要点。采收的原料要即时处理，选用嫩茎部分，弃去过老或纤维较多部分，并将花蕾、叶等部分打去。然后切成碎段或一定长度，或整条。将处理好的原料放在流动水中漂洗干净。从原料收购到热烫一般应在4h内进行，超过4h再热烫会影响成品色泽。将处理好的原料倒入沸水中热烫5～10min。热烫水中可加入0.2%～0.5%的柠檬酸及0.2%的焦亚硫酸钠来护色。菜与水的比例以1∶1.5为宜。用流动清水浸泡、冲洗热烫后的原料15～20min，漂洗至水中pH为6.5～7及无二氧化硫气味为止。漂洗后尽快将处理好的原料按标准装罐，尽量减少停留时间，避免空气及其他因素污染原料。菜装罐后立即加入80～85℃的温开水（含0.2%的柠檬酸）。采用真空封罐机密封，要求真空度在0.0534MPa以上。封罐后及时杀菌，从封罐至杀菌间隔不得超过20min。500g瓶或四旋瓶杀菌公式为（5min—35min—15min）/100℃。杀菌后分段冷却至37℃左右。经保温检查，抽样检验产品质量合格后，方可贴标、装箱、入库。

（3）产品质量指标。

①色泽：分为青色或浅紫红色两种，汤汁较透明，允许有轻微混浊现象。

②滋味及气味：具有蕨菜罐头应有的滋味及气味，无异味。

③组织及形态：组织脆嫩，分为碎装、段装、条装，其中段装、条装应排列整齐，大小均匀。

④杂质：不允许杂质存在。

⑤净重：有850g、500g、250g和185g四种，每罐允许公差±3%，但每批平均重量不低于净重。固形物含量不低于净重的53.5%。

⑥重金属含量：每1kg制品中，锡含量不超过200mg，铜含量不超过5mg，铅含量不超过1mg，砷含量不超过0.5mg。

⑦微生物指标：无致病菌及微生物作用所引起的腐败特征。

5. 清水笋罐头

清水笋罐头包括清水冬笋、清水竹笋、原汁笋片或笋丝，它们的品质常依据色泽、形态、老嫩、味道鲜美程度等评定。除冬笋允许带微红外，其余色泽以黄白或淡黄色为好。形态因罐头种类不同而有不同的要求，但以大小基本均匀、肉质脆嫩、汤汁清澈者为上品。

（1）工艺流程。原料选择→切根、剥壳、分级→预煮→冷却→漂洗→修整→分选→装罐→排气、密封→杀菌→冷却→擦干入库→成品。

（2）操作要点。

①原料选择：笋的新鲜度对成品品质影响很大，要求从采收到加工至成品的时间不超过16h，否则笋肉组织老化，营养下降。

②切根、剥壳、分级：用切笋机切去笋根部粗老部分，再用刀纵向划破笋壳，手工剥壳，保留笋尖和嫩衣，按笋头直径大小分大（100mm以上）、中（80～100mm）、小

（80mm以下）三级。

③预煮：主要是去除苦味和白色沉淀物。沸水煮沸，时间为：大笋60～70min，中笋50～60min，小笋40～50min。

④冷却、漂洗：预煮后要马上用流动的水漂洗16～24h。为了防止耐热细菌的生长可用盐酸调节漂洗，但是酸度不宜太高，pH为4.2～4.5，以免装罐后腐蚀包装容器。冷却一定要透，中心温度要低于30℃，否则笋中心变红，表面褶皱失去光泽。

⑤修整、分选：根据整只装、统装、块装品的要求分别进行修整、分选。

⑥装罐：沸水中加入0.05%～0.08%柠檬酸（或不加酸）作为汤汁，注入罐内，温度不低于85℃。装罐净重800g，笋肉480g，汤汁加满；净重540g，笋肉340g，汤汁加满。

⑦排气、密封：多数采取加热排气法排气，排气后立即进行密封，密封时罐中心温度达75～80℃。

⑧杀菌、冷却：净重800g杀菌公式为（10min—40min—10min）/116℃；净重540g杀菌公式为（10min—35min—10min）/116℃。杀菌后立即冷却至37℃左右。

（3）笋罐头加工中的质量问题。

①pH调控不稳定：

a. 存在问题：pH调控是笋罐头生产过程中极为重要的工艺步骤。根据产品出货时间要求，一般采用两种方法：一是采用自然发酵（乳酸发酵）产酸的办法进行酸化处理；二是依据装罐后的笋质本身pH大小采取添加柠檬酸的方法进行调节。前者调控pH不稳定是由于没有严格将原料按进厂先后顺序进行分批预煮、分批酸化与分批装罐；后者调节pH不稳定是由于没有严格地按照每批笋装罐时其本身pH的大小进行配汤，或者是由于每批笋装罐时其笋肉本身的pH相差较大，或测量pH不准等造成的。同时，也有可能是同一批笋中没有进行粗分级处理，从而导致同一罐中笋中心的pH不一样，出现偏高偏低的现象。

b. 解决办法：在冬笋的酸化工艺中自然酸化处理8～12h，并换水1～2次（通常为2次），笋肉中心的pH以达到4.3～4.6为准，然后配加pH为4.3的汤液，便可较好地控制pH，使成品笋香味浓郁，同时也可缩短生产周期，加快上市速度。

②瘪罐：

a. 存在问题：笋罐头在排气时笋中心温度过高（超过80℃），罐内顶隙过大，真空度过高，罐身加强筋过浅，强度不够，碰撞严重等。

b. 解决办法：笋中心温度控制在73℃为佳，保持罐内有5～10mm的顶隙高度，罐内真空度调节在0.013～0.02MPa，顶隙过大，真空度易过大，反之则真空度过小。

③胀罐：

a. 存在问题：罐内笋装得过多，排气不足；杀菌时冷却速度过快，气压和气温变化较大，严重碰撞；pH过高，杀菌不充分；卷边不良，罐盖铁皮厚度偏小；膨胀圈抗压强度不够；笋肉中心温度在68℃以下时易发生胀罐现象。

b. 解决办法：控制装罐量，排气时的笋肉中心温度控制在71 ~ 75℃，用排气箱排气6 ~ 8min，真空度维持在0.013 ~ 0.02MPa，保证罐头的密封性能。每班上班都要测试封口卷边尺寸，严格遵循卷边标准。杀菌公式大多用（35min—35min—10min）/116℃，冷却温度可为15℃，杀菌过程中交替倒放。若是采用连续的蒸汽沸水杀菌，则用100℃、60min（或延长10min）的措施杀菌，杀灭嗜热梭状芽孢杆菌，注意冷却水保持清洁并须加氯处理。控制罐内的pH为4.1 ~ 4.6，减少罐头之间的碰撞。产品出厂前认真做好抽样、称重、固形物的损失率、失水率、保温的检查和分析，考虑产品销售地点的气温、气压特点，及时调整真空度、杀菌温度、保温温度与时间等。严格注意加工过程中的车间、设备、个人卫生，防止原料、半成品的污染。

④出现白色点状沉淀：

a. 存在问题：笋罐头在贮藏期间，有些笋体内外会产生白色的点状物沉淀，其主要成分是酪氨酸，以及少量的蛋白质、淀粉、果胶、半纤维素等。在有无机物质存在时，呈胶体混浊状态。在生产过程中，初期及末期拔节的笋或病态笋加工后易产生白色沉淀，中期加工的笋罐头几乎不产生白色沉淀物。

b. 解决办法：可通过延长一定的预煮和漂洗时间（不可预煮过头，导致笋肉变红等），或调整预煮液和漂洗水的pH为4.2 ~ 4.5（酸性条件下可溶解酪氨酸），来防止白色沉淀的产生。

⑤笋肉有苦味和麻口的现象：

a. 存在问题：加工罐头用的笋原料都属于禾本科的竹笋，其品种有毛竹、大头典、吊丝丹。笋肉有无苦味主要与笋的品种有关，大头典有麻口感与苦味，肉质粗，而毛竹和吊丝丹一般无苦味与麻感。另外，酪氨酸的氧化产物——黑尿酸也是竹笋形成苦涩味的原因之一。

b. 解决办法：除选用良好的品种外，主要是通过预煮，延长漂洗时间，采用流动水漂洗，调节漂洗水的pH为4.1 ~ 4.5等办法来控制。

6. 调味蘑菇罐头

蘑菇是一种食用真菌，其营养丰富且味道鲜美，深受人们欢迎。供生产罐头的蘑菇要求新鲜坚实，菇色正常；成熟适度，以开伞前12h、菌膜尚未破裂时采摘为宜。蘑菇在采摘、运输和整个加工工艺过程中，必须最大限度地减少露空时间，加工流程越快越好。

（1）工艺流程。原料选择→护色处理→预煮→挑选、修整、分级→分选、装罐、加汤→排气、密封→杀菌、冷却→成品。

（2）操作要点。

①原料选择：罐藏蘑菇应选用菇径为20～40mm未开伞的新鲜蘑菇。

②护色处理：蘑菇采收后，切除带泥根柄，立即浸于清水或0.6%盐水中。采摘和运输过程中严防机械伤；采收后若不能在3h内快速运回厂中加工，则必须用0.6%的盐水浸泡；或者用0.03%焦亚硫酸钠液洗净后，浸泡运输，防止蘑菇露出液面。如果在产地将蘑菇浸在0.1%的焦亚硫酸钠液5～10min，捞起装入薄膜袋扎口装箱运回厂中，则要漂水30min后才能投产。

③预煮：蘑菇洗净后，放入夹层锅中以0.1%的柠檬酸液沸煮6～10min，以煮透为准，液体与蘑菇之比为1.5：1。预煮后立即将蘑菇捞起，急速冷却透。

④挑选、修整、分级：分整装及片装两种。泥根、菇柄过长或起毛、有病虫害、存在斑点等问题应进行修整。修整后不见菌褶的可作整只或片菇。生产片菇宜用直径为19～45mm的大号菇，分为18mm以下、18～20mm、20～22mm、22～24mm、24～27mm及27mm以上6个级别。

⑤分选：整只装菇，颜色淡黄，具有弹性，菌盖形态完整，为修削良好的蘑菇，按不同级别分开装罐，同罐中色泽、大小、菇柄长短大致均匀；片装菇，同一罐中片的厚薄较均匀，片厚为3.5～5mm；碎片菇，不规则的片块。

⑥配汤：

a. 黑胡椒粒：先用筛孔2mm×2mm的筛网将黑胡椒粒振筛一遍，去除泥沙、椒梗等杂质，然后用水淘洗2遍，要特别注意去除底层的沙粒杂质，沥干水分后待用。

b. 芥菜籽：先用清水淘洗3次，捞净上层漂浮杂质后再用水淘洗，注意除净每次淘洗后的沉底杂质，且最后一次淘洗后沉底物不能使用，沥干水分备用。

c. 新鲜红辣椒：先挑选无腐烂、虫害、斑迹、机伤等的红色辣椒，去蒂后用水清洗干净。用不锈钢刀切开，去籽，然后切成5mm×5mm的块状。

d. 新鲜洋葱：先切除头部和剥去外皮，然后清洗，切成7mn×4mm的块状。

e. 莳萝：要求无霉变味，用细小的新品种干细料。

f. 调味料：将清洗好淋干的黑胡椒粒、芥菜籽、莳萝按4.3：5：1混合均匀备用。然后每瓶加入混合料2.06g。将切好的新鲜红辣椒和洋葱按1：1.5混合均匀备用，然后每瓶加入混合料7.5g。

⑦装罐：空罐清洗后经90℃以上热水消毒，沥干水分。蘑菇装入量：761#罐120～130g；7114#罐235～250g；15173#罐1850～1930g（整菇）、2050～2150g（碎菇）。装完蘑菇后加满汤汁。

⑧密封：封口时罐内中心温度80℃以上，以0.03～0.04MPa真空度抽真空封口。

⑨杀菌、冷却：蘑菇罐头杀菌宜采用高温短时杀菌。这样开罐后汤汁色较浅，菇色

较稳定，组织较好，空罐腐蚀轻。杀菌后反压降温，冷却至38℃左右。

（3）产品质量指标。蘑菇整只装呈淡黄色，片装和碎片蘑菇呈淡黄色或淡灰黄色，汤汁较清晰。有鲜蘑菇的滋味和气味，无异味，组织形态分别为：整只装菇略有弹性，大小大致均匀，菌盖形态完整，允许少量蘑菇有小裂口、小修整及薄菇，无严重畸形，同一罐内菌柄长短大致均匀；片状装，蘑菇纵切，厚度为3.5～5mm，同一罐内厚度较均匀，允许少量不规则片和碎屑；碎片装菇是不规则的碎片或块。净含量及固形物含量分别为：761#罐198g，不低于60%；7114#罐415g，不低于55%；15173#罐整装菇不低于60%，碎装菇不低于70%。氯化钠含量为0.5%～1.5%。

项目六 林野菜的制汁加工

知识目标

1. 了解野菜汁的定义及分类。
2. 掌握野菜的制汁工艺。
3. 掌握野菜汁质量判定标准。

技能目标

1. 能分析、解决野菜汁的质量问题。
2. 能设计野菜汁的加工工艺。

新鲜野菜经过挑选和清洗之后，通过压榨处理所获得的汁液称为野菜汁。用单一种类野菜制取的汁液称为野菜单汁，由多种野菜汁液混合而成的汁液称为复合野菜汁。获取野菜汁液的工艺称为野菜制汁加工。野菜汁液中含有新鲜野菜中最有价值的成分，其风味和营养十分接近新鲜野菜。野菜制汁之后，便于贮藏，运费降低，食用方便。特别是对于质地粗糙、纤维过多和直接食用性差的野菜，经制汁加工之后便可成为各种各样的美味饮料。显然，制汁加工使野菜的开发利用展现出光明的前景。

一、概述

1. 野菜汁定义

野菜汁指用新鲜或冷藏野菜（包括可食的根、茎、叶、花、果实，食用菌，食用藻类及蕨类等）为原料，经榨汁、打浆或浸提等制成的制品。

2. 野菜汁分类

（1）野菜汁。野菜汁指在用机械方法将野菜加工制得的汁液中加入食盐或白砂糖等调制而成的制品。

（2）野菜汁饮料。野菜汁饮料指在野菜汁中加入水、糖液、酸味剂等调制而成的可直接饮用的制品。含有两种或两种以上野菜汁的野菜汁饮料称为混合野菜汁饮料。

（3）发酵野菜汁饮料。发酵野菜汁饮料指在野菜或野菜汁经乳酸发酵后制成的汁液中加入水、食盐、糖液等调制而成的制品。

（4）食用菌饮料。食用菌饮料指在食用菌子实体的浸取液中加入水、糖、酸等调制而成的制品。

（5）藻类饮料。藻类饮料指将海藻或人工繁殖的藻类，经浸取、发酵或酶解后所制得的液体中加入水、糖、酸等调制而成的制品，如螺旋藻饮料等。

（6）蕨类饮料。蕨类饮料指可食用蕨类植物（如蕨的嫩叶）经制汁加工而成的制品。

二、制汁工艺

1. 工艺流程

选料→清洗→预热→破碎→酶处理→榨汁→粗滤→脱气→均质→袋罐装→密封→杀菌→冷却→混浊野菜汁。

2. 操作要点

（1）选料。采集来的野菜首先去除杂质，嫩茎及鳞茎还要去掉叶子和根部。

（2）清洗。用软水清洗，用0.5%～1.5%的盐酸溶液在常温下浸泡5～6min，再用清水冲洗。有些种类要漂洗几次才能洗净泥土。洗后沥干水分。

（3）预热。将洗净的野菜迅速升温至70℃以上。

（4）破碎。根据野菜的质地，采用破碎机或打浆机分别适度破碎之后可提高出汁率。对于质地疏松、含水率低的野菜，破碎到0.3～0.4cm；含水率高的野菜切短就行；而质地致密且细胞壁厚的野菜则需用打浆机破碎，颗粒过大过小都会影响出汁。破碎时，最好同时喷入适量的食盐和维生素C配制的溶液，以起抗氧化作用。

（5）酶处理。向野菜浆中加入果胶酶，以提高出汁率。酶作用的最佳温度是40～42℃，需要进行保温处理，酶作用时间为1～2h，果胶酶的用量为野菜汁质量的0.05%。

（6）榨汁。压榨时压力不应增加太快，逐渐加压有利于提高出汁率和缩短榨取时间。

（7）粗滤。为了使新榨出的野菜汁稳定，需要滤出悬浮物。通常分两步进行：首先粗滤，用2mm振动筛或振动筛滤机滤去粗渣；然后用0.1～0.3mm刮板过滤机或离心机过滤。

（8）脱气。用真空脱气机脱气，真空度为79.9kPa，脱气3～5min。脱气的目的是除去野菜汁中的空气，抑制褐变及维生素、色素等物质的氧化，抑制微粒上浮，减少高温短时杀菌时野菜汁起泡现象的出现，既保护了物料的营养成分，又提高了杀菌效果，减少了内容物对罐壁的腐蚀，获得具有良好外观的产品。

（9）均质。使用高压均质机均质，均质压力在100～130kPa即可，也可用胶体磨进行均质。

在澄清、均质、浓缩工序前或在进行这些工序的过程中，按照产品质量标准要求，加入野菜汁质量0.5%左右的食盐、0.8%的蔗糖。可先用少量原汁溶解，再与全部原汁混合。

（10）杀菌、冷却。野菜汁装罐前要先杀菌，常使用管式热交换器，采用高温短时杀菌法。杀菌温度在118～220℃，维持40～60s，然后立即冷却到90～95℃，装罐。密封倒置10～20min，达到完全杀菌，再迅速冷却到35℃以下。

罐装时保持2～3mm的顶隙，密封时中心温度保持在75℃以上，如果采用真空封口，汁温可稍低些。

完成上述操作后，再进行检验、贴标、入库保存即可完成全部操作过程。

三、野菜汁生产常见质量问题

1. 野菜汁的混浊沉淀与分层

（1）澄清野菜汁的混浊沉淀。主要原因是：加工过程中杀菌不彻底或杀菌后微生物再污染，由于微生物活动并产生多种代谢产物，而导致混浊沉淀；野菜汁中的悬浮颗粒以及易沉淀的物质未充分除去，在杀菌后储存期间会继续沉淀；加工用水没有达到软饮料用水标准，也会带来沉淀和混浊；金属离子与野菜汁中的有关物质发生反应产生沉淀；调配时糖或其他辅料质量差，含有一些杂质，也会导致沉淀；香精、色素等物质水溶性低或用量过大，也会从野菜汁中分离出来而沉淀。

经常采用的措施主要有以下几种：采用成熟而新鲜的原料，多酚类化合物的含量与原料的新鲜度和成熟度有关，未成熟的原料多酚类物质含量高，受到外源性损伤的原料多酚类化合物也会成倍地增加；保证生产的卫生条件，原料、设备及生产环境的卫生条件不好，可能会引起一些微生物的生长代谢，从而引起野菜汁的混浊；适量使用澄清剂；采用合理的制汁工艺；压榨时采用较为轻柔的方法，尽管这样会降低原料的出汁率，但同时也可以降低引起后混浊物质的含量，尤其是阿拉伯聚糖存在于细胞壁中，当出汁率达到一定程度（90%）时，阿拉伯聚糖会从细胞壁中溶出而进入汁液中，储存数周后会出现阿拉伯聚糖沉淀，引起后混浊。

（2）混浊野菜汁的沉淀和分层。混浊野菜汁分层是由于体系黏度低，野菜颗粒不能抵消自身的重力而下沉引起的。野菜汁中最常用的悬浮稳定剂有：羧甲基纤维素钠、藻酸丙二醇酯、黄原胶、果胶、瓜尔豆胶、琼脂，以及近年来崭露头角的结冷胶。在胶体的使用方面，一般采用复配胶比用单一胶的效果好，复配胶能够充分发挥不同胶体的协同增效作用。

2. 野菜汁营养成分的变化

野菜在加工生产过程中，其中所含的营养成分均会受到不同程度的损失。这种损失受野菜品种以及生产技术和设备水平的影响，其中较为突出的是抗坏血酸的损失。抗坏血酸在pH > 4时氧化速度开始加快，pH越高，氧化速度越快，所以在生产野菜汁时可以根据野菜汁的酸度调整pH，使之适应于抗坏血酸的稳定存在。野菜汁加工和储藏过程都应该保持在温度较低的环境下，对汁液的灭菌一般采用高温短时灭菌法。

3. 野菜汁色泽的变化

（1）叶绿素的改变。叶绿素存在于很多野菜中，野菜汁进行加热处理时，叶绿体中的蛋白变性释放出叶绿素，同时细胞中的有机酸也释放出来，促使叶绿素脱镁而成为脱镁叶绿素。同样，在野菜汁中加酸，也会使叶绿素脱镁形成脱镁叶绿素，从而使野菜汁颜色发生变化。叶绿素在常温弱碱环境中稳定，在碱液中加热则分解，分解后呈鲜绿色而且较稳定。所以在生产中，可以将清洗后的野菜在稀碱液中浸泡一段时间，使叶绿素水解为叶绿素盐等产物，使绿色更为鲜亮。

（2）金属离子引起的改变。若用铜离子或锌离子取代卟啉环中的镁离子，使叶绿素变成叶绿素盐，可以形成稳定的绿色。

（3）类胡萝卜素的改变。类胡萝卜素为脂溶性色素，比较稳定，但光敏氧化作用极易使其褪色。因此，含类胡萝卜素的野菜汁饮料必须采用避光包装储存。

（4）酶促褐变引起的变色。可以通过加入有机酸、隔绝氧气、使用抗氧化剂等方法抑制。

（5）非酶褐变引起的变色。野菜汁发生美拉德反应、抗坏血酸氧化以及产生脱镁叶绿素等会引起褐变。为了抑制或减轻非酶褐变，注意将产品低温保藏，选用非还原糖类作为甜味剂，另外避免与金属离子的接触。

项目七 其他林野菜产品加工

知识目标

1. 掌握野菜制粉加工工艺。
2. 理解速冻的概念及特点。
3. 掌握速冻的基本工艺。
4. 掌握野菜的脆片加工工艺。
5. 掌握野菜制粉、速冻、脆片加工的工艺要点。

技能目标

1. 能对野菜加工进行护色处理。
2. 能设计野菜速冻工艺。

一、野菜的制粉加工

新鲜野菜含有大量汁液和淀粉，将新鲜野菜榨汁、浓缩、干燥制成原汁干粉和将其所含淀粉进行提制的过程称为野菜制粉加工。

1. 原汁干粉

野菜粉是脱水野菜的进一步延伸产品。断奶的婴幼儿因牙齿的发育不足无法或不会吃野菜；儿童不爱吃野菜；老年人因牙齿不好或脱落，吃野菜不易；某些成年人因工作关系或其他原因对野菜食品进食量少。因此，野菜粉对这类人群具有广泛的意义。此外，野菜粉还是加工野菜面包、野菜面条、特色食品等的原料。将野菜经制汁加工工艺所获得的浓缩野菜汁采用冷冻干燥法于－55℃以下冻干或用喷雾干燥机于100～110℃条件下瞬间喷雾干燥所得制品称为原汁干粉。该产品包含野菜绝大部分水溶性营养元素，并具有其特有的野菜风味，可作各类汤料。加上体积小，运输方便，贮藏容易，居家旅游皆宜。

2. 原汁干粉加工工艺

（1）工艺流程。原料→清洗去杂→切分→漂烫→冷冻干燥→粉碎磨细→野菜粉。

（2）操作要点。

①原料：原料应选择无污染、无病虫害、无腐烂变质的新鲜野菜。

②清洗去杂：用清水洗去泥沙和杂质，割去变色、老化等部分。

③切分、漂烫：根据漂烫和干燥要求，将原料切割至合适大小，并迅速漂烫。有些野菜不需要漂烫，切分后漂洗，甩去水分即可。

④冷冻干燥：冷冻干燥是保持野菜原有色泽、风味及营养成分的最好方法。

⑤粉碎磨细：脱水后的野菜在粉碎机内粉碎，经细磨后即制成野菜粉。

3. 野菜制粉实例

（1）绿叶野菜粉。新鲜绿叶野菜需要彻底清洗掉泥沙，除去杂质，拣去腐烂、发黄、老化部分。切成3～10cm长的野菜段，投入预先配制好、温度为95℃的漂烫液中漂烫1～2min，既达到杀酶目的，又起到护色作用，使产品保持原有的绿色。冷水漂洗并使产品的温度降至室温甚至更低，然后于冷冻干燥机内干燥，粉碎至所需要的细度。

（2）复合野菜粉。将两种或两种以上的野菜粉混合，即可制成复合野菜粉。配制复合野菜粉的原则是根据各自的营养组成或保健作用进行合理搭配，如绿叶野菜粉与桔梗粉搭配，使产品的维生素构成更合理。

（3）淀粉。淀粉提取工艺原理是利用淀粉不溶于冷水和密度大于水的特性。用水将野菜原料中的淀粉洗出、过筛、去渣，然后将所得的淀粉乳置于缸或池中沉淀，除去上层的水和杂物，沉于底层的即为粗制淀粉。若要精制，可再将清水加入淀粉缸或池中，搅拌成淀粉乳，再次沉淀，排去上层水，重复2～3次，便可除去粗淀粉中的部分水溶性杂质，提高淀粉的质量。

将湿淀粉脱水并使之干燥即得成品。也可用布袋脱水及日光晒干的土法加工。若采用现代设备和先进工艺，可获得高质量的淀粉。

①工艺流程：如图3-1所示。

残渣

选料除杂→润料→粉碎→筛浆过滤→反复水洗→沉淀→干燥→包装

图3-1　淀粉加工的工艺流程

②操作要点：选择富含淀粉的野菜，去除杂物。如果是原料干品，则要用水润透；如果为鲜品，则不需要此工艺。用石碾、石磨或粉碎机进行粉碎，使之成细粉。用60～120目的筛进行筛浆过滤，除去残渣。用清水漂洗，重复多次。同时进行脱色，除去水溶性杂质，色白者可免此工艺。漂洗完毕，除去上清液，留取沉淀物。用日晒或烘烤的方法进行干燥，除去沉淀物的水分。将干燥的淀粉再经粉碎机粉碎，使之成细粉。将粉碎的淀粉进行包装，入库贮存。

二、野菜的速冻加工

速冻食品以其食用方便、营养合理、卫生质优而得到广泛推广。目前，为了保持天然营养成分，不少野菜品种被加工成速冻食品，如蕨菜、刺嫩芽等。

速冻是将原料置于－40～－30℃的低温下快速冻结的一种食品冷冻方法。冻结后的食品，中心温度达－18℃。由于在短时间内冻结，细胞间隙和细胞内含有的水分同时迅速结冰，冻结所产生的膨胀压对细胞结构的损伤小，解冻后汁液的流失也少，所以能够较好地保持食品原有的风味和营养成分，并具有方便、卫生和供应期不受季节限制的优点。以蕨菜为例说明野菜的速冻加工过程。

1. 概述

（1）速冻的概念。所谓速冻，是指使食品尽快通过其最大冰晶生成区，并使平均温度尽快达到－18℃而迅速冻结的方法。这一概念从两方面保证了速冻食品的优良品质：首先，尽快越过最大冰晶生成区意味着大部分的可结冰水分会很快成为冰晶体，因此水分在食品内没有什么迁移的机会，且形成的晶体小而均匀；其次，使食品的平均温度迅速达到－18℃，也意味着食品在短时间内能整体冻结，即使在少量未结冻水分存在的情况下，冻藏期间也不会发生缓慢冻结的效应。大多数食品在温度降到－1℃时开始冻结，并在－4～－1℃大部分水成为冰晶，即最大冰晶生成区在－4～－1℃，快速冻结要求此阶段的冻结时间尽量缩短，以最快速度排除这部分冰晶生成所产生的热量。

（2）速冻的特点。理想的速冻食品应满足以下几个条件。

①冻结要在－30～－18℃下进行，并应在20min内完成。温度迅速降低到微生物生长活动温度之下，有利于抑制微生物的活动和酶促生化反应。

②冻结后食品的中心温度要达到－18℃以下。

③速冻食品内水分形成无数针状小冰晶，其直径应小于100μm。避免在细胞间隙生成较大颗粒的冰晶体。

④冰晶分布与原料中液态水分布相近，不损伤细胞组织结构。

⑤当食品解冻时，冰晶融化的水分能迅速重新被细胞吸收，不会产生汁液流失现象。

显然，满足上述条件的速冻食品能最大限度地保持其原有的色泽、风味、鲜度和营养。

2. 基本工艺

生产优质的速冻野菜，一定要严格遵守速冻野菜的加工工艺，如原料收获后，向工厂运输、水洗、挑选、除去次要部分、漂烫、冻结和包装等条件和加工技术对速冻野菜制品的初期品质均有影响。而等到销售时，除了以上因素对品质有影响外，冷藏、送货、出售等环节中制品温度条件的影响也很大。

（1）工艺流程。原料选择→原料处理→洗净→热烫→冷却及沥水→精选→排盘→冻结→挂冰衣→包装→冷藏。

（2）操作要点。

①原料选择：用于速冻的野菜必须是采收后不久的新鲜产品，应选择成熟度适当、无萎蔫、无腐烂的植株。

②原料处理：将野菜摆齐，切去根部，并根据植株的大小分成不同等级，以便使冻结产品质量一致。

③洗净：将野菜投入流水中充分冲洗，去除杂质。

④热烫：将野菜根、梢对齐，排装在竹筐中，置于100℃沸水中烫40～50s。热烫时，应先将叶柄部浸入沸水中，然后将叶片部浸入，以防叶片变软。热烫时，在水中加入一定量的食盐（氯化钠）或氯化钙、柠檬酸、维生素可以防止野菜氧化变色。如果加工绿色食品，请注意药剂的种类。

⑤冷却及沥水：热烫后，迅速将原料用35℃的冷水浸漂、喷淋，或用冷风机冷凉到5℃以下，以减少热效应对野菜品质和营养的破坏。如果不及时冷却或冷却的温度不够低，会使叶绿素受到破坏，野菜失去鲜绿光泽。所以在冷却过程中应经常检测冷却池中的水温，随时加冰降低水温。冷却以后的原料在冻结以前，还需要采用振荡机或离心机等设备，沥去留在原料表面的水分，以免在冻结过程中原料间互相粘连或粘连在冻结设备上。

⑥精选：将冷却后的原料分批倒在不锈钢板上或搪瓷盘中，逐个检查，剔除不合格的原料及杂质。

⑦排盘：为使原料快速冻结，通常采用盘装。将沥干水分的原料平放在长方形小冰铁盘中，每盘装0.5kg，共放两层，各层的根部分别排在盘的两侧。排盘时，先取一半菜根部朝向一侧，整齐地平铺在小冰铁盘里，超出盘的叶部折回；然后将另一半菜的根部朝向盘的另一侧，按照同样方法再排一层，便成为整齐的长方形。

⑧冻结：野菜新鲜品质的保存，很大程度上取决于冷冻的速度。冷冻的速度越快，野菜新鲜品质的保存程度越高。经过上述一系列工艺操作的原料，应立即送入冷冻机中，在－40～－30℃的低温下冻结。要求在30min内，原料的中心温度达到－18～－15℃。

⑨挂冰衣：速冻菜从冰铁盘中脱离（称脱盘）以后，置于竹篮中，再将竹筐浸入温度为2～5℃的冷水中，经2～3s提出竹筐，则冻菜的表面水分很快形成一层透明的薄冰。这样可以防止冻品氧化变色，减少质量损失，延长贮藏期。挂冰衣应在不高于5℃的冷藏室中进行。

⑩包装：包装的工序包括称重、装袋、封口和装箱，均须在5℃以下的冷藏室中进行。每个塑料袋装0.5kg，用瓦楞纸箱装箱，每箱装10吨。装箱完毕后，粘贴封口胶带纸，标上品名、质量及生产日期，运至冷藏库里贮藏。

⑪冷藏：冷藏库内的温度应保持在－21～－18℃，温度的波动幅度为±1℃；空气相

对湿度保持在95%～100%，波幅不超过5%。冻品中心温度要在－15℃以下。一般安全贮藏期为12～18个月。运输和销售期间也应尽量控制稳定的低温，如果温度大幅度变动，冻品反复解冻和冻结，将严重影响产品质量，从而丧失速冻的作用。速冻菜在食用前一般需要解冻或部分解冻，使冰晶融解，恢复新鲜状态后再烹调。解冻的过程要快，可放在电冰箱的冷藏柜内（0～5℃）或冷水中、室温下解冻，一经解冻应立即烹调，不要解冻后长时间搁置，更不要在解冻后再行冻结贮藏。

三、野菜的脆片加工

脆片是一种新型食品，脆片工艺是目前世界上较为流行的果蔬深加工方法。由于在加工工艺上实现了突破，又采用了冷冻、低温干燥等方法，使其加工品具有以下优点。

①保持了野菜特有的颜色、味道和营养成分。

②外观诱人，口感酥脆。

③不添加任何人工合成物。

④兼具野菜和饼干的双重功能，既可干食，又可恢复成野菜用于烹调。

⑤可以解决野菜在旺季和淡季的供需矛盾。

野菜脆片是以野菜为主要原料，通过真空浸糖、速冻、真空油炸、真空脱油等先进技术加工而成的纯天然食品。既保留了新鲜野菜的营养成分、风味和天然色泽，又有低糖、低钠、低脂肪、低热量等特点，口感酥脆，风味宜人，而且便于保存和携带。该产品还具有优良的复水性能，复水后如同新鲜的野菜一般，方便卫生，是一种优良的保健、旅游食品，深受妇女、儿童、老人以及边防、航海、野外作业人员的喜爱，展示出良好的社会经济效益。

1. 工艺流程

原料选择→清洗→切片→杀青→真空处理→速冻→真空油炸→真空脱油→分选→包装。

2. 操作要点

（1）原料选择。产品加工原料的质量对产品质量影响较大，因此应注意原料的筛选，首先选用无腐烂、无虫害、肥厚健壮、成熟度适宜的野菜。

（2）清洗。用清水洗净泥沙及杂物，或在流水线上采用水循环式洗菜机，将经过挑选的野菜一边直接冲洗其表面的泥土等，一边随水流漂洗送入输送带，在输送带上经喷淋冲洗后，将野菜直接送入切片机。

（3）切片。手工切片或切段，之后在沸水中烫2～3min。或采用旋转刀盘式切片机，调好切片厚度，原料进入切片机后，切成2～3mm的薄片。

（4）杀青。将切片直接落入杀青生产线。杀青生产线采用三台带式输送机串联而成，每台输送机都采用无级变速器带动，因此可根据各类野菜工艺要求调整转速，以适应杀青时间的不同。水直接由加热器加热，控制直接加热器进气量和进水量即可达到调整水温的目的。完成杀青后，直接送入下道工序进行真空调理，最大限度地减少原料与空气接触氧化，避免发生褐变。

（5）真空处理。将切分好的野菜片投入糖液中浸渍。糖液通常采用15%的白糖、2.5%的食盐及少量的味精混合而成，液温60℃，浸渍时间1 ~ 2h。在流水线上，将野菜片（或段）通过不锈钢筐由吊车送入浸糖锅（夹层锅），由蒸汽加热，真空泵工作，锅内真空度保持在0.085 ~ 0.09MPa。通过温度控制器和时间继电器，定温定时控制浸糖调理的温度和时间，以确保产品质量。

（6）真空油炸。将经过浸糖调理后速冻了的野菜片放入真空油炸机中进行真空油炸。真空度不能低于0.08MPa，油温控制在80 ~ 85℃。油炸时间与野菜片的品种质地，以及油炸温度、真空度有关，具体可通过真空油炸机的观察孔看到野菜片上的泡沫几乎全部消失时，说明油炸完成。

（7）真空脱油。有的真空油炸机具有油炸、脱油双功能，不具备脱油功能的则需要用离心机除去野菜片中多余的油分。将脱油后的野菜片迅速冷却至40 ~ 50℃，并尽快送入包装间进行包装。

（8）分选、包装。按片形大小、饱满程度及色泽分选和修理，经检验合格，在干燥的包装间里按一定质量采用真空充气包装，通常采用充氮包装，以便延长产品的保存期，保证产品色、香、味。

模块三 林野菜加工

实训内容

实训一 梅干菜的加工

1. 产品特色

梅菜又称洞菜和河背菜，梅干菜是将梅菜腌制晒干等加工而成的，以广东惠州所产梅菜制品最为著名。此品色泽金黄、口感脆嫩、味鲜咸香，主要销往美国，深受海内外人士欢迎。

2. 工艺流程

选料→预晒→切分→再晒→腌制→转池→晾晒→包装→成品。

3. 操作要点

（1）选料。梅菜为芥菜的一个变种，其中以肉厚味香、成品得率高、品质好的矮脚品种为佳。

（2）预晒。一般在春节前采收，采前3～5天开始制水，于早晨采割，除去根须和老黄、烂叶，排于畦面晾晒；第二天翻转再晒，使水分蒸发约25%。

（3）切分、再晒。将预晒后的菜对半切开（或去叶留心，分别加工）再晒，使水分再减20%。

（4）腌制。将再晒后的梅菜入池腌制，先在池底撒上一层薄盐，然后排菜。菜的剖面向上，上一排菜头压着下一排菜叶，一层菜一层盐，按菜重18%～20%用盐，均匀撒布，排1～2层菜后轻轻压实，以利排除菜间空气，最上一层菜剖面向下，用较多的盐盖面，压实后铺上竹帘，再压上重石，以利盐渍。

（5）转池。腌制2～3天后，菜层便会下陷，此时将菜捞起放在竹筐内沥去卤水，按顺序逐层转入另一池中，仍按上述方法分层排菜，不必加盐；待全部转完后，将原池中的盐水全部注入新池，重新盖压重石，再腌制1天，第二天掀开重石和盖物，再压菜1次，以菜被盐水淹没为度。再腌1天。

（6）晾晒。当菜由鲜绿色变为暗绿色或黄绿色时，即可起池晾晒。晾晒时将菜叶排散，每天日落前收菜，用塑料膜盖菜堆，以促黄熟。如此晾晒3天，停晒2天，让菜身回潮，之后再晾1～2天，即可包装。

（7）包装。用PE袋防潮分装，每袋为250g或500g，再用纸箱外包装。置于阴凉干燥通风处贮藏，贮藏期可达3～4个月。如需贮藏较久，则在第三次晾晒时多晒几天，以减少水分含量。也可用PA/PE复合袋抽真空包装。

4. 产品质量指标

（1）感官指标。成品色泽金黄，菜身爽嫩，无霉点，干湿适度，手捏有沙沙响声，但不至握碎，口感脆嫩，味鲜咸香甜。

（2）理化指标。含水率42%～45%，含盐量12%～14%，铵态氮含量0.15%～0.16%。

实训二　黑木耳软糖的加工

1. 产品特色

黑木耳营养丰富，并含有多糖物质，具有益气不饥、轻身强体、润肺补脑、活血化瘀、降压治痔及防癌等保健功能。

2. 原料配方

黑木耳细粉200g，砂糖500g。

3. 操作要点

（1）将砂糖放入锅中，加水少许，用小火煮至较稠时，加入黑木耳细粉，搅匀，停火。

（2）趁热将糖液倒入表面涂过香油的大搪瓷盘中，稍冷后将糖压平，用利刀将其切成小块。

（3）用玻璃纸分块包装，再用塑料袋（盒）包装，即可上市。

实训三　香菇笋豆的加工

1. 产品特色

香菇含有香菇多糖，可防癌抗癌；大豆含有丰富的蛋白质及脂肪，可健脾、利水、润燥；竹笋含有粗纤维，可降压、降脂、减肥。因此，香菇笋豆具有很好的保健功能。

2. 原料配方

鲜香菇柄1000g，大豆1000g，鲜竹笋100g，酱油、盐、糖各适量。

3. 操作要点

（1）将香菇柄洗净，切成长3cm、厚1 ~ 1.5cm的条；竹笋去壳洗净，切成与香菇柄同样的条。

（2）将上述两料一起入锅，加酱油、盐、糖和适量水（水浸没菇、笋），用中火煮熟后捞起晾干或晒干。

（3）将大豆洗净入煮菇笋水中，用小火焖煮，再用旺火收干汤汁。

（4）将煮好的菇笋和大豆混合，晒干或烘干，用食品袋分装即成。

4. 产品质量指标

香脆可口，咸甜适宜。

实训四 茯苓饼的加工

1. 产品特色

茯苓饼是北京的特色小食品，因外观洁白酷似中药中的茯苓片而得名。其产品因配有桃仁、松仁、桂花、蜂蜜等，营养和风味独具一格。

2. 原料配方

（1）皮料。老干淀粉（高质淀粉）5kg，富强粉1.25kg，茯苓粉适量。

（2）馅料。核桃仁10kg，松仁9kg，桂花1.25kg，白糖19kg，蜂蜜9kg。

3. 工艺流程

茯苓饼的加工工艺流程如图3-2所示。

淀粉、面粉→茯苓粉调糊→烤皮
馅料→配料→和馅
→夹馅→包装→成品

图3-2　茯苓饼的加工工艺流程

4. 操作要点

（1）和馅。先用蜂蜜调白糖，搅拌均匀后，将核桃仁、松仁（事先剁碎至大米粒状）连同桂花一起加入，调至黏稠适宜作饼馅备用。

（2）烤皮。先将淀粉、富强粉和茯苓粉调和成稀糊，再将特制的圆形烤模放在火上烤热，然后在烤模的模板内壁薄薄地刷上一层熟素油，在内模板上倒入一小匙淀粉稀糊。将烤模在火上稍烤一下，取出后，用剪刀除去毛边再上火烤一下成饼皮。烤好的皮很薄，其厚度靠模的深浅来调节。

（3）夹馅。将调配好的馅平铺在一张饼皮上，铺馅时不要将整个饼皮铺满，铺到饼皮直径的3/5处即可，再另取一张饼皮压在馅上，便为成品。保管时注意防潮变软。

5. 产品质量指标

（1）外形。两薄层皮夹馅呈圆饼状，边缘齐全，厚薄一致。

（2）色泽。白色，有烤印的花纹。

（3）组织。摊馅均匀，并离饼皮边缘有一定距离，不露馅。

（4）滋味。甜香酥软，鲜美可口。

模块四

木本油料加工

项目一 木本油料的加工基础

知识目标

1. 了解木本油料植物资源情况。
2. 了解油脂的用途。
3. 掌握油脂的生理功能。
4. 了解木本油料加工的市场前景。

技能目标

1. 能识别油料植物。
2. 能进行油脂的质量分析。

木本油料产业是我国的传统产业，也是健康优质食用植物油的重要来源。近年来，我国食用植物油消费量持续增长，需求缺口不断扩大，食用植物油的安全问题日益突出。

我国木本油料树种资源十分丰富，种子含油率在40%以上的有150多种。有油茶、核桃等传统食用油料树种和油用牡丹、长柄扁桃、光皮梾木、元宝枫、翅果、杜仲、盐肤木等新型食用油料树种，不仅可广泛栽培，而且产量高，具有广阔的发展前景。目前，我国还有4000多万公顷宜林荒山荒地，420多万公顷坡耕地和大量的盐碱地、沙荒地等，利用这些土地大力发展木本油料，既不与粮争地，又能有效增加国内食用植物油供给，减少进口，对维护国家粮油安全具有重要意义。

目前，在开发新的油源、油料植物化学分析和种类的筛选等方面已经取得了一定的成绩。近年来，广西植物研究所先后对160种植物的油脂成分做了分析。此外，各省也积极综合利用野生油用资源。云南省保山地区不仅重视香果油的利用，而且还抓好香果林的垦复管理工作；辽宁生产的野生榛子作为出口物资，每年有上千吨外销。由此可见，发展木本油料资源的前景是可观的。为了充分利用我国丰富的农林资源，特别是一些含油较高、经济价值大的种类，应切实贯彻保护和利用相结合的原则，积极开展引种驯化和选种研究，变野生种为栽培种，为人类生活和工业生产提供原料。

一、木本油料概述

我国野生油料植物资源非常丰富，据统计，我国油料植物有800多种，它们分属于近100个科，其中尤以樟科、大戟科、芸香科、豆科、蔷薇科、菊科、山茶科、忍冬科、卫矛科、十字花科等植物种类最多，油脂含量也丰富。这些植物都可作为工业原料，而且一部分可食用。有些农林产品种类的含油量不低于栽培油料作物，有的大大超过一般油料作物，如广西的铁力木、东北的榛子、亚热带的樟树等60多种，其含油率达50%～60%。含油率在20%以上的有300多种，如播娘蒿、无患子、梧桐等。而栽培的油料作物，如花生含油率仅40%～50%，芝麻仅45%～55%，大豆仅16%～25%。

油脂是人类食物中的主要营养物质之一。它不仅供给人们热量和脂溶性维生素，而且在人体中参与合成肾上腺皮质激素，使人们能抵抗外来的刺激和病菌的感染。人们如长期缺乏油脂食物，将引起严重的机能混乱并丧失劳动能力。因此，油脂对保证人们的身体健康有着重要的意义。

功能性油脂是指一类具有特殊生理功能的油脂，是为人类营养所需要，并对人体的健康有促进作用的一大类脂溶性物质。许多农林油脂被列入功能性油脂，如茶油、橄榄油、山核桃油、沙棘油、枸杞籽油、葡萄籽油、猕猴桃籽油等，这些新开发的食用油脂正在逐渐进入市场。

二、油脂的其他用途

油脂除食用外，在工业上也有极其广泛的用途，如制造肥皂、供照明、制润滑油和涂料等。油脂经过加水分解得到的脂肪酸和甘油是工业上很重要的化工原料。

（1）硬脂酸。用途：在日用化工中用来制造化妆品；橡胶工业中用来促进硫化，使橡胶软化和防止老化；文教用品工业中用来生产蜡笔、复写纸；纺织印染工业中用作润滑打光剂；皮革工业中用作上光剂和保革油；电镀工业中常用硬脂酸来制造抛光膏；食品工业中用作糖果、饼干的乳油剂；化学工业中广泛地用以制造铝、镁、锂、钙、铁、锶等的硬脂酸盐以及丁酯、白油脂等硬脂酸类。硬脂酸是塑料工业、制药工业的重要原料。

（2）油酸。用途也很广，如复写纸、蜡纸、圆珠笔油、润滑油、合成洗涤剂、乳化剂、防水剂、防腐剂、洗毛剂、皮革渗透剂、金属切割油等均须油酸作原料。

（3）甘油。用途更大，硝酸甘油是著名的无烟火药，在国防工业及采矿工业中均很重要。此外，在食品、医药、化妆品、纺织、皮革、造纸、金属加工、油漆、油墨等工业中，也都需要大量的甘油。

油脂工业的副产品饼粕是优良的饲料和肥料，油料的种壳还可以综合利用等。随着社会的发展，油脂生产在国民经济中所占的地位也将逐步提高。木本油脂植物较多，当前越来越受到关注，如橄榄油、核桃油等。

三、油脂的生理功能

油脂在人们生活和经济发展中具有重要地位。天然油脂通常是由许多脂质组成的复杂混合物。营养学上将脂肪与糖类、蛋白质并列为人体必需的三大基本营养成分。在物态上，油脂是液态的油、固态的脂和半固态的软脂或白脂的合称。

人们很早就认识到油脂与人类的生存和发展密切相关。人体若长期缺乏油脂会导致严重的机能混乱。随着文明进步和社会发展，人们发现了油脂的种类与摄入量及其伴随物（维生素E、磷脂以及植物甾醇等）在健康中的作用与影响。作为三大基本营养成分之一，油脂具有许多生理功能。

1. 贮存与释放能量

油脂是食品组分中更为浓缩的能源，以同样质量贮存的脂肪而产生的能量相当于同样质量的糖类或蛋白质的2.25倍。研究表明，身体最直接的能量来源于三羧酸循环中被脂肪酶从甘油三酯释放出来的游离脂肪酸。人体细胞除红细胞和某些中枢神经系统细胞外，均能利用脂肪酸作为能源。人体空腹时，体内所需能量的59%来自体脂，禁食情况下能量的85%由体脂提供。现代饮食观发展使人们过分顾忌过多脂肪的摄入，但过低的脂肪摄入会影响人体的健康。因此，世界卫生组织建议每日摄取的脂肪热量应不低于总热量的15%。脂肪的这一功能使其成为重体力劳动者、灾民以及非常规野外作业人员等的食物供应中优先考虑的营养元素。能量作为影响婴幼儿和青少年生长发育的首要因素，脂肪的供给量也显得尤为重要。

2. 提供必需的脂肪酸

亚油酸和α-亚麻酸是人体不能合成的必需脂肪酸，只能从食物中获得。人体必需脂肪酸参与合成并以磷脂形式作为线粒体和细胞膜的重要成分，促进胆固醇和类脂质的代谢，合成前列腺素前体，有利于动物精子的形成，保护皮肤以避免由X射线引起的损害等。研究证明，油脂中的α-亚麻酸和它的长链衍生物DHA（二十二碳六烯酸）对人体特别是在幼年时期是必不可少的。在怀孕期的最后3个月和出生后的最初3个月中，DHA和花生四烯酸会快速沉积在婴儿的脑膜上，在完全发育的大脑和视网膜上含有高含量的DHA。

3. 作为机体的成分

饮食中脂肪、糖类和蛋白质均能转变成体脂，体脂过多使人肥胖，导致心理和生理上的负担，并与高血压、冠心病、糖尿病等直接相关。许多研究者认为，高脂肪膳食促进肥胖及其并发症。但是，摄入脂肪过多在肥胖原因中起的作用仍未确定。体脂起着支撑和保护器官、减缓冲击与震动、调节体温、保持水分等作用，并有助于其他脂质在细胞内的运输。其中磷脂还是细胞膜结构的重要组成部分。

4. 平衡膳食

油脂与健康已经成为当代人们关注的热点。近几年，许多研究表明，摄入脂肪的种类对血清胆固醇水平有显著影响。含饱和脂肪酸和胆固醇较多的猪油明显增加血清胆固醇。除了考虑膳食中脂肪摄入提供的能量比例，还要考虑饱和脂肪酸、单不饱和脂肪酸和多不饱和脂肪酸在膳食中的配比。我国多数学者认为，膳食摄入的脂肪酸应以饱和脂肪酸相对少一些的植物油为主，占脂肪总摄入量的50% ~ 60%。饱和脂肪酸、单不饱和脂肪酸和多不饱和脂肪酸的合理比例为1∶1∶1；日本为3∶4∶3；美国现行饮食指导饱和脂肪酸、单不饱和脂肪酸和多不饱和脂肪酸提供能量的百分比分别为9%、10%和8%；荷兰认为其供能量的百分比分别4%、4%和2%。

项目二 油茶籽油的加工

知识目标

1. 了解油茶籽油的分类及组成。
2. 了解油茶籽油的营养价值和经济价值。
3. 掌握油茶籽油的加工工艺。
4. 掌握油茶籽粕蛋白的加工工艺。

技能目标

1. 能鉴定油脂质量。
2. 能分析浸出法制油的操作要点。

油茶籽油又名山茶油，是纯天然高级木本食用油。油茶树生长在丘峦重叠、生态环境极好、没有污染的亚热带湿润气候区，整个生长过程无须化肥、农药等辅助手段。油茶果生长期从开花到成熟，历经四季之雨露风霜，尽吸天然养分、日月精华，营养价值极高。采摘时已是茶花盛开，花果同树，堪称人间奇果。由它所得食用油，品质优良，天然健康，乃油中之珍品，是《中国食物与营养发展纲要》中大力提倡、推广的食用植物油，也是联合国粮食及农业组织首推的卫生保健植物食用油。

一、油茶籽油概述

油茶，别名茶子树、茶油树、白花茶、建茶，为茶科山茶属的木本油料植物，是多年生木本作物，因成熟期不同，分为霜降果子和寒露果子，品种多达100种以上，主要分布在我国，其他国家如印度、越南、印度尼西亚、马来西亚等也有。我国以湖南产量最多，江西、湖北、广西、浙江等多地都有油茶生产。

1. 油茶籽油分类

按照《油茶籽油》（GB/T 11765—2018）中的规定，油茶籽油可分为油茶籽原油（毛油）、压榨成品油茶籽油和浸出成品油茶籽油三类。油茶籽原油（毛油）是一种未经任何加工的、不能直接供人类食用的油茶籽油。成品油茶籽油是经精炼（加工），符合成品油质量指标和卫生要求的直接供人类食用的油茶籽油。压榨成品油茶籽油是油茶籽经直接压榨制取的油；浸出成品油茶籽油是油茶籽经浸出工艺制取的油。

2. 油茶果的组成

油茶果是油茶树的果籽。成熟的油茶果为卵圆形，表面生有长绒毛，它由油茶蒲（或称茶包）和油茶籽构成，而油茶籽又由茶籽壳及茶籽仁组成。油茶果和油茶籽的组成见表4-1，油茶蒲的组成见表4-2，茶籽壳的组成见表4-3，茶籽仁的组成见表4-4。

表4-1 油茶果和油茶籽的组成

组成	油茶果		油茶籽	
	油茶蒲	油茶籽	茶籽壳	茶籽仁
含量/%	60～61	38～40	30～34	66～72

表4-2 油茶蒲的组成

成分	含量/%	成分	含量/%
水分	9.16～10.99	咖啡因	0.20～0.22
油分	0.37～0.39	鞣质	9.20～9.23
灰分	3.50～3.66	皂素	8.50～8.73
多缩戊糖	27.56～28.38	木质素	41.50～44.36

注：多缩戊糖经水解后可转化为糠醛，油茶蒲含多缩戊糖28.38%，则理论含糠醛量为18.19%。

表4-3 茶籽壳的组成

成分	含量/%	成分	含量/%
水分	11.80～12.77	鞣质	2.40～2.47
油分	0.10～0.13	皂素	5.10～5.43
灰分	0.40～0.43	木质素	51.50～52.15
多缩戊糖	30.10～30.27	—	—

注：茶籽壳理论上含糠醛量为16.37%。

表4-4 茶籽仁的组成

成分	含量/%	成分	含量/%
水分	8.65～10.14	皂素	8.10～8.65
油分	43.56～44.24	鞣质	0.50～0.57
蛋白质	8.66～9.38	灰分	2.39～2.59
粗纤维	3.26～4.91	无氮抽提物	23.80～24.63

3. 油茶籽油的营养价值和经济价值

（1）营养价值。油茶籽油与世界公认的具有“液体黄金”美誉的橄榄油在脂肪酸组成方面极其相似，如表4-5所示。从表中可以得出油茶籽油和橄榄油中对人体有益的不饱和脂肪酸含量都比较高，尤其是油酸（$C_{18:1}$）含量高达80%左右。所以油茶籽油不仅具有“东方橄榄油”的美称，同时也被联合国粮食及农业组织大力推荐为健康食用油。

表4-5 油茶籽油和橄榄油的脂肪酸组成含量比较 单位：%

油种	脂肪酸组成含量						
	棕榈酸（$C_{16:0}$）	硬脂酸（$C_{18:0}$）	油酸（$C_{18:1}$）	亚油酸（$C_{18:2}$）	亚麻酸（$C_{18:3}$）	花生酸（$C_{20:0}$）	花生烯酸（$C_{20:1}$）
油茶籽油	3.9～9.1	1～4.6	74～87	7～14	0.4～1.7	0～0.09	0.21～0.66
橄榄油	7.5～10	0.5～5	70～83	3.5～21	0.3～1.1	0～0.6	0～0.4

油茶籽油营养价值比较高，含有丰富的功能性营养成分，油茶籽油和橄榄油的功能营养成分见表4-6。对比橄榄油的功能营养成分，油茶籽油具有优良的功能品质，在国内是一种营养价值高、对人体健康有益的食用植物油。

表4-6 油茶籽油和橄榄油的功能营养成分

油种	功能营养成分
油茶籽油	油酸、亚油酸、亚麻酸、植物甾醇、维生素D、维生素K、维生素E、类胡萝卜素、茶多酚、山茶苷、角鲨烯等
橄榄油	油酸、亚油酸、亚麻酸、维生素A、维生素B、维生素C、维生素D、维生素E、维生素K、类胡萝卜素、脂肪醇、角鲨烯、多酚和甾醇以及各种矿物元素（钙、磷、铁、钾、硒等）

（2）经济价值。油茶籽是我国南方的重要经济作物之一，主要用于以下几方面。

①供榨油：油茶籽仁中油脂含量约45%，且油中不饱和脂肪酸达90%，因此广泛用于制油。

②作饲料：榨油后饼粕的营养价值较高，其与几种饲料营养价值对照见表4-7。从表中看出，它的能量很高，适合于用作饲料，但油茶籽饼粕中有一种有害物质，即溶血性的皂苷，它不被动物吸收，且有苦味和辛辣味，故作饲料前要进行脱毒处理。

表4-7　油茶籽与几种饲料营养价值对照

饲料名称	干物质含量/%	能量/（kJ/kg）	消化能（猪）/（kJ/kg）	代谢能（鸡）/（kJ/kg）	粗蛋白含量/%	可消化蛋白含量/（g/kg）	粗纤维含量/%
油茶籽	89.9	19628	6509	6258	12.4	58.5	20.3
荞麦	87.9	15961	12307	11026	12.5	84.0	12.3
燕麦	89.4	16857	11855	10603	12.5	93.0	9.8
蚕豆	83.3	16907	12621	9975	15.2	189.0	6.8
米糠	89.0	18105	13471	11386	12.2	90.0	8.5
统糠	89.0	11788	3127	—	6.3	2.0	29.5

③综合利用：油茶蒲和茶籽壳中都含有较多的多缩戊糖，因此可以提取糠醛；油茶蒲、茶籽壳、茶籽仁中都含有较多的皂素，可用于制取皂苷；茶籽壳中木质素含量高，也可以提取。

④其他利用：油茶蒲、茶籽壳在许多地方作为燃料。油茶籽饼粕除饲用外，还可用于农田肥料。

⑤油茶籽油的用途：除食用外，由于油茶籽油含大量油酸，在医学上用来辅治高血压、肥胖病。由于它的碘值很低，比其他液体油脂具有更加稳定的特点，可用于食品工业，以提高食品的营养价值和风味。用油茶籽油来煎炸食品，比用其他食用油有更佳的效果，颜色鲜黄，香酥可口。

二、油茶籽和油茶籽油的贮藏

1. 油茶籽和油茶籽油的贮藏特点

（1）油茶籽的贮藏特点。油茶籽贮藏与橄榄油贮藏有许多共同之处，影响油茶籽安全贮藏的因素也与橄榄油贮藏基本相同，主要有水分、温度、相对湿度、害虫、微生物等。几乎所有保证安全储藏的技术措施都适合油茶籽的贮藏。与油脂储藏研究相比，专门研究油料储藏技术的研究少得多。

（2）油茶籽油的贮藏特点。油茶籽油在贮藏中遇到的主要问题是油脂的酸败。酸败的油脂不仅滋味和气味发酸、发苦，而且色泽和透明度也有一些改变。酸败的实质就是油脂中不饱和脂肪酸与氧气作用，形成过氧化物或环氧化物中间产物，再进一步氧化成低分子的醛类或酮类化合物，再氧化成低分子脂肪酸的过程。影响及促进油脂酸败的因素主要有空气、光照、温度、水分、杂质、重金属离子及微生物等。

2. 油茶籽和油茶籽油的贮藏措施

（1）油茶籽的贮藏措施。

①由于包装材料对油茶籽的贮藏稳定性有很大影响，因此在选择包装材料时，要重点考虑气密性较好的包装材料。

②油茶籽的外种皮携带了较多的霉菌，不利于种子在较高温度与较大湿度的条件下贮藏，因此油茶籽应该尽量在15℃以下贮藏，而且应保持干燥。

③从去壳未破损的油茶籽中提取出来的油茶籽油的酸值与过氧化值均与未剥壳贮藏的油茶籽之间无显著性差异，而且霉变籽粒率还低于未去壳储藏的油茶籽，特别是真空贮藏的油茶籽霉变籽粒率更低。因此，可以考虑采用剥壳真空贮藏的方式来贮藏油茶籽，不仅贮藏效果好，而且由于油茶籽仁容积占油茶籽容积的45%～55%，去壳储藏可以大大减少贮藏仓库的容积。

（2）油茶籽油的贮藏措施。改善贮藏条件主要包括降低贮藏环境温度、隔绝空气、避光、对油脂进行精炼处理降低油脂中的水分和杂质含量，减少油脂中微生物的含量并破坏微生物生长繁殖的必要条件。

①隔绝空气、气调与除氧剂应用研究：油脂受空气中的氧气氧化是影响贮藏稳定性的主要因素。近20年来，国内外油脂气调贮藏技术研究主要集中在充氮气贮油、充二氧化碳贮油、真空贮油和除氧剂应用等方面。这些技术的共同点是降低贮油容器内的氧分压，阻止或降低空气对油脂的自动氧化作用。

②控温与避光：温度是影响化学反应速率的一个重要因素。对油脂来说温度每上升12～15℃，氧化速率加快约1倍。在同等条件下，贮存温度越高，油脂品质劣变越快。避光与控制贮油环境的温度有一定的联系。尽管长期以来，人们已认识到光线对油脂劣变的影响是由于植物油中有许多光敏感因子（如叶绿素致敏因子），但是由于贮藏油脂的罐体基本上都是不透明的，自然具备了避光的特性，因此避光的主要目的就是防止阳光照射引起油罐和油温升高而促进氧化酸败。

③防止金属离子污染：一些金属如铜、铁、镍、钴、钡、锰、钛等对油脂氧化具有催化作用。金属催化的本质是自由基反应。过渡金属因其价态发生变化及其无处不在的特点，在脂类的催化氧化反应中发挥着极其重要的作用。研究表明，三价铁是很强的自由基诱发剂，重金属对油脂变质的效应为铁>锰>铜>钴>铅>镍；光氧化、脂酶氧化和金属催化氧化是启动油脂自动氧化的三个主要因素；柠檬酸对金属离子有螯合能力，可起一定的抗氧化作用。同时，对油罐进行必要的处理，使贮藏的油脂与金属罐体隔离，可以有效避免金属催化氧化的发生。

④防止微生物的污染：油脂酸败通常是由生物因素和非生物因素引起的，人们对非生物因素的研究较多，对生物（主要是微生物）作用引起油脂酸败的研究很少。微生物的脂解作用是导致油脂酸败的又一重要原因，而油脂中的水分、含菌量和贮藏温度等因素是影响这种作用的重要条件，决定着油脂的酸败程度。所以，防止和减少油脂的微生物污染，降低油脂水分和贮藏温度是抑制微生物作用、防止油脂酸败劣变的重要途径。

三、油茶籽油的加工工艺

（一）油茶籽的压榨制油工艺

国内油茶籽压榨主要有两种工艺，即低温压榨工艺和高温压榨工艺。

油茶籽油加工工艺

低温压榨工艺流程：油茶籽→烘干→破碎→蒸坯→包饼→压榨。其主要工艺质量控制点是烘干、蒸坯、压榨。烘干温度控制在60℃左右，油茶籽水分降至5%以下；蒸坯用蒸汽蒸坯，温度要达到100℃以上；压榨采用液压榨油机。

高温压榨工艺流程：油茶籽→烘干→剥壳→压扁→蒸炒→压榨。其主要工艺质量控制点是烘干、剥壳、蒸炒、压榨。烘干使油茶籽含水率达到12%~14%；剥壳后风力分选，仁壳分离；蒸炒要确保入榨水分在3%左右，入榨温度达到110~120℃；压榨采用螺旋榨油机。

从提高毛油茶籽油质量的角度来看，选择低温卧式液压榨油机及其工艺较为恰当。但该方法劳动强度大，产量小。为了扩大毛油茶籽油产量实现机械化生产，可以选择高温螺旋榨油机及其工艺，但油茶籽油的精炼率有所降低。另外，从提高茶皂素质量的角度而言，油茶籽的剥壳工序对茶皂素色泽改善起决定性的作用。

1. 工艺流程

油茶籽油是高档食用油，能否将油菜籽的生产工艺移植到油茶籽生产上，有较多的不确定因素。其中核心的问题是油菜籽仁和油茶籽仁的化学组成不一样，油菜籽仁含粗蛋白较高，为30%左右，含碳水化合物较少，约为17%，这与大多数油料种籽仁的化学组成特点是一致的，即油和蛋白质含量较大，而碳水化合物含量较小。但油茶籽不同，其粗蛋白含量较低，在油茶籽仁的水分平均为8.7%时，粗蛋白含量平均约为9.4%，而碳水化合物含量平均为35.5%。采用脱壳、加水调质、冷态压榨工艺生产纯天然油茶籽油是否可行，有待实践检验。

油茶籽低温压榨法取油工艺流程如图4-1所示。

油茶籽→清理→低温干燥→去铁→分级→粉碎→仁壳分离→仁→粉碎→加水调质→压榨→饼→浸出
↓
纯天然油茶籽油←精滤←过滤←毛油

图4-1 油茶籽低温压榨法取油工艺流程

2. 操作要点

（1）清理。采用两层振动筛，去除油茶籽中的大小杂质。大杂质主要是未裂开的油茶蒲。

（2）低温干燥。采用平板烘干机，控制夹层加热蒸汽压力在0.2MPa左右，对含水率8%左右的油茶籽进一步干燥至含水率5%左右。

（3）分级。由于单粒油茶籽体积为0.3 ~ 2.5cm³，质量为0.461 ~ 1.463g，相差较大，采用分级方法将大小差不多的油茶籽汇集起来，为粉碎创造条件。分级采用振动筛。

（4）粉碎。采用撞击式粉碎机将油茶籽打碎，油茶籽壳较薄，且经干燥水分较低，易于破碎。

（5）仁壳分离。仁壳分离主要有两个指标，即壳中含仁和仁中含壳。壳中含仁越低越好，这有利于原料的充分利用，提高出油率和出饼率。将壳中含仁率定为0.3%，由于前道采用了分级工序，要达到这一指标并不困难。生产稳定后，壳中含仁几乎检测不出。仁中含壳希望越低越好，但有两点需要考虑：一是含壳率低，榨油机榨膛容易被入榨料卡死，造成滑膛，压榨难以进行，即使是双螺杆榨油机也如此，实践已证明了这一点；二是应考虑饼的溶剂法浸出取油，当饼中含壳量少了，没有骨架，料层易被压实，溶剂渗透困难，导致粕中残油高，湿粕含溶高，影响浸出取油效率和溶剂消耗。综合上述两点得出，仁中含壳有一个最佳值。当高于最佳值时，由于坚硬的壳与榨机榨膛的摩擦加剧，出榨机饼温将超过60℃。

（6）粉碎。采用带齿对辊将含有一定壳的仁粉碎，目的是将大小不一的颗粒细粒化和均匀化，使其具有最大的表面积，有利于加水调质。但也不能粉末度太大，因此两齿间距以0.35mm为宜。

（7）加水调质。水是极性最大的分子，其介电常数高达80.36。蛋白质分子表面分布着各种不同的极性基团，由于这些极性基团同水分子之间的吸引力，使蛋白质与大量的水分子紧密结合。直接吸附在蛋白质表面的水分子，同蛋白质结合最牢固，常称为束缚水或结合水，蛋白质分子表面吸附的水层称为水化层。此时蛋白质分子的体积增大，原来聚在一起的蛋白质颗粒彼此分得很开。这就为极性很小（介电常数为3 ~ 3.2）的油脂聚集和流动创造了条件。油茶籽仁中还含有较多的碳水化合物，其中还原糖约为3.6%、总糖约为9.3%、淀粉约为18.7%、粗纤维约为3.9%。其中纤维素是植物的结构多糖，是构成细胞壁的主要成分。纤维素虽无水溶性，但有亲水性。其余的糖类由于分子中有多个羟基，因此都能与水结合。值得说明的是淀粉，淀粉是由直链淀粉和支链淀粉组成的混合物，直链淀粉具有螺旋盘绕结构，而支链淀粉是分支分子。脂类在淀粉分子的螺旋盘绕结构内面与淀粉搅缠在一起，构成的网状结构能阻止油的流动。当加入水分后，淀粉能与水紧密结合，而使螺旋盘绕结构松弛，同样也为油脂的聚集和流动创造了有利条件。实践中，当加水至一定量时，可明显看出油层已分离出来。加水调质的作用正在于此。应该说油茶籽仁经加水后整个结构发生了较大变化，这种变化有利于油脂的压榨挤出。考虑到榨料应具有一定的塑性和弹性，加水量一般控制在一个较小的范围内。

（8）压榨。选用压缩比较大的双螺杆榨油机。由于整个生产工艺均在较低温度（入榨料温≤35℃）下进行，仁中的蛋白质未变性，因此无论是采用单螺杆榨油机还是采用双螺杆榨油机均应进行一定的调整，以适应入榨料性质的变化。经调整后的双螺杆榨油机压榨后，饼中残油一次压榨即可达到8%（干基）以下的水平，出油率可达86%。双螺杆榨油机在油料脱壳（皮）冷榨上显示出较大的优越性。

（9）精滤。由于加工过程的低温，入榨料中蛋白质和糖未变性，油中混入这些物质的碎片，因此压榨油比较混浊。采用密闭过滤机和袋式过滤机过滤两次，以保证冷榨油的清澈透明。

（二）油茶籽的浸出制油工艺

1. 分类

（1）按操作方式分。浸出制油工艺按操作方式可分成间歇式浸出和连续式浸出。

①间歇式浸出：料坯进入浸出器、粕自浸出器中卸出、新鲜溶剂的注入和浓混合油的抽出等工艺操作都是分批、间断、周期性进行的浸出过程属于这种工艺类型。

②连续式浸出：料坯进入浸出器、粕自浸出器中卸出、新鲜溶剂的注入和浓混合油的抽出等工艺操作都是连续不断进行的浸出过程属于这种工艺类型。

（2）按接触方式分。浸出制油工艺按接触方式可分成浸泡式浸出、喷淋式浸出和混合式浸出。

①浸泡式浸出：料坯浸泡在溶剂中完成浸出过程的称为浸泡式浸出。属浸泡式的浸出设备有罐组式，另外还有弓型、U型和Y型浸出器等。

②喷淋式浸出：溶剂呈喷淋状态与料胚接触而完成浸出过程者称为喷淋式浸出，属喷淋式的浸出设备有履带式浸出器等。

③混合式浸出：这是一种喷淋与浸泡相结合的浸出方式。属于混合式的浸出设备有平转式浸出器和环形浸出器等。

（3）按生产方法分。浸出制油工艺按生产方法可分成直接浸出和预榨浸出。

①直接浸出：直接浸出也称一次浸出，它是将油料经预处理后直接进行浸出制油的工艺过程。此工艺适合于加工含油量较低的油料。

②预榨浸出：预榨浸出是油料经预榨取出部分油脂，再将含油量较高的饼进行浸出的工艺过程。此工艺适用于含油量较高的油料。

2. 工艺流程

（1）平转式浸出器浸出工艺。

①浸出系统：预榨饼由水平埋刮输送机送至浸出车间，经除铁装置除去铁杂质后落入存料箱内，再用埋刮板输送机送至绞龙，然后进入平转式浸出器进行浸出。浸出器一般有18个浸出格，采用喷淋—沥干—喷淋的间歇大喷淋方式，并有帐篷式过滤器进行混合油过滤。

②湿粕脱溶（烘干）系统：浸出后湿粕用埋刮板输送机送至封闭绞龙，然后进入DT蒸脱机，蒸脱溶剂后经卧式烘干机蒸干后，成品粕（干粕）用埋刮板输送机及出粕绞龙送至成品粕库。

③混合油蒸发和汽提系统：浸出器内经帐篷式过滤器过滤后的混合油，自流到混合油罐，再由混合油泵打入，经热交换器设备到另一个混合油罐，经如此预处理后的混合油送至混合油预热蒸发器，浓度达到要求的混合油进入第一、第二长管蒸发器蒸发后，进入层碟式汽提塔进行汽提，浸出毛油自塔底流入毛油箱，再泵至炼油车间。

④溶剂回收系统：混合油预热蒸发器蒸发的溶剂蒸汽进入冷凝器冷凝，冷凝后流至循环溶剂罐；第一长管蒸发器蒸发出的溶剂蒸汽进入第一长管冷凝器冷凝后流入循环溶剂罐；第二长管蒸发器蒸发出的溶剂蒸汽进入溶剂预热器，用来加热泵入浸出器间歇大喷淋装置的新鲜溶剂；溶剂蒸汽的部分冷凝液流至循环溶剂罐，未凝结的溶剂蒸汽再经过第二长管冷凝器冷凝后流向循环溶剂罐；蒸烘机的二次蒸汽经过混合油预热蒸发器后，一部分冷凝下来，经混合液冷却器进一步冷却，然后进入分水箱，分离水后溢流入循环溶剂罐，另一部分未凝结的二次蒸汽则进入蒸烘机冷凝器冷凝后流至分水箱分离，溶剂仍溢流回循环溶剂罐。层碟式汽提塔的混合气体进入汽提塔冷凝器冷凝后，再进入分水箱分离出的溶剂溢流至循环溶剂罐，废水则通过水封池排出。

混合油贮罐定期放出的油脚送至蒸煮罐进行蒸煮，蒸出的溶剂蒸汽进入汽提塔冷凝器冷凝回收。

⑤自由气体中的溶剂回收系统：该工艺流程的特点是二次蒸汽的热能利用较好，但应注意到蒸脱机二次蒸汽中所夹带的粕屑对换热设备使用效果及寿命的影响。将DT蒸脱机的上层空间放大成蘑菇状，使二次蒸汽流速在0.2m/s以下，有利于粕屑沉降，同时考虑到二次蒸汽在上层空间内的冷凝回流问题。

（2）油脂浸出负压生产工艺。油脂浸出负压生产工艺是制油工业的一项新技术，是节约能源的有效措施，同时也是保证安全生产的重要手段。负压生产主要是利用真空设备，将混合蒸发冷凝系统形成一定的负压，以降低蒸发温度，可利用二次蒸汽以达到降低消耗和生产成本、提高经济效益的目的。

利用蒸脱机混合蒸汽（又称二次蒸汽）作为第一蒸发器的热源，与混合油进行热交换，二次蒸汽冷凝液流入分水器，未被凝结的二次蒸汽进入蒸脱机冷凝器，此冷凝器在1号蒸汽喷射泵的作用下形成负压，冷凝液进分水箱，不凝结气体进热水罐。

在2号蒸汽喷射泵的作用下，与其连通第一蒸发器管程和第一冷凝器，则形成负压（4.8 ± 1.3）kPa，50 ~ 58℃；浓度为23% ~ 25%的混合油吸入，混合油与二次蒸汽和2号、3号喷射泵的蒸汽进行热交换，混合油中溶剂蒸发，浓度为65%的混合油经闪发箱进入第二蒸发器，溶剂气体经第一冷凝器冷凝，冷凝溶剂进入周转罐，未被冷凝与不冷凝气体管路连接2号喷射泵，再经蒸脱机冷凝器进入热水罐。

第二蒸发器蒸发的溶剂气体经闪发箱进入第二冷凝器冷凝，未被冷凝和不凝气体的管路并入第一冷凝器的未被冷凝和不冷凝气体管路，因此，第二蒸发器同样获得（4.8 ± 1.3）kPa的负压，混合油出口浓度为95%，温度为102℃，此混合油经闪发箱流入汽提塔，汽提塔喷入表压为0.05 ~ 0.08MPa的直接蒸汽，经汽提后毛油出口温度达105 ~ 110℃，毛油送去精炼。微量的溶剂气体进入第三冷凝器，冷凝液流入分水器，不冷凝气体与3号蒸汽喷射泵连通，同蒸汽一起进入第一蒸发器的壳程，再经蒸脱机冷凝器进入热水罐，汽提塔也可形成（4.8 ± 1.3）kPa的负压。

可以看出，第一、二蒸发器和汽提塔及相应的冷凝器和蒸脱机冷凝器的不冷凝气体和微量溶剂气体，皆经1号喷射泵汇集到热水罐，此混合气体再经热水罐冷凝器冷凝后，自由气体经平衡罐与来自其他设备的自由气体均到最后冷凝器，进入自由汽提塔。自由汽提塔在水喷射泵的作用下，塔内形成负压，连通的最后冷凝器、平衡罐和热水罐冷凝器也为负压状态，在实际生产中只控制平衡罐的负压在98Pa即可。

吸收塔内喷淋地下水水温冬夏皆不超过10℃，以保证最大限度地回收溶剂；控制喷淋水量每小时在200 ~ 300kg；吸收塔下部的落水管应插入液面下50mm，以保证系统内不泄压。

此负压系统可保证浸出器形成2.67kPa的微负压。

3. 操作要点

①原料预处理必须严格把关，达到浸出要求，并保持进料均匀。这样在浸出过程中一般不会发生问题，为蒸脱机的正常操作也创造了极为有利的条件，能够稳定地将蒸脱机的二次蒸汽调节在80 ~ 85℃，保持正常运行。

②保持蒸汽压力的稳定非常重要。湿粕脱溶、混合油蒸发、蒸汽喷射泵的工作都与蒸汽压力能否稳定有直接关系，管理不好的厂中的蒸汽压力有时达1MPa，低时只有

0.2MPa，无法正常生产。

③本工艺用泵较多，必须根据设计要求的流量、扬程和工作介质来正确选择所需的泵，以满足工艺要求，保证生产正常运行。

④负压蒸发、二次蒸汽利用技术对工艺操作和管理要求比较严格，一些关键的工艺参数必须保持稳定才能正常运行。

（三）油茶籽油的精炼

油茶籽油的精炼工艺一般需要经过四脱（脱胶、脱酸、脱色、脱臭）、分提及冬化处理等工序，通过精炼达到各级油脂所需的标准。

1. 脱胶

脱胶的目的是清除油茶籽油中的全部胶质及生产有价值的副产品，而胶质中的磷脂会影响脱臭和在水蒸气蒸馏过程中的脱色，其还能与金属离子螯合，增加氧化过程，影响油的稳定性。为了得到符合要求的油茶籽油产品，必须进行脱胶工艺处理。

2. 脱酸

脱酸是通过加碱来中和油茶籽油中游离脂肪酸的过程，是油脂精炼过程中最关键的工艺。其原理是加碱后游离脂肪酸即变成可溶于水的盐而被去除。实际操作中还需要加入一定量的超量碱，以便碱炼完全。加碱量、碱浓度、温度、毛油质量、搅拌时间和搅拌速度等均对碱炼效果产生影响。中和脱酸是对产品质量和价格有很大影响的一道工序，如果中和工序有问题，会给脱色以后的各工序带来困难，并使产品质量和得率降低。脱酸通常有两种方法即物理方法和化学方法，原则上物理精炼法即气提蒸馏脱酸方法应作为油脂精炼的首选工艺，化学中和方法即用氢氧化钠中和毛油中的游离脂肪酸脱酸会产生皂脚和废水。但选择物理精炼法还是化学精炼法，主要取决于毛油的质量。鉴于现实中的诸多问题，目前的油脂加工厂还常常配备两套装置，化学精炼法仍然不可缺少。在油中加入烧碱或纯碱，以中和油中的游离脂肪酸，这是一个很重要的操作。因为烧碱不仅能与脂肪酸起作用形成皂脚，而且也会和中性油起反应。使用游离脂肪酸含量一倍左右的碱量，并采用间歇式和纯碱能减少炼耗，但是其反应的性能较弱，因此它不能除去那些只有对烧碱才能起作用的杂质，如色素、蛋白质、叶绿素和重金属等。皂脚的分离一般可用离心法、沉降分离法。

3. 脱色

色泽是油茶籽油的重要品质之一，因此脱色是油脂精炼必不可少的环节。脱色并非脱尽所有色素，而是在于改善油茶籽油的色泽，提高油脂品质，为进一步精炼提供合格的原料油。脱色除了脱除油中色素外，还能起到降低磷脂含量、过氧化值、含皂量以及金属离子含量的作用，从而改善油品色泽、风味和提高氧化稳定性，为油脂的进一步精制氢化、脱臭提供良好的条件。油脂脱色目前最常用的方法是活性白土吸附脱色法，即利用白土这种具有较强选择性吸附作用的物质，在一定条件下脱除溶于油中的色素或以胶态粒子分散于油中的色素以及其他杂质。油脂经计量后预热至80～90℃，全部油脂与活性白土预混合，然后送至脱色塔进行脱色。油脂与活性白土混合都在常压下进行，全部预混合是在较低温度下进行的，最大程度地避免了油脂由于受加热引起的氧化，从而确保油品的质量。

4. 脱臭

脱臭主要是脱除油脂中的臭味物质，其原理是利用臭味物质和甘油三酯挥发性差异，在高温真空条件下脱除臭味物质。脱臭不但能去除油中的臭味物质，改善食用油风味，还能提高油脂的烟点。油脂脱臭方式有间歇式、半连续式和连续式，前者用于小规模生产，特别适用于月桂酸型油脂。半连续式和连续式脱臭工艺效果好，生产周期短，能量损耗低。半连续式能方便地切换原料，能防止油脂可能的短路，能保证产品质量；而连续式不需要分批进料及排放各槽油脂，不需要断续性地加热和冷却，处理量大，操作简单。出于安全和卫生的考虑，随着连续式脱臭工艺的普及，在脱臭工艺的热媒选择上，相对水蒸气、电加热而言，导热油作为载体较为经济安全，应用也越来越广。在特殊设计的脱臭锅中，油茶籽油完全脱臭的真空度为260Pa，温度为200℃，蒸汽耗量为油茶籽油质量的3%～8%。常规脱臭器经常出现开始冷却阶段由于油温度高而引起冷却管压力过高，从而产生盘管、锅体剧烈振动的现象，很危险。为避免这个问题，应在工艺与设备的设计中，在开始阶段采用高温水外加泵力强制冷却。

5. 分提

为了提高产品中油酸等不饱和脂肪酸的含量、减少饱和脂肪酸尤其是硬脂酸含量、除去蜡质等，根据不同物质的冻点不同而达到分离的过程称为分提。一般是在－5℃下冷冻48h，再经离心分离，可提高油酸含量。硅藻土在分提过程中能大大提高冷冻油脂的过滤速度，提高产品质量。

6. 冬化处理

油茶籽油的冬化主要是除去甘油三酯、蜡质及其他杂质，因低温条件下长期存放会有悬浮成分析出，使油茶籽油的透明度降低，直接影响油茶籽油包装的外观，降低产品的档次，因此必须在油茶籽油的精炼过程中增加冬化处理工序。冬化处理的工艺主要是结晶。

四、油茶籽粕蛋白的加工工艺

1. 油茶籽粕蛋白的组成

油茶籽粕中蛋白含量为12%～15%，其氨基酸组成为16种，其中7种为人体必需氨基酸，组氨酸和精氨酸两种半必需氨基酸含量也较高。油茶籽粕蛋白具有很高的经济价值，可将其作为生产蛋白饮料、冲调食品、焙烤食品的蛋白质强化剂以及作为酱油等发酵产品的蛋白原料。另外，油茶籽蛋白经酶解还可制备功能性多肽。因此，以油茶籽粕为原料提取蛋白，进行开发和利用是非常有意义的。

油茶籽粕蛋白的氨基酸含量分析结果见表4-8。油茶籽粕蛋白的氨基酸含量比较丰富，其中谷氨酸和精氨酸这两种具有重要生理功能的氨基酸含量比较可观。

表4-8 油茶籽粕蛋白的氨基酸含量分析结果　　单位：g/100g纯蛋白质

名称	氨基酸含量	名称	氨基酸含量
天冬氨酸	4.44	脯氨酸	1.76
丝氨酸	1.96	酪氨酸	1.34
谷氨酸	9.67	缬氨酸	1.70
甘氨酸	2.00	甲硫氨酸	1.42
组氨酸	0.83	赖氨酸	1.78
精氨酸	5.10	异亮氨酸	1.84
苏氨酸	1.62	亮氨酸	3.28
丙氨酸	2.40	苯丙氨酸	2.24

2. 油茶籽粕蛋白的功能性质

（1）油茶籽粕蛋白溶解性。油茶籽粕蛋白大部分不溶于水，而溶于稀碱液，其溶解性受pH、温度、电解质等条件因素的影响，并随条件的变化而变化。

①pH对蛋白溶解性的影响：油茶籽粕蛋白在不同的pH条件下，溶解性不同。在pH=5左右，溶解度最小，而在偏离pH=5的酸性和碱性条件下，溶解度较高。

②温度对蛋白溶解性的影响：油茶籽粕蛋白在50℃时溶解度最大；温度低于50℃时，溶解度随温度的升高而升高；高于50℃时，溶解度随温度的升高而降低。

③电解质对蛋白溶解性的影响：蛋白质的溶解度先随电解质浓度的升高而增大，后随电解质浓度的升高而减小。蛋白质在这三种同浓度电解质中的溶解度是氯化钙>氯化镁>氯化钠。

（2）蛋白乳化性及乳化稳定性。油茶籽粕蛋白是一种表面活性剂，它能提高乳状液稳定性，同时油茶籽粕蛋白乳化性随外界条件变化而变化。

①蛋白浓度对乳化性的影响：当没有蛋白存在时，乳状极不稳定。但随着蛋白质浓度的增加，蛋白质的乳化能力和乳化稳定性也随之明显增加。

②pH对蛋白乳化性的影响：在pH=5左右，蛋白的乳化性较差，这是因为在油茶籽粕蛋白等电点附近，此时蛋白发生絮凝溶解度最小，而在偏离等电点的环境中蛋白的乳化性很好。

3. 油茶籽粕蛋白的生产工艺

油茶籽粕蛋白的等电点为pH=4.5，此时蛋白的沉淀量最大。采用碱溶酸沉法提取油茶籽粕蛋白，通过正交试验优化碱提工艺，以蛋白提取率为指标确定最佳碱提条件为：料液比1∶25，pH=10，浸提时间80min，浸提温度45℃，粉碎粒度80目。传统的碱溶酸沉法提取油茶籽粕蛋白，简单可行，既适应工业化生产的需求，又避免了油茶籽粕目前的大量浪费或者只是简单脱毒处理作为动物饲料的问题。此法有望成为油茶籽深加工和综合利用的另一种途径。

项目三 核桃油的加工

知识目标

1. 了解核桃的分类及组成。
2. 了解核桃的营养价值和经济价值。
3. 掌握核桃仁的制油工艺。
4. 理解核桃蛋白的组成及加工工艺。

技能目标

1. 能识别核桃的类型。
2. 能掌握核桃压榨制油的工艺要点。
3. 能判断核桃油的特点。

一、核桃概述

1. 核桃的分类

核桃又称胡桃、羌果，为胡桃科植物，与扁桃、腰果、榛子并称为世界四大干果。在全球范围内，核桃的产量仅次于杏仁。产核桃最多的国家是美国，我国列第二位。我国核桃栽植主要分布在山西、陕西、河北、河南、甘肃、新疆、辽宁、四川、云南等地。核桃主要分为秋子核桃、麻核桃、铁核桃和棉核桃：秋子核桃是一种野生核桃，主要产地在东北，特征是有明显的六条棱，其主要用于低端的文玩核桃，价格不高，但也比食用的核桃稍贵；麻核桃是半野生核桃，主要在山西、河北一带，具体品种很多，是主要的文玩核桃品种（基本全部用于文玩，价格非常贵）；铁核桃是南方的核桃品种，表面近似花生皮样的纹路（一个个小坑组成的纹路）；棉核桃就是常见的食用核桃品种，皮薄，仁大，表面较平整，纹路很浅。

2. 核桃仁的组成

核桃仁含粗蛋白22.18%，其中可溶性蛋白的组成以谷氨酸为主，其次为精氨酸和核桃仁天冬氨酸。粗脂类64.23%，其中中性脂类占93.05%；中性脂类中甘油三酯82.05%，甾醇酯3.86%，游离脂肪酸4.8%。甾醇酯非皂化部分主要为β-谷甾醇，并有少量的菜油甾醇、豆甾醇、燕麦甾-5-烯醇、豆甾-7-烯醇；糖类13%；有多种游离的必需氨基酸，包括异亮氨酸、亮氨酸、色氨酸、苯丙氨酸、缬氨酸、苏氨酸及赖氨酸等，其含量为总氨基酸的47.5%。

核桃可以减少肠道对胆固醇的吸收，对动脉硬化、高血压和冠心病患者有益，核桃有温肺定喘和防止细胞老化的功效，还能有效改善记忆力、延缓衰老并润泽肌肤。核桃树叶中含有抗生物质，因此也有杀菌的功效。

经测定核桃仁的组成见表4-9。

表4-9 核桃仁的组成

成分	粗蛋白	脂肪	水分	粗纤维	灰分
含量/%	18.2	68.5	7.2	4.2	1.3

3. 核桃油的组成

（1）核桃油的脂肪酸组成。核桃油的脂肪酸组成见表4-10。

表4-10 核桃油的脂肪酸组成

名称	分子式	含量/%
棕榈酸	$C_{16}H_{32}O_2$	6.70
硬脂酸	$C_{18}H_{36}O_2$	0.31
油酸	$C_{18}H_{34}O_2$	17.18
亚油酸	$C_{18}H_{32}O_2$	62.20
亚麻酸	$C_{18}H_{30}O_2$	13.45

（2）核桃油的微量元素组成。核桃油还含有钙、钠、铁、钾、锌、镁和铜等多种有益人体健康的矿物质，且含量适中。核桃油的矿物质组成见表4-11。

表4-11　核桃油的矿物质组成　　单位：mg/100g

元素	含量	元素	含量	元素	含量
钙	138.50	锌	25.32	铅	0.05
磷	254.47	钠	123.54	镍	0.98
钾	654.45	铜	2.37	铬	1.13
铁	15.33	锰	3.27	—	—

核桃油中钾、磷、钙、钠、锌、铁的含量较高，锰、铜的含量适中，有害元素铬、镍、铅的含量低于标准。

二、核桃的营养价值和经济价值

1. 核桃的营养价值

核桃仁含有丰富的蛋白质、磷脂、维生素及数量充足、比例适宜的亚油酸、亚麻酸，具有乌发、养颜、健脑、强身的功效，是我国传统的医食两用佳品，享有益智果、长寿果、养人之宝的美称。核桃仁的油脂含量高达60%～70%。由核桃仁提炼的核桃油具有核桃仁大部分的营养保健及药理功效成分，含有多种生物活性物质，除含有较多的亚油酸、α-亚麻酸和维生素E外，还含有神经酸、鳕油酸、角鲨烯、褪黑素、黄酮、胡萝卜素等多种微量功效成分，这些微量功效成分是核桃油营养保健功能的重要组成部分。根据其功效成分开发功能食品、药品、化妆品及其他护理产品，对核桃油产业的健康发展具有重要意义。

2. 核桃的经济价值

由于我国核桃栽培和利用的历史悠久、普及性广，人们对核桃的营养保健功能和经济生态效益相当了解和重视。随着人们物质与文化生活水平的不断提高，对核桃及其各种加工品的需求量越来越大，从而促使核桃价格不断攀升。核桃产销的国内市场是很大的，我国发展优质、安全核桃生产的未来市场前景是十分广阔的。

三、核桃仁的制油工艺

1. 核桃的压榨制油工艺

压榨法制油是传统的油脂制取方法。随着取油技术的进步，先后产生了人力土榨、水压机榨、螺旋榨油机压榨三种类型的压榨法制油。当今广泛使用的榨油机械是螺旋榨油机，用的是较为先进的连续压榨取油设备。螺旋榨油机适用于多种油料的榨油，具有加工处理大、生产连续、劳动强度小、出油率高的优点。

该法是将预处理好的熟料坯置于较高的压力条件下，使所含有的油脂被不断挤压出来，而料坯则被压榨成饼块的过程。榨油时，反映出油效果的指数称为出油效率，就是指榨出的油脂占油料中总含油量的百分比。

2. 核桃的预榨浸出制油工艺

核桃的预榨浸出制油工艺流程如图4-2所示。

核桃→清洗、分选→软化→轧坯→蒸炒→压榨→油过滤→机榨油
↓
机榨饼→浸出

图4-2 核桃的预榨浸出制油工艺流程

3. 水相酶法制备核桃油工艺

在植物油料中，油脂存在于植物油料的细胞内，并通常与其他大分子（蛋白质和碳水化合物）结合存在，构成脂蛋白、脂多糖等复合体。只有将油料的细胞结构及油脂复合体破坏，才能取出其中的油脂。

水相酶法的作用机制是以低温冷榨饼为原料，通过酶的作用降解植物细胞壁或脂蛋白、脂多糖等脂类复合体，从而促进油脂的释放。所采用的酶一般为对植物细胞壁或脂类复合体有降解作用的酶，一般有纤维素酶、半纤维素酶、果胶酶、淀粉酶、蛋白酶、α-聚半乳糖醛酸酶、β-葡聚糖酶等。利用这类酶，可以很好地达到油料预处理的目的。

在机械破碎的基础上，酶的降解作用使油料细胞进一步被打开，而且酶对脂蛋白、脂多糖等脂类复合体的分解增加了这部分油的流动性，从而提高出油率。此外，在一些油料的取油过程中，油料（加热水）磨浆时使部分磷脂转移到油中，并与蛋白质结合，部分油滴表面产生一层脂蛋白膜，并形成稳定的乳化状态，不利于油脂的分离提取，酶的作用可破坏此蛋白膜，降低乳状液的稳定性，使油的得率提高。

水相酶法是在油料破碎时加水，以水为分散相，再加酶进行酶解，使油脂易于从油料粒子中释放出来，利用非油成分（蛋白质和碳水化合物）对油和水的亲和力的差异，同时利用油水相对密度的不同而将油和非油成分分离。酶解处理后，经离心或压滤固液分离，固相（其中含有大部分的不溶性蛋白质）干燥后生产饲料，液相破乳后采用离心或洗涤等方法取得油和蛋白质。

按水相酶法提取的植物油脂，出油率高，产品质量好，按其加工工艺和方法生产的成品油避免了与有机溶剂的接触，不存在油中残留溶剂的问题，确保了产品油的食用安全性。

四、核桃蛋白的加工工艺

1. 核桃蛋白的组成

核桃含油量60%～70%，其中不饱和脂肪酸含量达90%以上。核桃蛋白含量为

14%～17%，可消化率达87.2%，因此我国人民一直把核桃作为健脑食品。许多国家有消费核桃的习惯，核桃油作为一种保健用油已逐渐被消费者认可。长期以来人们只注重核桃油的保健和研究价值，而忽视了脱脂核桃粕的利用和研究。在脱脂核桃粕中，蛋白质占53.89%，其蛋白含量较高，利用核桃蛋白粕制备核桃蛋白是有必要的。核桃蛋白由四种蛋白质构成，分别是清蛋白、球蛋白、醇溶蛋白和谷蛋白，分别占核桃蛋白总量的6.81%、17.57%、5.33%和70.11%。

2. 核桃蛋白的生产工艺流程

利用化学和生物化学方法将油料蛋白进行分离具有重要的社会意义和经济价值。我国大多植物油料被农村众多的小型榨油厂消耗掉。这些油厂设备简陋、工艺落后，使用热榨法制油不仅出油率低、油质不高，还使油料中的蛋白质变性。榨油后的饼粕失去了再加工意义，只能作饲料、肥料处理，造成蛋白质资源的巨大浪费。在榨油的同时获取优质蛋白，一直是我国食品加工业研究的重要课题。

目前对油料蛋白质提取和利用的研究主要集中于豆粕和油菜籽饼粕和棉籽粕，对核桃粕蛋白提取研究较少，核桃粕蛋白主要是碱溶性蛋白，在碱性条件下溶解度较大，所以提取基本方法是碱溶酸沉法。

近年来，超声波技术在强化传质方面的应用越来越广泛，尤其在天然物质提取方面显示出强大的优越性，黄国平等人将超声波应用于提取玉米醇溶蛋白，崔志芹等人对利用超声波强化提取棉籽粕蛋白进行了研究，但超声波辅助应用于核桃粕蛋白提取的研究还很少见。

项目四 棕榈油的加工

知识目标

1. 了解棕榈油的分类。
2. 掌握棕榈油的组成及功能性质。
3. 了解棕榈油的营养价值和经济价值。
4. 掌握棕榈油的应用。
5. 掌握棕榈油的制取工艺。
6. 了解棕榈油的贮藏注意事项。

技能目标

1. 能区分棕榈油和棕榈仁油。
2. 能判定棕榈油的应用价值。
3. 能分析棕榈油质量。

全球已有多个国家在使用棕榈油，我国每年进口棕榈油的量在750万吨以上。棕榈油不仅营养丰富，而且在高温下具有良好的稳定性，是理想的煎炸用油，综合用途非常广泛，在食品、洗涤用品、化妆品、油脂化工及生物柴油方面均有着重要用途，目前棕榈油已超过大豆油而成为世界上生产量、消费量和国际贸易量最大的植物油品种。

一、棕榈油概述

棕榈是一种四季开花结果及长年都有收成的植物，同时也是世界上生产效率最高的产油植物。棕榈油是棕榈果的果肉榨出的原油（毛油）经精炼后得到的产品，它也是各种甘油酯的混合物。棕榈油中饱和脂肪酸和不饱和脂肪酸的比例接近于1：1，并且含有丰富的抗氧化物质，如β-胡萝卜素、维生素A和维生素E等。棕榈仁油与棕榈油的脂肪酸组成大相径庭，而与椰子油如同“胞兄弟”。目前，世界上有20多个国家生产棕榈油，但是主要的种植区在马来西亚和印度尼西亚。广义上的棕榈油产品包括棕榈毛油、棕榈软脂、棕榈硬脂以及棕榈仁软脂。目前，棕榈油也发展了不少下游产品，主要有人造奶油、起酥油、低熔点液油、咖啡伴侣等。80%的棕榈油产品作为食品用途，在非食品工业上类似于乳化剂、饲料、油墨、洗涤去污剂、化妆品以及护肤用品等下游产品生产的趋势必将会使棕榈油的非食用用途受到更多的关注和重视。

二、棕榈油的分类

1. 根据棕果不同提取部位分类

棕榈油是从油棕树上的棕榈果中榨取出来的油脂的总称。从棕榈果肉中压榨出的油称为棕榈油，而从果仁中压榨出的油称为棕榈仁油，这两种油的成分大不相同。棕榈油主要含有棕榈酸（$C_{16:0}$）和油酸（$C_{18:1}$），饱和程度约为50%；棕榈仁油主要含有月桂酸（$C_{12:0}$），饱和程度达80%以上。传统上所说的棕榈油仅指棕榈果肉压榨出的毛油和精炼油，不包含棕榈仁油。

2. 根据游离脂肪酸含量分类

棕榈油中含有较多的游离脂肪酸，常温下呈半固态，其稠度和熔点在很大程度上取决于游离脂肪酸的含量；精炼后的棕榈油其游离脂肪酸也难以完全除去，精炼棕榈油中也含有一定量的游离脂肪酸。国际市场上把游离脂肪酸含量较低的棕榈油称作软油，把游离脂肪酸含量较高的棕榈油称作硬油。

3. 根据加工程度分类

从加工程度来讲，将棕榈油分为棕榈原油和成品棕榈油两类。棕榈果经水煮、碾碎、榨取工艺后所得的油脂即称为棕榈原油，棕榈原油只能作为原料油，不能直接供人类食用。因为油棕果实里含有较多的解脂酶，棕榈原油容易自行水解而生成较多的游离脂肪酸，酸值增长很快，所以对收获的果实必须及时进行加工或杀酵处理，并对棕榈原油及时精炼或分提。棕榈原油经过精炼，去除游离脂肪酸、天然色素、气味，达到人类食用标准的棕榈油称为成品棕榈油。

4. 根据熔点分类

在油脂精炼中，根据不同的物理性质，棕榈油还可以经过进一步的分馏、处理，得到少量的棕榈油酸（$C_{16:1}$，PFAD）、棕榈液油（熔点为24℃以下）和高熔点的棕榈硬脂（熔点为44℃以上）。而在棕榈油期货交易中一般用“度”来表示棕榈油类别，“度”则是根据所含油脂的熔点而命名的，如18℃、24℃、33℃、44℃等。12℃及更低熔点的棕榈油是有一定营养价值的食用油；24℃熔点的棕榈油一般用于饼干、泡面及其他副食品的煎炸；30℃熔点的棕榈油适用于人造奶油、代可可脂；40℃、50℃高熔点的棕榈油适用于肥皂、化妆品等工业。目前，市场上的棕榈油一般是24℃熔点的棕榈油。

三、棕榈油的组成及功能性质

1. 棕榈油的脂肪酸组成

棕榈油是由一系列脂肪酸组成的混合油脂，一般碳链长的饱和脂肪酸甘油酯凝固点高，因此油脂通过精炼所得不同部分（棕榈油、棕榈液油和棕榈硬脂）的脂肪酸组成也有所不同。棕榈油、棕榈液油及棕榈硬脂的脂肪酸组成见表4-12。

表4-12 棕榈油、棕榈液油及棕榈硬脂的脂肪酸组成　　单位：%

脂肪酸名称	棕榈油	棕榈液油	棕榈硬脂
己酸（$C_{6:0}$）	ND	ND	ND
辛酸（$C_{8:0}$）	ND	ND	ND
癸酸（$C_{10:0}$）	ND	ND	ND
月桂酸（$C_{12:0}$）	ND～0.5	0.1～0.5	0.1～0.5
豆蔻酸（$C_{14:0}$）	0.5～2.0	0.5～1.5	1.0～2.0
棕榈酸（$C_{16:0}$）	39.3～47.5	38.0～43.5	48.0～74.0
棕榈烯酸（$C_{16:1}$）	ND～0.6	ND～0.6	ND～0.2
十七烷酸（$C_{17:0}$）	ND～0.2	ND～0.2	ND～0.2

续表

脂肪酸名称	棕榈油	棕榈液油	棕榈硬脂
十七碳烯酸（$C_{17:1}$）	ND	ND～0.1	ND～0.1
硬脂酸（$C_{18:0}$）	3.5～6.0	3.5～5.0	3.9～6.0
油酸（$C_{18:1}$）	36.0～44.0	39.8～46.0	15.5～36.0
亚油酸（$C_{18:2}$）	9.0～12.0	10.0～13.5	3.0～10.0
亚麻酸（$C_{18:3}$）	ND～0.5	ND～0.6	ND～0.5
花生酸（$C_{20:0}$）	ND～1.0	ND～0.6	ND～1.0
花生烯酸（$C_{20:1}$）	ND～0.4	ND～0.4	ND～0.4
山嵛酸（$C_{22:0}$）	ND～0.2	ND～0.2	ND～0.2

注：ND——未检出。

棕榈硬脂中的棕榈酸（$C_{16:0}$）和硬脂酸（$C_{18:0}$）含量都是最高的，说明其饱和度最高。与大豆油、橄榄油、鱼油和加拿大菜籽油相比，棕榈油的棕榈酸（$C_{16:0}$）含量最高，其饱和脂肪酸含量最高，单不饱和脂肪酸含量居中，而多不饱和脂肪酸含量较低。

2. 棕榈油的微量成分

棕榈油中富含一些生物活性物质，其中类胡萝卜素含量为500～700mg/kg，故棕榈油呈深橙红色，这种色素不能通过碱炼有效地除去。棕榈油中含有丰富的维生素A（500～700mg/kg）、天然维生素E（生育酚），生育三烯酚含量高达600～1000mg/kg。生育三烯酚化学结构类似于生育酚，近年来研究表明，其具有比生育酚更优越的生理功能。由于含有类胡萝卜素和维生素E，棕榈油具有很好的抗氧化功能。

3. 棕榈油的功能性质

棕榈油略带甜味，具有令人愉快的紫罗兰香味。棕榈油有50%的不饱和脂肪酸，无反式脂肪酸，不易与酸质聚合，人体对棕榈油的消化和吸收率超过97%。和其他所有食用植物油一样，棕榈油本身不含有胆固醇。作为一种饱和度较高的油脂，棕榈油曾经被推测有可能会增加人体血清中胆固醇含量，但经过许多专家进一步的试验论证，发现食用棕榈油不但不会增加血清中的胆固醇，反而有降低胆固醇的趋势，原因是棕榈油中富含中性脂肪酸，使胆固醇提高的物质在棕榈油中的含量微乎其微（1%），而类胡萝卜素（500～700mg/kg）和亚油酸（10%）对人体的健康十分有益。近年来对一些动物研究和人体研究证实，纯的棕榈油对于控制血脂具有良好的影响，和橄榄油一样具有降低坏胆固醇（LDL）、升高好胆固醇（HDL）的效果。一些研究人员曾针对不同的人种（欧洲、美洲、亚洲）分别进行研究，结果表明棕榈油是一种完全符合人体健康需要的食用植物油。

四、棕榈油的营养价值和经济价值

1. 棕榈油的营养价值

棕榈油可以加工成透明液体（棕榈液体油），也可以加工成固体（棕榈固体油）。棕榈油中富含不饱和脂肪酸，其脂肪酸组成与人体脂肪酸组成相似。人们有时会把棕榈油与棕榈仁油混淆，但两者是不同的。棕榈油与棕榈仁油的脂肪酸组成见表4-13。

表4-13 棕榈油与棕榈仁油的脂肪酸组成 单位：%

项目	棕榈油		棕榈仁油	
不饱和脂肪酸	油酸	39.0～45.0	油酸	10.0～29.0
	亚油酸	11.0～17.0	亚油酸	2.0～3.0
	棕榈酸	38.9～46.0	月桂酸	45.0～50.0
饱和脂肪酸	硬脂酸	4.0～6.0	辛酸	10.0
	豆蔻酸	0.7～1.0	棕榈酸	3.0～9.0

棕榈油含有人体所必需的亚油酸，更适合人体的吸收和利用。棕榈油不含胆固醇和反式不饱和脂肪酸，具有中等水平的不饱和度，当其作为食物中脂肪组成部分利用时，不需要氢化，就可提高脂肪酸的吸收率。棕榈油富含类胡萝卜素和维生素E，不仅是天然抗氧化剂，而且具有清除有损伤性氧自由基的作用。作为食用油，它对人体的细胞衰老、动脉粥样硬化、血栓起着预防作用。棕榈油对健康人群是一种安全的食用油及营养来源。

2. 棕榈油的经济价值

在我国，棕榈油在食品与非食品行业均具有广泛的应用。

（1）棕榈油在食品工业中作为食用油具有独特的优势。

①独具良好的抗氧化性（耐炸性）和稳定性：这主要是因为棕榈油不饱和度适中，不含亚麻酸，富含的维生素E及生育三烯酚则是天然高效抗氧化剂，这使棕榈油与其他油脂相比更适用于煎炸和烧烤食品。

②不易与酸聚合：棕榈油有50%的不饱和脂肪酸，无反式酸，不易与酸质聚合。

③经济性：用油的成本一直是餐饮业选择煎炸和烧烤用油的重要因素。油棕是一种高产的多年生油料植物，其一次栽种可收获20年左右，而且单位面积年产油量远比其他植物油料高，每公顷棕榈油的产量为大豆的9～10倍，并且产量相对稳定，1公顷土地平均每年生产3.5吨棕榈油和0.4吨棕榈仁油，其生产效率大大高于同类植物油，因此棕榈油是世界上最具价格优势的食用植物油。

（2）棕榈油在食品工业中的应用。棕榈油可以通过氢化、分提、酯交换加工成起酥油、人造奶油，用于冷饮、冰激凌涂层、煎炸食品、巧克力糖果、奶糖、乳制品、婴儿食品的生产中；也可直接或与其他油脂混合制取普通的产品，如煎炸油、烹调油、起酥油、人造奶油、可可脂及乳脂的代替品等。

①红棕榈油：棕榈油和经精炼、脱色、脱臭的棕榈油精具有极好的氧化和煎炸稳定性，是全球食品工业中主要的煎炸油来源。脱臭棕榈油精是传统的煎炸油，这种油呈淡黄色。棕榈油传统的物理精炼工艺是在高温（240～260℃）、高真空条件下进行精炼加工的。在这样的条件下，油中所有的类胡萝卜素几乎被破坏殆尽。马来西亚生产出一种新型红色烹调油（棕榈油），该产品是在真空条件下，经低于180℃短程蒸馏精炼毛棕榈油后得到的，所以其富含毛棕榈油中固有的天然胡萝卜素和维生素E，其他物理性质和化学性质类似于脱臭棕榈油精。

②起酥油：棕榈油作为一种半固体油脂，通常作为起酥油配方的主要成分。其酯交换油脂为固-液的混合物，具有塑性，可以作为起酥油的基料油。国内外利用棕榈油脂交换油脂作为基料油制备起酥油的研究很多。

起酥油类似于奶油、猪脂，属塑性脂肪，它和人造奶油不同，人造奶油是80%的油脂和20%的水，而起酥油是100%的纯油脂。起酥油有很多种，严格来说，每一种食品的制造都需要用到特殊的起酥油，但也有适用于多种食品的通用型起酥油，通常是用来煎炸和烘焙食品，在面点焙烤食品加工中能阻断蛋白质与淀粉缔结而酥化和软化烘焙食品，如薯条、蛋糕、饼干、夹心饼和面包等食品。

③无反式混合精炼氢化油：无反式混合精炼氢化油是起酥油的代用品或仿制品，可由棕榈油来加工。该产品在室温下有类似于经氢化加工成的产品的物理特性。棕榈油及其产品（特别是棕榈硬脂精）的酯交换能提供无反式混合精炼氢化油的外观和稠度。氢化棕榈油在印度、巴基斯坦及中东国家有着很广泛的市场，这些市场通常将其当作酪脂类产品使用。

④人造奶油和涂抹食品：人造奶油是一种塑性液态乳状食品，主要为油包水型，油相主要是食用油脂。其原料油脂有氢化植物油、动物油、酯交换油、分提油脂或不同基料油的掺和物。棕榈油和棕榈仁油产品适合所有类型的人造奶油配方。棕榈液油适用于制造液态人造奶油，棕榈硬脂更适合于制造固态人造奶油。

⑤煎炸油：这是棕榈油在食品工业中最广泛的用途之一，主要原因是其具有很好的抗氧化性。棕榈油作为一种烹调油，已进入世界各地的千家万户。精炼的棕榈油色泽金黄透明、营养好、味道清淡、可保持原香原味，深受广大消费者的喜爱。因为棕榈油的组成使其具有极好的氧化和煎炸稳定性，所以它除了作为家庭烹调油外，还是方便面、快餐和小食品的主要煎炸油，是全球食品工业中主要的煎炸油来源。如棕榈油作为煎炸油用于方便面生产，主要有两种不同的熔点（24℃和33℃），对其酸值、过氧化值、水

分及挥发物值进行分析比较，发现33℃棕榈油比24℃棕榈油的稳定性高，更适合于方便面的生产。棕榈油作为煎炸油用于饼干生产时，它的品质与饼干的保质期密切相关，即棕榈油精炼程度越高，所生产出来的饼干的保质期就越长。同时，在棕榈油中添加抗氧化剂能显著延长饼干的保质期。

⑥无乳、仿乳产品：冰激凌按有乳产品和无乳产品来划分。有乳冰激凌由于乳脂的价格较高，因此成本也较高。用棕榈油加工的奶酪，因无胆固醇，而且能保证必需脂肪酸和维生素E的存在，所以具有保健作用。

⑦糖果脂：棕榈油和棕榈仁油是糖果脂的理想原料，特别是在巧克力的生产上。

（3）棕榈油在非食用加工产品中的应用。

①油脂化学品：棕榈油脱臭馏出物（PODD）中含大量的高级脂肪酸和与醇反应生成的高级脂肪酸酯。高级脂肪酸酯广泛用于食品、医药、农药、香料、化妆品、表面活性剂和合成树脂等化工领域，是一种常用的精细化学品前体物。脂肪酸和它的衍生物脂肪酸酯、脂肪醇、脂肪胺和脂肪酰胺等都是以棕榈油为原料的油脂化学品，它们主要应用在工业生产肥皂、清洁剂、化妆品、润滑剂、印刷油墨、生物燃料等。

②棕榈油在肥皂和清洁剂上的应用：肥皂是由油脂和碱反应得到的化学化合物或多种化合物的混合物。许多油脂可以用于肥皂的制作，但是月桂酸油是不可缺少的，良好的肥皂一般包括15%左右的月桂酸油来产生大量的泡沫。棕榈油是由各种不同碳链长度的脂肪酸与甘油结合而成的甘油三酯，主要是月桂酸和肉豆蔻酸甘油酯，因此，西欧和美国肥皂含有20%～25%的棕榈油或者椰子油。以棕榈油脂肪酸甲酯为原料，经磺化、中和制得棕榈油基甲酯磺酸钠盐可用于合成洗衣粉，该洗衣粉具有优良的洗涤性能、生物降解性，同时毒性极低、无明显刺激、水解稳定、吸湿性小、乳化性好、起泡性好。

③毛棕榈油甲酯——棕榈燃料：生物柴油的应用提高了棕榈油的工业价值，但对油脂化学品的供给会产生相当大的影响。利用植物油制造生物柴油是新兴产业，棕榈油甲酯作为生物柴油是非常热门的话题。棕榈油制得的生物柴油与石化柴油及其混合物在应用性能方面相比较，添加棕榈油甲酯可以增加发动机的制动力，减少发动机的磨损，同时减少废气的排放量。但是棕榈油甲酯冷稳定性差，这个缺点限制了其在低温条件下的应用。

④氧化棕榈油合成润滑剂：由棕榈油、棕榈硬脂精或棕榈油酸酯与过氧酸反应生产的环氧棕榈油和棕榈油产品，能被用作塑料工业的润滑剂。润滑剂能够减少接触表面之间的摩擦和磨损，减少能源的浪费。近些年来，植物油作为一种可再生资源合成的润滑剂在工业上和交通运输上得到了广泛的应用。但有研究发现，植物油氧化稳定性较差、低温性能差、黏度范围较窄，这限制它们作为工业润滑剂的应用前景。如果将它们合成各种类型的基质油如聚α烯烃、酯、聚硅氧烷油、磷酸酯等，可以使植物油的缺点得以改

善。棕榈油及其由酯化作用产生的产品，经氧化裂解产生单酯、二酯，可作为润滑基质油。并且棕榈油经过进一步的合成得到的润滑剂要比毛棕榈油合成的润滑剂效果好。

⑤化妆品和个人用品：随着化妆品工业的发展以及近些年消费者对天然物品的追求，天然脂质逐步应用在化妆品上。天然脂质主要是天然的、天然衍生物或合成的，而且天然脂质与人类皮肤内或皮肤上的脂质相似，所以它是可以应用到化妆品上的。棕榈油本身可作为吸留剂，是皮肤保护产品的成分。棕榈油中提炼的脂肪酸及其衍生物脂肪酸酯、脂肪胺等也可作为乳化剂、润湿剂、软化剂、润滑剂和调节剂等被广泛应用在个人用品和化妆品配方中。

⑥在表面活性剂上的应用：我国使用的表面活性剂一般由石油等基础原料加工而成，这些化学合成的表面活性剂在土壤和水中不能被完全生物降解，这不仅危害到全球环境，而且威胁到人们的身体健康。因此，人们越来越关注具有良好的生物降解性、无毒或低毒且在高温或极端pH环境下仍有效的生物表面活性剂。以棕榈油的油脂化学品脂肪酸酯为原料，可以生产各类可生物降解的表面活性剂。

（4）棕榈油产品的工业用途。近些年来，棕榈油的工业用途得到了快速的发展。国际上，大量棕榈油被应用于工业用途；在我国，棕榈工业产品有“工业味精”之称，足见其应用之广泛。工业使用的精炼棕榈油，要求熔点不低于44℃，主要用于制造肥皂、硬脂酸及甘油，每年的需要量基本是十几万吨。近年来，随着原油价格的上涨，生物燃油的题材再度被挖掘，棕榈油作为生物燃料的用途被发现，成为未来棕榈油用途的新增长点，许多学者已利用棕榈油及棕榈仁油制备生物柴油。

（5）棕榈油的综合利用前景广阔。棕榈油不仅有丰富的营养，而且有很高的利用价值，开发棕榈油的系列产品具有广阔前景。对棕榈油进行全面分析，生产棕榈油的系列产品可以拓宽食用品系，增加非食用产品种类，可以提高棕榈油的综合利用价值，丰富人民生活，增强国际贸易，企业获得较高的经济效益。

五、棕榈油的制取及贮藏

1. 棕榈油的制取

螺旋压榨提取棕榈油的工艺流程及操作要点如下。

（1）工艺流程。棕榈油的制取工艺见图4-3。

鲜果穗→杀酵→脱果→捣碎→蒸坯→榨油→澄油→干燥→棕榈原油

↓

油饼

图4-3　棕榈油的制取工艺

（2）操作要点。

①杀酵：杀酵的目的是破坏果肉组织中脂肪酶的活性，通常要求在果穗采摘后24h内进行。杀酵后的果实易于从果穗上脱落下来，果实也变得松软易于捣碎。将常压电加热蒸煮机预先加热至沸腾，将果穗放入蒸煮机内。在100℃条件下杀酵3h。由于蒸煮机容量有限，一次只能放入3～6串果穗。

②脱果：将杀酵后的果实自然冷却。人工从果穗上脱离果实，便于捣碎和榨油。

③捣碎：撕碎果实表皮，使果肉与果核分离；利用捣碎机捣烂果肉组织，破坏细胞壁，有利于油脂从果肉组织中析出。

④蒸坯：蒸坯的目的是破坏果实组织中油和水所形成的乳化状态。降低油的黏度，有利于油脂流动和析出，同时降低料坯中水分含量，将料坯温度控制在95℃左右。方法是将捣碎后的果肉组织置于电加热蒸汽机内加热1h，使整个料坯的温度达到设定温度。

⑤榨油：将杀酵后的果穗和加热后的果肉组织分别进行压榨。物料加入螺旋榨油机进料口内，主轴转速预先调至80r/min。在螺旋压力的作用下，油脂从果肉组织中析出，流入收集桶内，纤维和果核从另一端排出。

⑥澄油：将收集到的油水混合物过滤除杂，然后加入适量水后煮沸1h。停止加热后静置3h，待油、水和杂质分层后，将上层的油倒出。

⑦干燥：将澄油后的棕榈油再次加热至沸腾并保持0.5h左右。此时油中不再有气泡产生，表明油中残存的水分已经基本被去除。将油倒出即得棕榈原油。

2. 棕榈油的贮藏

在制作棕榈油时应除去铁质，这样可以间接控制其氧化作用。同时，注意对促使油脂氧化的一切环境条件加以控制。输送机、提升机应定期进行清理，防止由种植地带来的泥土等对油造成污染。所用设备切勿使用带有铜、黄铜、青铜的配件，防止铜与油的接触。其原因是铜是一种强氧化剂，铜离子的存在可以加速棕榈油脂的变质。取油时，尽可能保持较低的温度，同时尽量减少油暴露在空气中的时间。

棕榈油在进入贮油罐之前，温度应降到45～50℃。油装进罐后，应在罐内充入惰性气体（二氧化碳、氮气），也可以在油中加些抗氧化剂，以防止油脂贮藏过程中的氧化。贮油罐应采用大容量的，这样可减少装卸时油的飞溅。

棕榈油在运输和卸货时的注意事项如下。

（1）贮油罐的涂料应采用环氧树脂，装油前要对贮油罐进行清洁检查。

（2）用惰性气体喷布和覆盖贮油罐。

（3）油在装运时不能外溅。

（4）油的装船温度不超过55℃。

（5）船运期间油温应保持在32～40℃。

（6）棕榈油运到终点时，应装入涂有环氧树脂的油罐中并充入氮气。

项目五 橄榄油的加工

知识目标

1. 了解橄榄油和油橄榄果渣油的分类。
2. 掌握橄榄油的质量指标。
3. 了解橄榄油的价值。
4. 掌握橄榄油的制备工艺。
5. 掌握橄榄油的感官分析方法。

技能目标

1. 能进行橄榄油感官分析。
2. 能分析橄榄油工艺要点。
3. 能设计油脂加工工艺。

橄榄油在地中海沿岸国家已有几千年的食用历史，因其极佳天然保健功效、美容功效和理想烹调用途，被誉为液体黄金、植物油皇后、地中海甘露等。可供食用的高档橄榄油是以成熟油橄榄鲜果通过物理冷榨工艺制取的天然果油汁，是世界上唯一以自然状态形式供人类食用的木本植物油。橄榄油以其独特理化指标与保健功能，逐步成为新世纪理想食用植物油。

一、油橄榄和橄榄油概述

（一）油橄榄

油橄榄也称齐墩果、洋橄榄、阿列布，木樨科常绿乔木油橄榄树的椭圆形或卵形核果；长20～25mm或更长，成熟时呈黑色，光亮，原产于中东，盛产于地中海沿岸国家（西班牙、意大利、法国、希腊）、中东（土耳其、以色列、伊朗）及北非各国，我国四川、陕西也有少量种植。油橄榄是一种古老的木本油料作物，可用于制油。

（二）橄榄油和油橄榄果渣油的分类

1. 橄榄油的分类

橄榄油是以油橄榄鲜果为原料制取的油脂，采用溶剂浸提或重酯化过程获得的油脂除外，并且不得掺杂其他种类的油脂。

《橄榄油、油橄榄果渣油》（GB/T 23347—2021）中将橄榄油分三类：初榨橄榄油、精炼橄榄油、混合橄榄油。其中初榨橄榄油又分为特级初榨橄榄油、中级初榨橄榄油和初榨油橄榄灯油。

（1）初榨橄榄油。初榨橄榄油是用机械或其他物理方式直接从油橄榄果实中获取的初榨油，榨油过程中外界条件特别是温度不导致油中成分改变。该油除进行清洗、倾析、离心或过滤外，没有进行过任何其他处理。

①特级初榨橄榄油：其游离脂肪酸含量（以油酸计）为每100g油中不超过0.8g，即其酸值（以氢氧化钾计）不大于1.6mg/g，且其他指标符合标准适用范围的规定。

②中级初榨橄榄油：其游离脂肪酸含量（以油酸计）为每100g油中不超过2g，即其酸值（以氢氧化钾计）不大于4.0mg/g，且其他指标符合标准适用范围的规定。

③初榨油橄榄灯油：其游离脂肪酸含量（以油酸计）为每100g油中不超过2g，即其酸值（以氢氧化钾计）大于4.0mg/g，且其他指标符合标准适用范围的规定。

（2）精炼橄榄油。精炼橄榄油是初榨油橄榄灯油经精炼工艺（不得改变其甘油酯结构）制取的油品，其游离脂肪酸含量（以油酸计）为每100g油中不超过0.3g，即酸值（以氢氧化钾计）不大于0.6mg/g，且其他指标符合标准适用范围的规定。

（3）混合橄榄油。混合橄榄油是精炼橄榄油和初榨橄榄油（除初榨油橄榄灯油外）的混合油品，其游离脂肪酸含量（以油酸计）为每100g油中不超过1g，即酸值（以氢氧化钾计）不大于2.0mg/g，且其他指标符合标准适用范围的规定。

2. 油橄榄果渣油的分类

油橄榄果渣油是采用溶剂或其他物理方法从油橄榄果渣中获得的油脂，不包括再酯化工艺获得的油脂，不得掺杂其他种类的油脂。该类油品在任何情况下都不能称作橄榄油。

油橄榄果渣油包括：粗提油橄榄果渣油、精炼油橄榄果渣油和混合油橄榄果渣油。

（1）粗提油橄榄果渣油。粗提油橄榄果渣油是未经处理的油橄榄果渣油，不能直接食用。

（2）精炼油橄榄果渣油。精炼油橄榄果渣油是粗提油橄榄果渣油经精炼工艺（不得改变其甘油酯结构）制取的油品。

（3）混合油橄榄果渣油。混合油橄榄果渣油是精炼油橄榄果渣油与初榨橄榄油（除初榨油橄榄灯油外）的混合油品。

油橄榄果渣油和橄榄油都可以作为食用油使用，而且两者脂肪等化学成分差别不大，食用油橄榄果渣油也不会对身体有负面影响。虽然脂肪酸成分相近，但油橄榄果渣油的香味不及橄榄油，而且具有抗氧化作用即有助抗衰老的多酚类的含量也非常低。

（三）橄榄油的质量指标

橄榄油的质量指标见表4-14。

表4-14 橄榄油的质量指标

项目	质量指标				
	特级初榨橄榄油	中级初榨橄榄油	初榨油橄榄灯油	精炼橄榄油	混合橄榄油
感官评判	具有橄榄油固有的气味和滋味，正常		—	正常	正常
缺陷中位值	0	0~2.5	>2.5	—	—
果味特征中位值	>0	>0	—	—	—
色泽	—	—	—	浅黄色	浅黄到浅绿
透明度（20℃，24h）	清澈	清澈	—	清澈	清澈
酸值（以氢氧化钾计）/（mg/g）	≤1.6	≤4.0	>4.0	≤0.6	≤2.0
过氧化值/（mmol/kg）	≤10.0	≤10.0	—	≤2.5	≤7.5
溶剂残留量/（mg/kg）	—	—	—	不得检出	
270nm紫外线吸收光度	≤0.22	≤0.25	—	≤1.10	≤0.90
232nm紫外线吸收光度	≤2.50	≤2.60	—	—	—
水分及挥发物含量/%	≤0.2	≤0.2	≤0.3	≤0.1	≤0.1
不溶性杂质含量/%	≤0.1	≤0.1	≤0.2	≤0.05	≤0.05
铁含量/%	—	—	≤3.0	—	—
铜含量/%	—	—	≤0.1	—	—

注：划有“—”者不检测。当溶剂残留量检出值小于10mg/kg时，视为未检出。

二、橄榄油的价值

1. 橄榄油的营养成分

橄榄油中含有65.8%~84.9%的单不饱和脂肪酸，除了供给人体大量的热能外，还能调整人体血浆中高、低密度脂蛋白胆固醇的比例。食用橄榄油后可以增加人体内高密度脂蛋白（HDL）的平衡浓度，以保证人体对胆固醇的要求，而且还会降低血浆中低密度脂蛋白（LDL）的浓度，以防止人体内胆固醇过量。

橄榄油中含有3.5% ~ 22%的多不饱和脂肪酸，多不饱和脂肪酸又可分为w-3脂肪酸（主要为亚麻酸）和w-6脂肪酸（主要为亚油酸）。这些是人体所必需且人体又不能自身合成的脂肪酸，所以也称作必需脂肪酸。据世界医学界数十年对人体必需脂肪酸的研究证明：当人体的必需脂肪酸含量w-3脂肪酸和w-6脂肪酸的比率为1∶4时，各种疾病很难入侵人体。而橄榄油中所含的必需脂肪酸的比例正好是1∶4，同人乳相似。

橄榄油中含有丰富的微量元素、角鲨烯、黄酮类物质和多酚化合物，能增强人体的免疫力，延缓衰老。它还含有0.03 ~ 0.36mg/100g的β-胡萝卜素、1.2 ~ 43mg/100g的维生素E，以及维生素A、维生素D、维生素K等多种脂溶性维生素，其是人体器官必需的营养物质。因此，当今医学界把橄榄油公认为最益于健康的食用油之一，美国、德国等西方国家早已把橄榄油载入药典。

2. 橄榄油的健康价值

（1）促进血液循环。橄榄油能防止动脉硬化以及动脉硬化并发症、高血压、心脏病、心力衰竭、肾衰竭、脑出血。有文献提到，食用油中w-6脂肪酸会使动脉收缩，从而迫使心脏超负荷工作，造成高血压。而橄榄油中的w-3脂肪酸能增加氧化氮这种重要的化学物质的量，可以松弛动脉，从而防止因高血压造成的动脉损伤。另外，w-3脂肪酸还可以从两个方面防止血块的形成：首先，它能降低血小板的黏稠度，让血小板与纤维蛋白原不易缠绕在一起；其次，w-3脂肪酸能降低纤维蛋白原的量，也就大大减少了血栓形成的概率。

（2）改善消化系统功能。橄榄油中含有比任何植物油都要高的不饱和脂肪酸，丰富的维生素A、维生素D、维生素E、维生素K和胡萝卜素等脂溶性维生素及抗氧化物等多种成分，并且不含胆固醇，因此人体消化吸收率极高。它有减少胃酸、阻止发生胃炎及十二指肠溃疡等病的功能；并可刺激胆汁分泌，激化胰酶的活力，使油脂降解，被肠黏膜吸收，以减少胆囊炎和胆结石的发生。还有润肠功能，长期食用可以有效缓解便秘。

（3）保护皮肤。橄榄油富含与皮肤亲和力极佳的角鲨烯和人体必需脂肪酸，其可以被迅速吸收，有效保持皮肤弹性和润泽；橄榄油中含丰富的单不饱和脂肪酸和维生素E、维生素K、维生素A、维生素D等维生素及酚类抗氧化物质，能消除面部皱纹，防止肌肤衰老，有护肤护发和防治手足皴裂等功效，是可以吃的美容护肤品；另外，用橄榄油涂抹皮肤能抗击紫外线，防止皮肤癌的形成。

（4）提高内分泌系统功能。橄榄油能提高生物体的新陈代谢功能。这是因为橄榄油中含有80%以上的单不饱和脂肪酸和w-3脂肪酸，而w-3脂肪酸中的DHA可以增加胰岛素的敏感性，当细胞膜中不饱和脂肪酸的含量越高，拥有的双键数量越多，其活动性就越强。而有着6个双键的DHA是最不饱和脂肪酸，因此也就让细胞膜最具活动性。活动性强的细胞膜胰岛素受体的数量多，对胰岛素也就越敏感。当人体摄入适当比例的脂肪酸时，新陈代谢就更为正常，而发生肥胖、糖尿病的概率就会降低。最新研究结果表明，健康人食用橄榄油后，体内的葡萄糖含量可降低12%。所以，目前橄榄油已成为预防和控制糖尿病的最好食用油。

（5）对骨骼系统的益处。橄榄油中的天然抗氧化剂和w-3脂肪酸有助于人体对矿物质的吸收，如钙、磷、锌等，可以促进骨骼生长；另外，w-3脂肪酸有助于保持骨密度，减少因自由基（高活性分子）造成的骨骼疏松。

（6）防癌作用。由于橄榄油中含丰富的单不饱和脂肪酸与多不饱和脂肪酸，其中多不饱和脂肪酸中的w-3脂肪酸能降低癌肿从血液中提取的亚油酸的数量，使癌肿戒除了一种非常需要的营养物质。w-3脂肪酸还能与w-6脂肪酸争夺癌肿在代谢作用中所需要的酶，使癌细胞的细胞膜更为不饱和，变得易于破坏，能抑制肿瘤细胞生长，降低肿瘤发病率。因此，它能防止某些癌变（乳腺癌、前列腺癌、结肠癌、子宫癌）。此外，w-3脂肪酸（多不饱和脂肪酸）还可以增加放疗及化疗的功效，放疗及化疗是通过自由基（高活性分子）的爆发攻击细胞膜来杀死细胞的。当细胞膜受到足够的伤害时，癌细胞就会发生自毁作用。而w-3脂肪酸让细胞膜更易受到自由基的攻击，从而增加了化疗和放疗的功效。

（7）防辐射作用。由于橄榄油含有多酚和脂多糖成分，所以橄榄油还有防辐射的功能，因此橄榄油常被用来制作宇航员的食品。经常使用电脑者更视其为保健护肤的佳品。在长时间使用电脑之前，可以用橄榄油按摩面部及眼角，也可以通过使用富含橄榄油的沐浴品来达到相同的作用。

（8）抗衰老。橄榄油众多成分中，胡萝卜素和叶绿素赋予橄榄油黄绿色，而叶绿素起新陈代谢作用，促进细胞生长，加速伤口愈合；还有助于美化人的外表，减少皱纹的产生。橄榄油含有的抗氧化剂可以消除体内自由基，恢复人体脏腑器官的健康状态，能防止脑衰老，并能延年益寿。

（9）预防心脑血管疾病。橄榄油可以从多方面保护心血管系统，它通过降低高半胱氨酸（一种能损伤冠状动脉血管壁的氨基酸）防止炎症发生，减少对动脉壁的损伤；通过增加体内氧化氮的含量松弛动脉，降低血压。橄榄油中的单不饱和脂肪酸能够降低LDL胆固醇的氧化作用。橄榄油中所含有的角鲨烯，可以增加体内HDL胆固醇（好胆固醇）的含量，降低LDL胆固醇（坏胆固醇）的含量，而体内HDL胆固醇的数量越多，动脉中氧化的LDL胆固醇的数量就越少。橄榄油能通过增加体内w-3脂肪酸的含量来降低血液凝块形成的速度。

（10）橄榄油与血压。高血压是指动脉高血压。当人体血压读数持续保持在140/90mmHg以上时，就是高血压。高血压是动脉硬化发展过程中主要的风险因素之一，它与高胆固醇、吸烟、肥胖、糖尿病一起，并称为发达国家的主要健康问题。像其他风险因素一样，生活方式对高血压有直接的影响。1/4的成年人有高血压问题。高血压会对人体动脉，特别是给心脏、肾脏、大脑和眼部供血的动脉带来损伤，增加过早死亡的危险。

有证据显示，在膳食中添加橄榄油（不改变任何其他形式）确实有降血压的作用，经常食用橄榄油会降低心脏收缩压和舒张压。当食用橄榄油时，每日需要服用的降压药物的剂量可以减少，这可能是由多酚引起的硝酸减少的缘故。

（11）抗菌消炎。橄榄油富含单不饱和脂肪酸，就是油酸。它可以增加高密度脂蛋白胆固醇（一种在血液中流动的好胆固醇），并且降低坏胆固醇。它还有消炎的作用，对血管和关节都有好处，而且富含有防癌作用的植物甾醇类和多酚类物质。

（12）制作婴儿食品。根据其成分和可消化性，橄榄油是最适合婴儿食用的油类。婴儿一半的热量来自母乳中的油脂，在断奶后，所需要的热量就要通过饮食中的油脂获得。原生橄榄油营养成分中人体不能合成的亚麻酸和亚油酸的比值和母乳相似，且极易被吸收，能促进婴幼儿神经和骨骼的生长发育，是孕妇极佳的营养品和胎儿生长剂，对于产后和哺乳期是很好的滋补品。

（13）预防Ⅱ型糖尿病。除高血糖症外，Ⅱ型糖尿病通常表现出腹部肥胖、高血压、血脂异常、体内油脂氧化率高、心血管疾病、神经病、肾病或视网膜疾病等综合病症。由于橄榄油富含一元不饱和脂肪酸和多种天然抗氧化剂，与碳水化合物含量高的食物相比，能促进有利的脂蛋白谱形成和控制血糖，能更有效地减少与Ⅱ型糖尿病有关的代谢综合征。因此，橄榄油已被推荐作为Ⅱ型糖尿病患者理想的脂肪来源。

（14）预防阿尔茨海默氏病。神经和行为症候学研究表明，阿尔茨海默氏病是引起老年性痴呆的主要原因，通常是与突触功能障碍、神经退行性疾病和脑细胞大量损失密切相关。尽管阿尔茨海默氏病的病因至今尚未清楚，但一些推测认为，阿尔茨海默氏病的神经退行性问题可能与毒神经的突起，如发炎和自由基相关神经性中毒有关。由于橄榄油含多种天然抗氧化物质且多元不饱和脂肪含量极低，因此能抑制自由基形成和防止神经毒性产生，从而预防阿尔茨海默氏病的发生。

三、橄榄油的制备工艺

橄榄油
加工工艺

1. 工艺流程

橄榄油制备工艺流程：橄榄果→运输→榨油厂（清洗、压碎、碾磨）→压榨/分离（压榨、分离、移注）→纯橄榄油→贮藏。

首先必须说明的是，树龄5年以上的油橄榄才开始产果，树龄20年左右的油橄榄是产果高峰期的开始，到树龄100年后产量才会开始下降，但是橄榄果的质量保持不变。橄榄油质量好坏受很多因素的影响，其中包括以下几方面。

（1）种植。地中海得天独厚的气候条件孕育了油橄榄，温暖漫长的冬季、炎热干燥的夏季、充足的日照沙地，非常适宜油橄榄的成长。

（2）收获采摘。油橄榄春季开花，在夏季至秋季末，果实开始形成然后成熟，并从绿色变为黑色。青果中含油率低但含有较高多酚类化合物，黑果中含油率高但抗氧化物含量低，因此为了保证油的质量和产油率，青果与黑果的最佳比例是75：25，实际生产中控制其比例为50：50左右。

在西班牙，橄榄果的采摘通常是在11月到次年1月。为获取高质量的油液，最重要的是保证橄榄果实绝对新鲜和完好。橄榄果的采摘按照自古以来的传统技术，几乎都用手工来完成。手工采摘橄榄果可以把握其大小和成熟程度，并且可以减少对橄榄果的损害，因为橄榄果皮的擦伤可导致果质的腐烂。这个过程中，最关键的是不能让果实受到撞击或切割之类的伤害，否则会引起发酵，影响橄榄油的质量。收集橄榄油需要大量的劳动力，这也正是橄榄油的价格高于其他植物油价格的主要原因之一。

为保证质量，橄榄果必须在采摘后的24h内进行加工。这样可最大限度缩短采摘到冷藏的时间，防止氧化和保持酸度。如搁置时间过长，就有可能引起发酵，影响到油的香气和滋味。

（3）运输。运输过程一定要保证不碰碎橄榄果。到榨油厂后，橄榄果也不能堆放，以免过热引起发酵，这样才能得到高品质的橄榄油。

无论采用传统方式或现代方式，均完全采用物理手段对橄榄果进行加工，且温度始终保持在30℃以下。因此，橄榄油是现有食用油脂中唯一始终保持原始状态的油脂。

橄榄油其实不是橄榄果核压榨出来的油，而是真正的橄榄果汁，它来自橄榄果肉，这在所有种类的植物油中是独一无二的。其制取方法更是独特，只用纯物理方法冷压榨，因此是纯天然产品，而其他植物油一般均是从植物种子中采用化学溶剂或者加热提炼而来的。

（4）加工。传送带上的橄榄果须通过通风区域吹离叶子、灰尘，然后再进行水洗；将橄榄果碾碎至糊状，挤入底盘中，最后送入冷榨机中；冷榨机通常是液压方式，或是大型的离心式机器。冷榨机榨出橄榄果汁和橄榄油，因该过程中温度不能超过35℃，因此称为冷榨，冷榨后剩下的是纤维状橄榄渣。用分享瓶或离心分离器将橄榄油从水中分离出来，并于3h内在无菌车间迅速灌装，放置于避热和避光处。

（5）贮存。橄榄油贮存于地窖或仓库，理想温度15～18℃，并用特制器皿，以防橄榄油氧化。

2. 操作要点

（1）运输和存放。采集的鲜果应放入小的篮子中，再将篮子堆放，运到加工厂，平铺在通风的贮存室，避免鲜果过压、过热和碰伤，否则易氧化和发酵。但在实际运输中采用大麻袋装果堆放，因此堆放时间不应超过1～2天。

（2）去枝叶。采用带式输送和风选，枝叶通过风机分离果子。要求果子中没有叶子，因为叶子含有较多的叶绿素，在破碎和融合过程中因温度较高，叶绿素易氧化而影响油品质量，因此风机的功率较大。

（3）清洗。清洗的目的是除尘和除去少量的叶子，清洗需要一定量的水，会产生废水。为减少废水量，采用循环水清洗，其控制量为2吨水清洗5吨果。

（4）磨碎。采用锤式破碎机破碎，其筛孔大小和捶打速度是关键，最佳的筛孔直径为6mm，最佳捶打速度为2500～3000r/min，其油的酸度、过氧化物UV值、总酚类和甾醇等有较好的结果。

（5）融合。破碎的果浆转移到融合池，通过螺旋杆运动而混合均一，一方面有利于散热，另一方面有利于油滴的形成，避免乳化。控制温度与混合时间是关键，最佳时间为30min，温度小于40℃，采用夹层通水的降温方法。

（6）离心倾析。目前，大多采用三相离心，少数采用二相离心。三相离心需要加入40%～50%的水，其中果渣占45%左右，其残油率为4%～6%，出油率为25%左右；二相离心不需要加水，果渣占75%左右，其含水率为60%～65%，出油率为25%左右。离心机转速为3000r/min。

（7）贮存。离心分离的油放入大的不锈钢贮罐中贮存，避免光和热，必要时可充氮保护。

（8）装瓶。贮罐里的油定期放出少量的水和油脚，如仍不澄清，可拌硅藻土通过板框过滤，然后分装小瓶。

3. 橄榄油感官分析

感官评价是利用人类的感觉器官对食品进行分析及评价，其过程融合了生理学、心理学及统计学，分析结果客观可信。

橄榄油与其他原料经过压榨、浸出或者精炼的油脂不同。初榨橄榄油是直接从新鲜的橄榄果实中采取机械冷榨的方法榨取，经过过滤等处理除去异物后得到的油汁，加工过程中完全不经化学处理，因此它完好地保存了原果实的口味和香气。但由于加工工艺简单，橄榄油中可能存在的风味影响更多。国际公认最科学的橄榄油评价方式是感官分析。

（1）评价风味描述。初榨橄榄油产生的风味见表4-15。

表4-15 初榨橄榄油产生的风味

缺陷	腐的霉味	橄榄油在堆积或贮存过程中，与油罐中的沉淀物接触，发生强烈的厌氧发酵，从而产生的气味
	潮湿的霉味/潮湿味/泥土味	长时间（比如几天）在潮湿环境下贮存的橄榄果，在压榨前已经有大量真菌和酵母在果实内发酵，或是收获时没有将橄榄果上的泥土和灰尘清洗干净，这样的果实压榨后具有的气味
	酒味/醋味/酸味	橄榄油让人联想到红酒或者醋的味道。产生这种气味的主要原因是橄榄果经过有氧发酵或是垫子碾压后没有清洁干净，导致产生乙酸、乙酸乙酯和乙醇
	酸败味	油脂经历强烈的氧化过程后产生的气味
	湿木头的味道	从在树上已受霜冻的橄榄果中提取的橄榄油具有的气味
	热或灼烧的味道	在不适宜的加热条件下进行过度（长时间）加热处理，尤其是长期存放的油产生浓稠的糊状口感加工过程中的橄榄糊浆被过度加热时引起的气味
	粗粝感	从已经变干的橄榄果中制取的橄榄油所具有的风味
	油腻味	橄榄油与柴油、动物油脂或矿物油相似的油腻风味
	植物水的味道	橄榄油长时间与植物水接触发酵产生的风味
	盐水味	存放在盐水中的橄榄果制取的橄榄油所具有的风味
	金属味	橄榄油在破碎、混合、压榨或贮存的过程中，接触金属表面产生的让人联想到金属的味道
	茅草味	橄榄果在压榨过程中使用新的茅草垫，从而产生的气味。鲜茅草垫和干茅草垫可能产生不同的气味
	生蛆的味道	用被蝇幼虫大量侵害的橄榄果压榨得到的橄榄油的特殊风味
	黄瓜味	橄榄油在密封条件下，特别是密封的锡罐中放置时间太久，产生2，6-壬二烯醛形成的气味
正面特征	果味	果味是橄榄油的主要嗅觉特征，果味与橄榄果的品种、完整度和新鲜度有关，成熟的橄榄果或青的橄榄果产生不同的果味。果味可直接通过鼻子后部的嗅觉感知
	苦味	苦味是橄榄油的主要味觉特性，主要来源于青的橄榄果或正在变色的橄榄果提取的橄榄油，苦味的感知区间在舌头V形区域的轮廓乳突上
	辣味	辣味是橄榄油的主要特性，主要来源于年初采摘的青的橄榄果提取的橄榄油。辣味的感知区域是整个口腔，特别是喉咙处

（2）评价规则。品尝师进行感官评价时遵守的规则有：当被评价小组组长邀请参加感官分析时，品尝师应能够按时出席；评价前30min内不能抽烟或者喝咖啡；在评价时身上不能有任何香水、化妆品和肥皂的气味；必须用无味的肥皂洗手，冲洗干净并干燥，消除所有气味；评价前1h禁食；如感到身体不适，特别是嗅觉或味觉受到了影响，或者有任何的心理因素导致不能集中注意力时，品尝师应中断评价，及时通知评价小组组长；当品尝师遵守了以上规则之后，应安静、有序地进入评价隔间并就座；品尝师应当认真阅读感官评价表及评价规则，直到品尝师做好充分的准备（放松、从容不迫）后再开始评价样品；如果有任何疑问，应及时并且单独（不影响其他品尝师的情况下）咨询评价小组组长；品尝师进行评价时必须保持安静；为了避免干扰自己和其他同事的评价，应全程关闭手机。

（3）评价步骤。品尝师拿起品尝杯，表面皿应一直盖在品尝杯上，微微倾斜品尝杯，并保持倾斜的角度，轻轻地旋转品尝杯，使油样最大程度地润湿品尝杯内部。然后移开表面皿，缓慢地深呼吸来闻油样的味道。闻的时间不应超过30s，如果30s内没有确定的结论，应在再次评价前休息一会儿。

嗅觉评价完成后，品尝师将进行味觉评价。品尝师吸取一小口油约3mL，滑动舌头让油从舌尖分布到舌根，从上颚分布到喉咙，充满整个口腔。因为味觉和触觉在舌头、上颚和喉咙的感知强度是不一样的。

需要强调的是，品尝师须确保油量足够分布在整个口腔的各个感知区域，同时注意按顺序感知其中的苦味和辣味。否则，这两种刺激可能在某些油样中未被捕捉到，或者辣味刺激将苦味刺激掩盖住了。

品尝师进行短促、连续的呼吸，通过嘴巴吸入空气，不仅使样品充满整个口腔，而且使挥发性芳香族化合物进入鼻根中。

注意：当品尝师在评价某个样品时，没有感知到果味并且缺陷强度不大于3.5，应把品尝杯从加热装置中移出，敞开放置在桌面上，然后进行其他样品的评价工作。当放置的样品温度与室温一致时，品尝师应再次评价该样品，并且仅针对样品的果味强度进行评价。如果感知到果味，在评价表中标注果味强度。

因为要品尝辛辣的触觉强度，建议评价后吞食样品。

为避免立即评价其他样品时产生对比效果，建议每次最多评价四个样品，每天最多评价三次。

连续的评价会产生疲劳或味觉敏感度降低，有必要消除之前的样品在口腔中留下的味道。建议食用一小片苹果，嚼后，吐入痰盂，然后用温水漱口。此外，每次评价至少相隔15min。

（4）评价结果。油样按缺陷评价的中位值和果味评价的中位值被分类。缺陷中位值定义是打分最高的缺陷的中位值。缺陷中位值和果味中位值精确到小数点后一位。

油样通过比较缺陷中位值和果味中位值来进行如下分类。方法误差在限定计算范围时已被考虑在内。因此，中位值均是绝对值。

特级初榨橄榄油：缺陷中位值是0并且果味中位值大于0。中级初榨橄榄油：缺陷中位值大于0小于等于3.5，果味中位值大于0。初级初榨橄榄油：缺陷中位值大于3.5小于等于6，或缺陷中位值小于等于3.5但果味中位值是0。初榨橄榄油灯油：缺陷中位值大于6。

为了确保评价的准确性和严谨性，或者当品尝师的评价结果出现分歧时，评价小组组长有权要求品尝师对同一种样品再次进行评价，复评必须在相同条件下进行。

模块四 木本油料加工

实训内容

实训一　油脂的品质检验

1. 实训目的

（1）通过对标准溶液的配置、标定及数据分析等内容，综合训练化学分析的基本技能。

（2）掌握鉴别食用植物油脂品质好坏的基本检验方法。

2. 实训原理

脂肪氧化的初级产物是氢过氧化物ROOH，因此可以通过测定其含量，评价脂肪的氧化程度。同时，脂肪氧化的初级产物可进一步分解，产生小分子的醛、酮、酸等。因此，酸价也是评价脂肪变质程度的一个重要指标。

过氧化值的测定采用碘量法，即在酸性条件下，脂肪中的过氧化值与过量的碘酸钾反应生成碘，用硫酸钠滴定生成的碘，求出每千克油中所含过氧化物的物质的量，称为脂肪的过氧化值（POV）。《食品安全国家标准　植物油》（GB 2716—2018）规定：过氧化值（以脂肪计）≤0.25g/100g。

油脂的酸价以中和1g脂肪中游离酸所需消耗的氢氧化钾的质量（mg）表示。酸价的测定是利用酸碱中和反应，测出脂肪中游离酸的含量。同一种植物油酸价越高，说明其质量越不新鲜。测定酸价可以评定油脂品质的好坏和贮藏方法是否得当。《食品安全国家标准　植物油》（GB 2716—2018）规定：花生油、菜籽油、大豆油酸价≤3mg/g。

3. 操作步骤

（1）过氧化值的测定。称取2g（准至0.01g）油脂置于干燥的250mL碘量瓶底部，加入20mL氯仿-冰乙酸混合液，轻轻摇动使油溶解，加入1mL饱和碘化钾溶液，摇匀，加塞，置于暗处放置5min。取出立即加水50mL，充分摇匀，用0.01mol/L硫酸钠溶液滴定至水层呈淡黄，加入1mL淀粉指示剂，继续滴定至蓝色消失，记下体积V_1。用相同量的氯仿-冰乙酸混合液、碘化钾溶液、水，按同一方法，做试剂空白试验，空白试验消耗的硫酸钠溶液的体积记为V_2。

（2）酸价的测定。称取油脂4g（准确至0.01g）于250mL的锥形瓶中，加入中性乙醚-乙醇混合液50mL，小心旋转摇动烧瓶使试样溶解，加三滴酚酞指示剂，用0.1mol/L碱液滴定至出现微红色在30s不消失，记下消耗碱液毫升数（V）。

4. 注意事项

（1）测定酸价，当样液颜色较深时，可减少试样用量或适当增加混合溶剂的用量。

（2）测定过氧化值时，饱和碘化钾溶液中不可存在游离碘和碘酸盐。

（3）滴定过氧化值时，三氯甲烷、乙酸的比例以及加入碘化钾以后静置时间的长短、加水量的多少等均对结果有影响，应严格控制试样与空白对照测定条件的一致性。

实训二 橄榄油的感官鉴定

橄榄油除了根据其原产地、具体品种、企业品牌、生产工艺、理化指标、卫生指标和产品包装等区分质量优劣外，国际上还有专业品油师通过感官来鉴定橄榄油的品质，类似于鉴别酒类的品酒师。品油师在品评前或品评过程中，不能使用有可能影响其感觉器官的香水、烟、酒、咖啡等刺激性物品。

（1）把需要品评的橄榄油依次倒入15mL的小玻璃杯中，每次拿起一杯，手掌紧贴杯底，轻轻晃动，用手掌的温度将橄榄油加热，使油的香味充分散发出来，观察油的色泽、透明度。

（2）鼻子尽量靠近橄榄油，缓慢地连续深吸气2～3次，注意嗅到的气味。

（3）采取生饮的方式品尝橄榄油，每次喝入2～3mL，让油充分浸润到口腔中各个感官部位，嘴微张，连续迅速吸气2～3次，让空气和油混合碰到舌头和上颚，再将油吐出。如果需要，可以重复。但重复前，须先用清水漱口，或吃一片苹果，再漱口后品尝。

高品质橄榄油的感官特点如下。

（1）观——油体透亮，浓淡适中，呈金绿色或金黄色，颜色越深越好。

（2）闻——有果香味，不同的树种有不同的果味，品油师甚至能区分30多种不同的橄榄果香味，如甘草味、苦杏仁味、青草味、奶油味、水果味、巧克力味等。

（3）尝——口感爽滑，有淡淡的苦味或辛辣味等，喉咙后部有明显的感觉，辣味感觉比较滞后。

而劣质橄榄油的特点如下。

（1）观——油体较混浊，缺乏透亮光泽，说明放置时间长，已经开始氧化；颜色浅，油质稀，说明是精炼油或勾兑油。

（2）闻——有陈腐味、霉潮味、泥腥味、酒酸味、金属味、哈喇味等异味，说明橄榄油变质或者橄榄果原料有问题，或储存不当。

（3）尝——有异味，或者干脆什么味道都没有，说明油变质，或是精炼油或勾兑油。

模块五

木本药用植物加工

项目一 药用植物的加工基础

知识目标

1. 了解药用植物发展史。
2. 了解我国药用植物资源分布。
3. 了解药用植物加工情况。
4. 理解发展药用植物的意义。

技能目标

1. 能识别药用植物的种类。
2. 能运用植物学的知识和新技术，调查和考证及寻找新药源。

中药材图谱

我国药用植物种类的蕴藏量极为丰富，素有世界药用植物宝库之称，很多药用植物如人参、甘草、黄芪、大黄、三七、当归等，不仅在国内广泛应用，而且也是驰名世界的重要药材。

我国应用药用植物的历史悠久，几乎自有文字以来，就开始了关于药用植物的记载。如我国第一部较为完备的药用植物专著《神农本草经》就收载了药物365种，其中包括植物药252种，以后各朝代有著各种本草书籍，其中明代李时珍著的《本草纲目》就收载了药物1892种，其中包括植物药1094种。可见，我国利用植物药治疗疾病的经验是丰富的。几千年来，这些植物药对保障人民健康和民族繁衍起着重要作用。

我国现有药用植物资源383科2309属11146种，占中药资源种类的87%。在药用低等植物资源中，菌类种数最多，以真菌为主，常用药材有冬虫夏草、灵芝等。药用藻类以海洋藻类种数最多，有120种以上，用作药材的主要有海带、昆布等。药用地衣较多的有梅衣科、松萝科、石蕊科等，约占药用地衣种数的77%，常用种有破茎松萝、长松萝等。苔藓类主要药用种类有地钱、石地钱、蛇苔（蛇地钱）等。蕨类属为孢子植物之首，较重要的是石松亚门和真蕨亚门，占药用种数的98%，常用种有贯众狗脊、骨碎补等。

植物药最早来源于野生植物，随着消费量的增大，人们对部分应用广、来源有限的种类进行了人工引种栽培。但目前为止，已应用的大部分植物药中仍以野生药用植物为主。

一、药用植物资源分布

我国药用植物资源极为丰富，主要包括藻类、菌类、地衣类、蕨类和种子植物等类群。按照我国气候特点、土壤和植被类型，以及药用植物的自然地理分布特点，我国大致可分为八大药用植物区。

（1）东北药用植物区。包括大兴安岭地区、长白山地区和松辽平原地区，是我国关药的主产区，拥有许多优质的药材，代表的有关黄柏、刺五加、五味子、桔梗、地榆、关升麻、黄芪、党参、赤芍、关龙胆等。该区还是我国种植人参的主要产地。

（2）华北药用植物区。有山东低地丘陵地区、黄淮海平原及辽河下游平原地区、黄土高原三个主要产地区，有怀药和北药之称。本区药用植物资源1500种，代表的药用植物有地黄、杏仁、金银花、黄芪、党参、山药、怀牛膝、山楂、菊花、紫苑、北沙参、远志、银柴胡、知母、黄芩、连翘、北苍术、玉竹等。

（3）华中药用植物区。本区是我国地道药材浙药、淮药、南药的主产区，包括长江中下游平原地区、江南山地丘陵地区和南岭山地地区。代表的药用植物有姜黄、栀子、白芍、茯苓、延胡索、东贝母、菊花、葛根、牡丹皮、白术、乌药、半夏等。

（4）西南药用植物区。本区药用植物资源种类多、数量大、质量优，植物药4800种，是地道药材川药、云药、贵药的产区。主要的植物区有秦巴山地区、四川盆地地区、贵州高原地区、云南高原地区，盛产的药用植物有茯苓、厚朴、胡黄连、猪苓、天麻、半夏、川续断、天冬门等。川药代表有川麦冬、川附子、川郁金、川黄连、川乌、川白芍、川独活、川党参、川黄麻、厚朴、黄柏等；贵药代表有半夏、天麻、天冬、黄精、杜仲、吴茱萸、通草等；云药代表有云木香、云苓、云归、冬虫夏草、雪莲花、雪灵芝、红景天、云黄连、金鸡纳、重楼、云天麻、三七、续断等。

（5）华南药用植物区。该区是广药主产区，主要药用植物有檀香、沉香、儿茶、阳春砂、血竭、安息香、益智仁、肉桂、广藿香、田七等。

（6）内蒙古药用植物区。本区药用植物资源分布广、产量大，主产黄芪、防风、赤芍、黄芩、麻黄、知母、甘草、远志、桔梗、郁李仁、蒲黄、苍术、柴胡、苍术等，是蒙药主产地。

（7）西北药用植物区。由于位于干旱地区，本区药用植物资源较少，重要的药用植物有甘草、麻黄、锁阳、伊贝母、新疆紫草、枸杞子、红花、罗布麻、大叶白麻、大黄、姜活等。

（8）青藏高原药用植物区。本区是高原药材主产区，是地道藏药主产区。名贵的药用植物较多，野生种类多，蕴藏量丰富。有川贝母、臧黄连、冬虫夏草、天麻、姜活等，所特有的高原药材有藏茵陈、塔黄、雪灵芝等。

二、药用植物加工情况

药用植物资源加工是一个涉及多个环节的重要过程，从采收到资源产业化，每个环节都关系到药用植物资源的品质、安全性和有效性。药用植物资源加工的各个方面如下。

1. 药用植物的采收

药用植物的采收时间通常根据植物的生长周期和药用部分而定。一般来说，采收时间会因植物种类和用途不同而异。采收方法包括手工采摘和机械采收。在采收过程中，需要注意保护植物资源和生态环境。原料方面，通常选择药效最佳的植物部位进行采收，如根、茎、叶、花和果实等。加工流程包括清洗、修整、干燥等环节。

2. 药用植物的干燥

药用植物的干燥是加工过程中的重要环节之一，主要目的是去除植物体内的水分，便于贮藏和运输。常见的干燥方法包括自然干燥和人工干燥：自然干燥通常在室外进行，依赖自然环境条件干燥；人工干燥则使用设备进行干燥，如烘箱、干燥机等。干燥过程中需要注意控制干燥温度和时间，以保留药用植物的有效成分。品质检验方面，需要对干燥后的药用植物进行质量检验，确保符合相关标准。

3. 药用植物的贮藏

药用植物的贮藏是为了保证其质量和药效的稳定。常见的贮藏方法包括常温贮藏、低温贮藏、真空贮藏等：常温贮藏是在室温下进行贮藏；低温贮藏是将药用植物放置在低温环境下，以延长其保质期；真空贮藏则是将药用植物放入真空袋中，排除空气，可以延长保质期并防止氧化。在贮藏过程中，需要注意对药用植物进行定期检查和维护，确保其质量和药效不受影响。

4. 药用植物的提取

药用植物的提取是指从植物中提取有效成分的过程。根据不同植物种类和用途，可采用不同的提取方法。常见的提取方法包括溶剂提取、超声波提取、微波提取等：溶剂提取是利用有机溶剂或水将植物中的有效成分溶解出来；超声波提取是利用超声波的振动将植物细胞壁震碎，从而释放出有效成分；微波提取则是利用微波能加热植物组织，使细胞内的有效成分溶解出来。提取过程中需要注意温度、时间和溶剂用量的控制，以保留有效成分并避免损坏植物组织。

5. 药用植物的分离纯化

药用植物的分离纯化是提取后的进一步处理过程，旨在去除杂质，提纯有效成分。常见的分离纯化方法包括过滤、沉淀、萃取、层析等：过滤是利用滤纸或其他材料将液体中的杂质去除；沉淀是利用某些试剂使有效成分沉淀出来；萃取是利用有机溶剂将有效成分从一种溶剂转移到另一种溶剂中；层析则是利用不同物质在固定相和流动相之间的分配比不同的原理进行分离纯化。分离纯化过程中需要注意避免对有效成分造成损坏，同时需要控制工艺参数，确保分离纯化的效果。

6. 药用植物的有效成分

药用植物的有效成分是植物中具有药效的化合物或混合物，对于药物治疗和保健具有重要意义。不同种类的药用植物含有不同的有效成分，如生物碱、黄酮类化合物、挥发油等。有效成分的含量也会因植物种类、生长环境、采收时间等因素而异。药效方面，不同的有效成分可能具有不同的药理作用和治疗效果。因此，在药用植物资源加工过程中，需要对有效成分进行深入研究和合理利用。

7. 药用植物的剂型制作

药用植物的剂型制作是将提取和分离纯化后的有效成分制成各种剂型的过程，如片剂、胶囊剂、注射剂、软膏剂等。不同剂型的应用范围和使用方式也不同，需要根据治疗需求和患者实际情况选择合适的剂型。在剂型制作过程中，需要严格控制原料质量、生产工艺和质量控制标准，确保剂型稳定、安全、有效。

8. 药用植物的质量标准制定

药用植物的质量标准制定是为了确保药用植物资源加工产品的质量、安全性和有效性。质量标准制定包括对原料采购、加工工艺、产品质量等方面的要求和控制。具体来说，需要对药用植物的品种、采收时间、产地、加工方法、有效成分含量、重金属和农药残留等方面进行全面规定。同时，还需要建立有效的质量控制体系，实施严格的质量检测和检验程序，确保每个环节的质量符合标准。

9. 药用植物的生物技术应用

生物技术应用在药用植物资源加工中具有重要意义，可以改善植物品种、提高有效成分含量、降低生产成本等方面发挥积极作用。常见的生物技术包括基因工程、细胞工程、发酵工程等。基因工程可以培育优良的药用植物资源。

项目二 药用植物的加工

知识目标

1. 了解药材及时采收的意义和方法。
2. 掌握产地加工、干燥与贮藏的方法。
3. 掌握炮制的目的和方法。
4. 掌握几种林木药材的加工方法。

技能目标

1. 能判定药材采收时间。
2. 能分析加工对药材质量的影响。
3. 能分析产地加工对药材外观及内在质量的影响。

一、采收

1. 适时采收的重要意义

药材质量的好坏直接影响到中医的临床疗效，而药材的质量和产量与合理采收关系很大。药用植物由于种类不同，栽培地区的环境条件和植物生长发育情况不同，采收的年限和时期有差异，因此药用部分的质量和产量也随之发生变化。如槐花在花蕾期采收，其芦丁含量为23.5%，而开放时采收，芦丁含量仅为13%；川楝子的皮在冬季落叶后采收，其川楝素含量最高；五味子茎所含的总木质素成分以7月份采收含量最高，达11.1%；黄连生长5～6年采收的产量最高；三棵针在营养期与开花期其根中小檗碱含量差异不大，但在落果期小檗碱含量增加一倍以上；罂粟随其生长发育，生物碱含量不断增加；曼陀罗在开花期采收，其生物碱含量最高；薄荷在生长初期不含薄荷脑，在开花末期薄荷脑含量则急剧增加。有的品种甚至在一天内随时间推移，其有效成分的含量也会发生变化，如江西1号薄荷挥发油的含量，在一天之内以12～14时为最高。

为了获得优质高产的中药材，在栽培药用植物时，不仅要选择适宜的环境条件和采用先进的栽培技术，而且要了解药用植物生长发育的时期和生长年限，以及有效成分积累变化的规律。只有确定合理采收时期、采收强度和采收次数，才能达到优质高产的目的。

2. 采收时期和方法

（1）果实种子类。果实多在自然成熟或将成熟时采收，如栀子、山楂等；少数果实应在未成熟时采收，如酸橙（枳壳）、梅等；也有少数果实则根据药性特殊需要，于未成熟或幼果期采摘，如乌梅、枳实、藏青果等；还有些果实须在成熟经霜后采摘为佳，如山茱萸经霜变红后采摘，川楝子经霜变黄时采摘。如果实成熟期不一致，要随熟随采，采收过早，肉薄产量低，采收过迟也影响质量，如木瓜等。多汁果实采摘时应避免挤压，减少翻动，以免碰伤，如枸杞等。采收方法用摘取法。

各种植物种子成熟的标志不一，种子成熟包括形态上和生理上两个方面，成熟种子应具有以下特点：内部贮藏的有效物质已达高峰；养分运输已基本停止；水分含量减少，硬度增加，对环境抵抗能力增强；种皮呈固有色泽；具有发芽能力。留种用的种子应具备上述条件，种子一经成熟，立即采摘。药用种子可在种子将成熟时采摘，这时种子发育旺盛，籽粒饱满，有效成分高，如牵牛、决明等。对于种子成熟期不一致的植物，宜分批采收，以免种子散落，如凤仙花、花椒、水飞蓟、续随子等。

（2）根和地下茎类。根和地下茎类的药用植物，从种到收，其种类不同采收年限各异。如牛膝当年即可采收，而人参则要栽培6年左右采收为好。采收时期一般以地上部分枯黄后萌芽前为宜，此时植物的有效成分集中在根和地下茎中，品质好，产量高。采收方法多用掘取法，常选土壤较松软时进行，从地的一端挖沟，然后依次掘取。采收时，药用部位要力求完整，避免受伤破损，如党参、贝母、延胡索、怀牛膝、地黄、人参等。

（3）皮类（包括树皮和根皮）。采收树皮应在有效成分含量较高时进行。一般在春末夏初，此时植物生长旺盛，皮部养分和树液增多，形成层细胞分裂快，皮部与木质部易于分离，以利剥取树皮，伤口也较易愈合。采收可用半环状剥取、条状剥取或砍树剥皮等方法。目前，对杜仲等试用环剥已获成功。剥皮要注意剥取部位和面积，切口要有利于愈合并要加以保护，以免死树，如杜仲、厚朴、黄柏、合欢等。根皮宜在秋季采收，先挖掘根部，然后剥取根皮，如牡丹、白鲜、枸杞、五加、桑等。

（4）花类。花多在花蕾含苞待放或花朵初开时采收，如已盛开，则花易散落、破碎、失色、香气逸散而影响质量，如忍冬、辛夷、丁香等。但也有在花朵盛开时采收的，如红花、菊花、凌霄花、番红花等。采收可用摘取法，对花期较长、花朵陆续开放的植物，必须分批采摘，以保证质量和产量。

（5）叶类。宜在植物生长最旺盛，花未开放或果实未成熟前采收，此时植物光合作用旺盛，有效成分含量高，若一旦开花、结果，叶肉贮藏物质便转移到花或果实中，影响质量和产量。采收方法可用摘取法，如颠茄、菘蓝等。有些叶类宜在秋霜后采收，如桑叶经霜后才含有腺碱、胆碱、葫芦巴碱等有效成分。

（6）全草类。全草多在植物生长最旺盛而将开花前，或花蕾初放而未盛开前割取，如藿香、薄荷、荆芥、穿心莲等。但也有少数种类以开花后采收为好，如马鞭草等。用割取法采收，可一次割取或分批割取。

二、产地加工、干燥与贮藏

林木药材采收后，除少数要求鲜用外，绝大多数均需进行产地加工。因药材内部水分含量高，若不及时加工处理，很容易霉烂变质，其药用有效成分也随之分解散失，严重影响药材质量和医疗效果。药材经产地加工后，剔除了杂物和药材的劣质部分，保证了药材质量，同时可防止霉烂腐败，便于贮藏和运输，从而可以提高药材在临床上的疗效。

药材采收后，应在产地进行初步加工，及时除去泥沙、夹杂物及腐烂、虫蛀、无用部分。对粗大的或干后坚硬的药材，最好趁新鲜时切成薄片，然后再干燥，如佛手、枳壳、木瓜等；对干后难以去栓皮、木心的皮类药材，可趁新鲜时除去外皮、木心，如黄柏、桑白皮、地骨皮等。

1. 产地加工

药用植物种类多，品种规格要求不一，各地传统习惯也不相同，加工方法各异。现将产地加工的常用方法分述如下。

（1）果实种子类。一般果实采收后可直接晒干，但有的还需要烘烤烟熏，如梅等；有的要切成薄片晒干，如酸橙（枳壳）、佛手、木瓜等；有的用果皮入药，要先将果实切开，去瓤和种子，再晒干，如栝楼等。

果实采收后，晒干，去掉果皮，取出种子，如决明、续随子等；有的连同果壳一起干燥贮藏，以保持有效成分不致散失，如砂仁等；有的要打碎果核，取出种子，晒干，如杏、郁李、枣等。

（2）根和地下茎类。

①分级：地下部分采收后，按不同大小分级，便于加工，如延胡索、浙贝母、白芷等。

②清洗：采收后，洗净泥土，除去毛须。

③刮皮：采收后，洗净，刮去外皮，然后晒干，使颜色洁白，防止变色，如桔梗、半夏等。有的洗净后，放入沸水中烫几分钟再捞出，刮去外皮，漂净晒干，如明党参、珊瑚菜、芍药等。

④切片：凡质坚、不易干燥的，则在采收后除去残茎和毛须，洗净，趁鲜切成薄片，晒干，如大黄、玄参、葛根等。

⑤烫：有些肉质根和地下茎含水多，采收后，放入沸水中烫片刻，捞出晒干。通过沸水烫，可使细胞内蛋白质凝固，淀粉糊化，破坏酶的活性，促进水分蒸发，利于干燥，并可增加透明度，但要注意水温和时间，以烫至半生不熟为好，过熟则软烂、品质差，如天门冬、百部、延胡索等。

⑥蒸：采后洗净，蒸煮后再晒干，如天麻、玉竹、何首乌等。

⑦熏：为了保护产品的色泽，在干燥前可用硫磺熏蒸，如山药、泽泻、白芷等。熏硫还可加速干燥，防止霉烂。简易的硫磺熏蒸，可在大缸等密闭的容器内进行。

根和地下茎类药材除上述一般的加工方法外，有的还有其传统的加工方法，如浙贝母要将鳞茎表皮擦去，加一些石灰，吸出内部水分，才易干燥。又如玄参体积大，晒至五六成干时，须堆积几天，使其回潮，促使内部深层水分向体表转移，以利干燥，经多次反复堆晒，才能完全干透。

（3）皮类。采收后按规格修切成一定大小，晒干。有的要经闷后晒干，如厚朴等。

（4）花类。采收后晒干或烘干，但应保持颜色鲜艳，花朵完整，并注意避免有效成分的散失，如红花、菊花、玫瑰花等。

（5）叶类和全草类。此类药材含挥发油成分较多，宜放在通风处阴干。在未完全干燥前扎缚成捆，以免在干燥后捆扎易碎，如紫苏、薄荷等。有些可直接晒干，如穿心莲等。有的肉质含水分多，须沸水烫后干燥，如垂盆草、马齿苋等。

2. 干燥

药材经初步加工后，应尽可能立即干燥，以除去药材中所含的水分，减小体积，便于运输和贮藏；同时，可防止或减少霉菌滋生和酶类的活动，以免药材霉烂变质，提高药材的有效成分含量。干燥时要根据药用植物种类、有效成分的性质、药材的特点等，选择适当方法。

一般多采用晒干、烘干或阴干的方法。但必须注意干燥温度，只有适宜的干燥温度，才能使有效成分不受影响，又能达到干燥的目的。日晒法适用于不要求保持一定颜色和不含挥发油的药材，如使君子、吴茱萸、秦皮等。利用火坑或置于烤房内烘烤使药材干燥，主要适用于阴湿多雨的季节。常用的温度为50 ~ 60℃，在这种温度下，可抑制植物体内酶的活动，又可避免有效成分的分解。烘烤含挥发油的花、叶、果实种子类药材，温度一般控制在40℃以下为好，其中以25 ~ 35℃为宜，如辛夷、五味子、八角茴香等。对一些不宜火烤、暴晒及在干燥过程中应尽量避光的芳香性花类、叶类，或因高温、暴晒而易变质的药材，如枸杞、桂花、桉叶等，可放在通风、干爽的地方，使药材自然干燥。

3. 贮藏

药材的贮藏保管是一项细致而复杂的工作，应根据药材的品种、性能、库存量、气候特点及设备条件等，分别加以妥善保管，防止发霉、虫蛀、变色、泛油等。可采用以下几种方法贮藏。

（1）冷藏法。在－5℃以下低温条件贮藏药材时，可防止虫蛀和霉菌生长繁殖，也可防止药材变质。但由于设备条件限制，不能普遍采用，只能对难保存的药材，如枸杞、山茱萸、酸枣仁等进行冷藏处理；也可以利用冬季寒冷风和低温来防虫防霉。

（2）利用化学药剂消毒法。利用化学药剂防虫杀虫，对贮藏药材有一定作用，但必须考虑到用药的安全，既可杀死害虫，也不会改变药材性质，又能保证仓库及人体的安全。特别要注意毒性大而易燃的药物。对于大量贮存保管的药材仓库，主要是用氯化苦、磷化铝等化学药剂熏蒸法杀虫。

（3）经验贮藏方法。

①喷酒贮藏：将白酒喷在药材上，贮藏在密闭的容器中，酒的蒸汽可防虫防霉。

②分类贮藏：含大量油质及芳香性的药材，如桃仁、杏仁、柏子仁、八角、茴香等，晒干后应凉透，放缸或坛内密封贮藏。花类药材一般都容易回潮、生霉、虫蛀，有的还易变色，用文火烘干后，置石灰缸内或用密封的办法贮藏。

贮藏药材常用的容器有缸、坛、瓮、木箱、麻袋等，宜在温度30℃以下贮藏。

三、炮制

（一）炮制的目的

林木药材炮制的目的是多方面的，往往一种炮制方法或者炮制一种药材同时具有几方面的作用，这些虽有主次之分，但又密切联系。实践证明，通过炮制能消除或降低药材的毒性或副作用，服用后不致产生不良反应，如川楝子炒后可降低毒性，缓和苦寒性，以免伤胃。为了适应不同的病情和体质的需要，药材须经炮制，以改变或缓和药性。药材炮制后可引药入经，改变或增强药材作用的部位和趋向，如橘核经盐制后，有助于引药入肾，能更好发挥治疗肾经疾病的作用。药材经加工处理后切成段、丝、片、块等饮片，可以分剂量及配方，便于制剂及调配；同时，保证药材净度，有利于贮藏，以达到提高药品质量、增强疗效、保证用药安全的有效目的。

（二）炮制的方法

1. 净选

选取药材的药用部位，除去非药用的部分和异物杂质，以达到清洁纯净，将药材按形状大小分开，便于操作处理。净选通常选用下列方法。

（1）拣选。即拣去非药用部分、变质失效部分和杂质；将药材按大小、粗细分类；分离不同的药用部分。如槐花、辛夷拣去枝梗；诃子、乌梅去核；花椒的果皮与种子分离等。

（2）筛选。根据药材所含的杂质和形状大小不同而选用不同的筛或箩，以筛除药材中所夹杂的泥沙、灰屑及其他杂质；或将大小不等的药材过筛分开，或筛除药物在炮制中的辅料，如麦麸、河砂等。

（3）风选。利用药材和杂质的轻重不同，借风力将杂质清除出去。一般可利用簸箕或风车通过扬簸或扇风，使杂质和药用部位分离，以达到药材纯净的目的。如杏仁、白果等均可用此法进行风选。

（4）洗、漂。药材通过水洗或漂除去杂质是常用的方法。有些药材常附着泥沙，用筛选或风选不易除去，故用洗或漂的方法，以洁净药材。如乌梅、山茱萸等，均须洗去附着的泥沙；酸枣仁常用水漂去核皮。洗、漂时应注意掌握时间，勿将药材在水中浸漂过久，以免损失药效，并注意及时干燥，防止霉变。

（5）刷净。有的药材表面或内部，常着生很多绒毛，能刺激咽喉引起咳嗽或具有其他有害作用，故须除去。如刷除枇杷叶背面绒毛，挖去金樱子果实内部的淡黄色绒毛等。

（6）刮除。用刮刀刮去药材表面附着的非药用部分，如厚朴、杜仲刮去粗皮等。

（7）锯劈。将大块而坚韧的药材锯成短节或劈成小片、小条，如苏木、檀香等。

（8）舂捣。将坚硬的药材捣碎，易于发挥药效，多用于果实种子类药材。

2. 切制

将净选后的药材，根据药材质地等情况，经过清水浸润、蒸煮等软化处理，用刀具切制成一定规格的片形。通常采用以下操作方法。

（1）泡。将质地坚硬的药材置于清水中淹没一段时间，待水渗入药材，使其组织柔润软化，便于切片，泡时应将药材按大小、粗细分类处理。

（2）浸。浸的操作同泡，但时间一般较泡的时间短。

（3）闷润。将药材浸泡后，捞出，沥干，置于适宜的容器内或堆集于润药台上，以物遮盖，使水徐徐渗入药材组织内部，至内外湿度均匀，便于切制。

（4）切片。将软化后的药材，根据质地软硬或个体大小、厚薄等不同，切制成一定规格的片、丝、段、块。如乌药切片，黄柏、厚朴切丝，桑枝、桂枝切段，杜仲、石榴皮切块。

3. 炮炙

炮炙是将经过净选、切制后的药材进行加热（或与液体辅料或固体辅料共同加热），使辅料炙入药材组织内部。按照加热的温度和辅料的不同，可分为下列方法。

（1）炒制。将药材置于锅内加热，并不断翻动，使其达到一定的要求。目的是增强疗效，缓和或改变药物的性能，降低毒性，减少刺激性，便于制剂及利于贮藏等。通常有以下几种方法。

①清炒：炒时不加辅料，根据炒的时间和程度，分为炒黄（包括炒爆）、炒焦、炒炭等。炒黄是将药材置于锅内，用文火或中火炒至表面呈黄色，或较原色加深，或发泡鼓起，或种皮爆裂，并透出固有气味。目的是增强疗效，缓和药性，降低毒性等。如蔓荆子质地坚韧，炒后可使质地疏松，便于粉碎和煎出有效成分，并缓和其辛散之性。炒焦是将药材置于锅内，用中火或武火加热，不断翻动，炒至药材表面呈焦黄或焦褐色，且具有焦香气味，目的是增强疗效或缓和某些药材的性能。如栀子炒焦后可缓和苦寒之性，以免伤胃。炒炭是将药材置于锅内，用武火或中火加热，不断翻动，炒至表面呈焦黑色，内部呈焦黄色或焦褐色，目的是使药性增强或产生止血作用。

②加辅料炒：将某种辅料放入锅内加热至适宜程度，投入药材共同拌炒的方法。辅料有中间传热作用，能使药材受热均匀，炒后质变酥脆，降低毒性，缓和药性，增强疗效。林木药材常用的加辅料炒法有麸炒、砂炒等方法。

a. 麸炒：先用武火将锅加热，撒入规定量的麦麸，至起烟时投入药材，不断翻炒并适当控制火力，炒至药材表面呈米黄色或深黄色时取出，筛去麸皮摊凉。麦麸用量一般为100kg药材用麦麸10 ~ 15kg。麸炒目的是增强疗效，缓和药性。如枳实麸炒后能缓和其峻烈之性，增强消积健脾的作用。

b. 砂炒：先取大小均匀的河砂，过筛后用清水洗净、晒干或置于锅内加热炒干，并加入1%～2%的食用植物油拌炒，至色泽黑而亮时取出备用。将此油砂置于锅内，用武火加热至滑利，翻动灵活时，投入药材，不断翻动，至质地酥脆或鼓起，外表呈黄色或较原色加深时取出，筛去砂摊凉或趁热投入醋中略浸，取出干燥即得。油砂用量以能掩盖所加药材为度。其目的可降低毒性，利于净选，如马钱子有大毒，砂炒后毒性减低，同时质变酥脆，易于粉碎。

（2）炙制。将净选或切制后的药材，加入一定量液体辅料拌炒，使辅料逐渐渗入药材组织内部。其目的是能起到解毒、抑制偏性、增强疗效、矫臭、矫味和使有效成分易于溶出等作用，从而最大限度地发挥疗效。根据所加辅料不同，炙制可分为酒炙、醋炙、盐炙、姜炙、蜜炙等。

①酒炙：将净选或切制后的药材，加入一定量黄酒或白酒拌匀，放置闷润，待酒被吸尽后，置于锅内，用文火炒至药材表面微黄即可。一般每100kg药材用黄酒10～20kg，若用白酒，用量宜减半。药材酒炙后能改变药性，引药上行，增强活血通络作用。如桑枝酒炙后可增强祛风除湿、通络止痛的作用。

②醋炙：将净选或切制后的药材，加入适量米醋，拌匀后，放置闷润，待醋被吸尽后置于锅内，用文火炒至一定程度，取出摊凉。一般每100kg药材用米醋20～30kg。药材醋炙后能引药入肝，增强活血止痛、矫臭、矫味的作用。如乳香，生用气味辛烈，对胃的刺激性较强，易引起呕吐。醋炙能增强活血止痛、收敛生肌的功效，并可矫臭矫味。

③盐炙：将净选或切制后的药材，加入一定量食盐水拌匀，放置闷润，待盐水被吸尽后，用文火炒至一定程度，取出摊凉或干燥；含黏液较多的药材，一般应先炒药后加盐水，将药材置于锅内，当炒至一定程度时，再喷淋盐水，用文火炒干，取出摊凉。盐的用量通常是每100kg药材用食盐2～3kg。药材盐炙后能引药下行，增强疗效。如杜仲，盐炙后可直走下焦，增强补肝肾的作用。

④姜炙：将净选或切制后的药材与一定量的姜汁拌匀，放置闷润，使姜汁逐渐渗入药材内部，然后置于锅内，用文火炒至一定程度后，取出摊凉；或将鲜姜切片煎汤，加入药材煮约2h，待姜汤基本吸尽，取出切片干燥。每100kg药材用生姜10kg。若无生姜，可用干姜煎汁，用量为生姜的1/3。药材姜炙后，能缓和副作用，增强疗效。如厚朴，对咽喉有一定的刺激性，经姜炙可缓和其刺激性，并增强温中化湿的作用。

⑤蜜炙：取炼制后的蜂蜜置于锅内，加适量开水稀释拌匀，放置闷润，使蜜逐渐渗入药材组织内部，用文火炒至颤色加深且不沾手时，取出摊凉；也可先将药材置于锅内，用文火炒至颜色加深时，再加入一定量炼蜜，迅速翻动，使蜜均匀放入药材内，炒至不沾手时，取出摊凉。一般100kg药材用炼蜜25kg左右。药材蜜炙后，能增强润肺止咳、补脾益气、缓和药性的作用。如金樱子蜜炙后，能增强补肾、益气作用。

（3）煅制。将药材直接放在无烟炉火中或适当的耐火容器内煅烧。林木药材常用的方法为扣锅煅法（密闭煅法），即药材在高温缺氧条件下煅烧成炭的方法。将药材置于锅中，上盖小锅，两锅结合处用盐泥封严，盖锅上压一重物，以防止锅内气体膨胀而冲开盖锅。待泥稍干后，加热煅烧至透为度（全部炭化）。药材经煅制后，性能改变，并产生新的疗效，增强止血作用，如棕榈炭；有毒药物经煅制后可降低毒性，如干漆。

（4）蒸制。将净选后的药材拌入黄酒或醋等辅料后润透，置于笼屉或铜罐等蒸制容器内，利用水蒸气或隔水加热蒸制。加热时开始用武火，待上大气后改用文火，并保持锅内有足够的蒸汽。但在非密闭容器内酒蒸时，要先用文火，防止酒气集中地挥散出来，而达不到酒蒸目的。蒸的作用是缓和药物燥烈之性，改变性能，增强疗效。如五味子用酒拌蒸后，减其酸性而益肾固精；醋制则能增强酸涩收敛作用。

（5）煮制。煮制是将药材加适量清水或其他辅料置于锅中共煮的制作方法，一般在100℃左右加热较长时间，使辅料易于渗入药材中，以煮至中心无白色、刚透心为度。目的是消除或降低药物的毒性，改善药性，增强疗效。如厚朴与生姜共煮，可增强化湿散寒作用。

（6）其他制法。即对某些药材采用煨、制霜等方法。目的是增强药材的疗效，改变或缓和原有的性能，降低或消除药材的毒性或副作用等。

①煨制：将面粉调成干糊状，包裹于药材表面，置于加热的滑石粉锅内煨至外皮焦黄色为度，取出剥去面糊即得。煨制的目的是消除药材中的部分挥发性及刺激性成分，降低副作用，缓和药性，增强疗效。如煨诃子，可增加其涩性，善于固肠止泻。

②制霜法：将药材去油，制成松散粉末或析出细小结晶的方法。目的是降低毒性，缓和药性，清除副作用，增强疗效。如巴豆去油制霜后可降低毒性，缓和泻下作用；柏子仁去油制霜后可免滑肠致泻，用于便秘而心神不安患者。

四、药用植物的加工实例

（一）枸杞

1. 药用性能

枸杞性味甘、平，有补肾强腰膝、滋肝明目等作用，用于虚劳精血不足、头晕耳鸣、腰酸足软、阳痿遗精等症，常与黄精配用，用于肝肾精血不足、头晕目昏等。

2. 采收加工

（1）留种。枸杞优良品种有大麻叶枸杞和麻叶枸杞等，留种时应选果大、味甜、颜色鲜红、无病虫害的果实作种，于夏季选定母株采摘一、二批成熟果实。采后，果实用30～50℃温水浸泡24h，并搓揉，洗出种子，留作种用。

（2）采收。深红色或橘红色、柔软有浆汁时，分批采收。过早色泽不鲜，果肉不饱满，含糖分低；过迟易脱落，常被鸟害，影响产量与质量。

（3）加工。将鲜果摊放在芦席上，厚约1.5cm，日晒，切忌翻动，以免影响色泽，约10天即可干燥。去果柄，放在通风干燥处贮藏。此外，也可将果实烘干。

（二）人参

1. 药用性能

人参生者性微寒，制后性微温，味甘微苦。功能包括：大补元气，生津液；滋补强壮，扶持肠胃机能，增强抵抗力；促进性腺机能，增生红细胞，并能旺盛血行，增高血压，消肿止痛。用于虚脱、严重贫血及心力衰竭之呼吸困难、冷汗脉弱，慢性病之抵抗力减退，胃肠机能下降之体倦食少久泻、神经衰弱，性机能减退之疲乏头晕、阳痿遗精及慢性溃疡和外伤肿痛等。

2. 采收加工

（1）采收。一般生长6年采收，于9月中旬至10月中旬采挖。拆除荫棚，顺行挖出参根，抖掉泥土，去掉茎叶，装入箱内，运回加工。

（2）加工。将体形好而大、须根全且无病斑的加工成生晒参；体形较大、浆足、无病斑的加工成红参；缺头少尾、浆液不足、质软的加工成糖参。

①生晒参的加工：将选好的参根，刷洗干净，按大、中、小分级，将参根肩部用线串起，晒5～6h，装入熏箱用硫磺熏10～12h，取出晾晒，于40～50℃温度下烘干即成。

②红参的加工：将参根洗刷干净，掐去小毛须和细小的不定根，保留1cm左右。分别倒立装入蒸笼中蒸2～3h，至参根呈黄色半透明状为度。待冷却后取出，晾晒3～6h，再于50～60℃条件下烘8～14h，至参根发脆。然后堆闷2～3h，使参根软化，再烘再晒，反复3～5次，分等、分支贮藏。

③糖参的加工：将选好的参根，刷洗干净，刮去病斑，置于沸水中煮15～30min，待主根变软，内心稍硬时取出，晒1～2h，用骨针扎孔后摆放缸内，趁热倒入熬好的糖汁，浸10～12h后取出，晾晒至不发黏时，再进行第二次扎针灌糖，如此重复3次，用开水淋去参体表面黏附的糖，沥干后用硫磺熏4～6h，再晒干或烤干即成。

（三）黄芪

1. 药用性能

黄芪性味甘、微温，有补气固表、托疮生肌的作用。用于中气下陷，如脱肛、子宫下垂、崩漏等，常与党参、白术、升麻等配用；用于气虚血少、血虚发热，常与当归配用；用于表虚血汗以及气虚易感风寒者，常与防风、白术配用；用于脾虚水肿，症见面目四肢浮肿、小便不利等，可与茯苓、白术等同用；用于气血不足、痈疽久不溃破或溃后久不愈合，可与当归等配用。

2. 采收加工

（1）采收。播种后1～4年均可收获，以2～3年生采挖质量最好。生长年限过长，容易产生黑心或严重木质化。在秋季落叶后至次年春季解冻前均可采挖，挖时宜深刨，应小心挖取全根，避免碰伤外皮和断根。

（2）加工。采收后抖净泥沙，趁鲜切去芦头，去掉须根，置于阳光下暴晒至半干，将根理顺直，捆成小把，再晒干或烘干即可。以根条粗长、皱纹少、断面色黄白、粉性足、味甘者为佳。

（四）五味子

1. 药用性能

五味子含有五味子素、去氧五味子素、五味子醇、枸橼醛、枸橼酸、维生素C等成分，能提高人体的抗逆性，具有益气、滋肾、益智、安神的功能，可治肺虚咳喘、盗汗、慢性腹泻、痢疾、口渴、遗精、神经衰弱、头昏健忘、心悸、不眠、四肢乏力、慢性肝炎、转氨酶升高、视力减退及孕妇临产子宫收缩、乏力等症，也可作兽药，有收敛肺气、治气喘、咳嗽等功效。

2. 采收加工

（1）采收。栽后4～5年大量结果，9～10月果实呈紫红色时，随熟随采。

（2）加工。将果实薄摊于晒席，晾晒3～5天，果皮有皱纹时，轻轻搅动，经15～20天即可晒干；或在60℃条件下烘至半干，温度降至40～50℃烘至八成干，再晒至全干即成。

（五）黄柏

1. 药用性能

黄柏性味苦、寒，有清热解毒、泻火坚阴、抑菌等作用。用于湿热黄疸、身热发黄，常与栀子合用；用于湿热下痢，可与白头翁、黄连、秦皮配伍；用于湿热、带下秽浊黄稠，可与芡实、白果等同用；此外，湿热泄泻、足膝肿痛，可与苍术、牛膝同用；用于阴亏火旺所致的遗精、盗汗等症，常与知母同用，配入滋补肝肾的药物中；用于湿毒疮、烫伤烧伤等症，内服外敷均可。

常用量为3～12g，外用适量。清泻疫毒、清热利湿多生用，泻肾火多与盐水炒用。

2. 采收加工

定植后10～15年可以收获。收获宜在5～6月进行，此时植株水分充足，有黏液，容易将皮剥离。先砍倒树，按长60cm左右依次剥下树皮、枝皮和根皮。树干越粗，树皮质量越好。也可不砍树，只纵向剥下一部分树皮，以使树木继续生长，即先在树干上横切一刀，再纵切剥下树皮。趁鲜刮去粗皮，至显黄色为度，在阳光下晒至半干，重叠成堆，用石板压平，再晒干。

黄柏打捆包装贮运，放于通风干燥处，防受潮发霉和虫蛀。

盐黄柏的炮制方法：取黄柏用盐水拌匀，炒至外表微变色为度（药50kg，盐1.5kg）。酒黄柏的炮制方法：将黄柏片加黄酒拌匀，微火炒至干（药50kg，黄酒5L）。

项目三 药用植物产品的包装、贮运及质量管理

知识目标

1. 理解中药材包装的目的。
2. 掌握中药材包装的要求及方法。
3. 掌握中药材常用的贮藏方法。
4. 掌握中药材的质量管理。

技能目标

1. 能判定中药材贮藏中常见的变质现象。
2. 能预防中药材变质和提出解决方案。

一、药用植物产品的包装

1. 中药材包装的目的与作用

（1）在流通过程中保护中药材。首先对中药材数量进行保护。中药材在流通过程中要经过多次搬运才能被消费者使用，易造成浪费，从而无法保证其应有数量。对其进行包装，使包装具备牢固性和耐久性，即可保证其数量在整个过程中不易损失。其次，中药材是用以防治疾病的特殊商品，其品质的好坏关系到疗效的高低及使用者的身体健康，而中药材本身的性质复杂，在不良环境中极易造成品质的改变，从而使之不能药用，造成浪费。选用适当的材料对其进行包装，即可使其具有密封、隔热、避光的性能，避免中药材霉蛀、泛油、潮解、粘连、变色和散失气味等，从而保证中药材品质。

（2）方便运输、便于贮藏。中药材没有包装是不能进入流通领域的。包装好坏关系到运输转运中的装、卸、搬运等环节，在贮藏中关系到计量、堆码、出仓、转仓倒垛、盘点等工作。包装质量好，做到规格化、标准化，不仅方便运输，有利贮藏，而且能降低商品损耗，节约保管费用；此外，中药材包装还有美化商品、指导消费、取得购销信

誉、提高经营效果、促进消费等方面的作用。因此，在完成产地加工后，应当十分重视中药材的包装。

2. 中药材的包装要求

中药材包装和其他物品包装一样应满足：延长保质期；控制或不带来二次污染；保持原有成分和药效；包装成本要低；增加外观美感；贮藏、搬运方便、安全。同时，中药材的包装还应当努力实现标准化、规范化和机械化。要求包装的类型、规格、容量、包装材料、容器的结构造型、承压力以及商品盛放、衬垫、封装方法、检验方法等做到统一规定。无公害中药材作为中药材生产的方向，其在内在品质及栽培管理方面比传统中药的要求更为严格。同时，无公害中药材的包装除符合上述包装的基本要求外，还须符合以下要求。

（1）包装材料选择的基本要求。

①安全性：包装材料本身要无毒，不受环境干扰而释放有毒物质，污染药材，影响人们的身体健康。

②可降解性：药材在消费完后，剩余的包装材料应具有降解性，其降解产物无毒无害，不对人体健康造成威胁，不污染生态环境。

③可重复利用性：无公害中药材在遵循可持续发展的原则下，要求药材被消费完以后，剩余的包装材料可重复使用，做到既节约资源，又可减少垃圾的产生，减轻对环境的污染。

④稳定性：在保护药材期间，不受周围环境条件如空气、光、湿度、温度、微生物的影响；也不与被包装药材起任何反应，而改变药材功效。

⑤合法性：用于包装药材的材料，应由有关部门批准，并符合有关标准。否则不具合法性，不能使用。

（2）包装技术的选择。选择包装材料以后，在包装过程中也不能对中药材引入污染及对环境造成污染，应做到以下几点。

①包装环境条件良好，卫生安全。

②包装设备性能安全良好，不会对药材质量有影响。

③包装过程不对人体造成伤害，不污染环境。

④包装人员必须了解无公害中药材的包装原则，有较强责任心。患有传染病、皮肤或外伤性疾病者不得参加工作。

⑤包装前应再次检查、清除劣质品及异物，包装材料最好是新的或清洗干净、干燥无破损的。

⑥易破碎的中药材应装在坚固的盒箱内，剧毒、珍贵中药材应特殊包装，并贴上鲜明标志，加封。

3. 中药材的包装方法

中药材的包装应根据中药材性质的区别，选择不同的包装方法，产区常用的方法有以下几种。

（1）袋装。常用袋的种类有：布袋、细密麻袋、无毒聚氯乙烯袋等。粉末状药，如海金沙、蒲黄等应用布袋包装；颗粒小的药材，如车前子、青葙子、黑芝麻等应用细密麻袋包装，以防散失；易潮解、易泛糖的中药材，如生地、黄精等应用无毒聚氯乙烯袋包装，以防吸水。

（2）筐装或篓装。筐、篓能承受一定的压力，在贮运过程中不致将药材压碎，同时还能通风换气，故一般用来装短条型药材，如桔梗、赤芍等。

（3）箱装。箱一般由木材组成，用于怕光、怕潮、怕热、怕碎的名贵药材。

（4）桶装。常用的有木桶和铁桶，适用于流动的液体药材，如苏合香油、薄荷油、缬草油等。此外，还用铁桶、铁盒、陶瓷瓶缸等盛装冰片、麝香、樟脑等易挥发的固体药材。

（5）打包包装。打包包装分为手工打包和机械打包。手工打包易出现斧头形、龟背形，在操作中应避免发生。

①打包材料：外层多用粗布、麻布、薄席、草席、塑料编织布作覆盖物，以竹片作垫料，用铁丝、麻绳作捆器。

②打包要求：一是打包压力不低于15吨，并扣牢固，回松的包件保持扁平，缝捆严密；二是打包的中药材应有标准，如包装材料符合规格要求，中药材符合质量标准等。

③捆扎要求：商品装料必须两头平齐，四周踩紧，两边填实，中间紧松持平，分层均匀平放。捆扎的绳索一般不少于四道，机械打包包件大小应符合国家药品监督管理局制定的标准件尺寸。缝口严密，两端包布应缝牢，标记事先应填完整。

④打包捆扎分为全包、夹包：全包即全包、全缝、全捆的货包，外用竹夹或粗布，其密度因品种而定；夹包即上下两面用粗布、竹夹，只限于桑白皮等的包装。

二、药用植物产品的贮运

包装后的中药材需要一段时间的贮藏，在此过程中，因受周围环境和自然条件等因素的影响，常会发生霉烂、虫蛀、变色、泛油等现象，导致中药材变质，影响或失去疗效。因此，必须贮存和保管好中药材，以保证其应有的品质。

1. 影响中药材变质的因素

（1）外界因素。外界因素指空气、温度、湿度、日光、微生物、昆虫等。中药材在这些因素的综合作用下常发生一些变质现象。如贮藏药材的温度过高、贮藏时间过长或受日光照晒过长，与空气接触会引起药材“走油”；在适当的温度和湿度下，会被微生物污染而生霉；通常温度在16～35℃，相对湿度在60%以上，药材中含水率在11%以上时，会发生虫蛀；在空气、湿度、日光等因素的作用下会发生变色等。

（2）内在因素。内在因素指中药材所含化学成分的性质。中药材的成分不稳定，有的易被氧化或还原，如还原型蒽醌易被氧化；有的有挥发性，在高温条件下易挥发而降低含量；有的在光照条件下易异构化，而失去生物活性，如木脂素类；有的富含糖类及蛋白质，是昆虫和鼠类的良好食物；有的在适宜的条件下，由于酶的存在而易水解，如苷类；有的含吸湿性成分，致使药材吸湿后发生霉变等。因此在贮藏药材时，一定要根据中药材所含成分的性质，结合外界因素，选用适当贮藏方法才能保证中药材的品质。

2. 常用的贮藏方法

贮藏时间短时，只需要选择地势高、干燥、凉爽、通风良好的室内，将中药材堆放好，或用塑料薄膜、苇席、竹席等防潮即可。

（1）冷藏法。冷藏法是防治害虫及霉菌比较理想的办法，但须制冷设备。北方可利用冬季严寒季节，将药材于露天条件下薄薄摊晾，温度在零下15℃，经12h后一般会冻死各种害虫。

（2）干砂贮藏法。干燥的砂子不易吸潮，又无营养，不仅能防虫，而且霉菌也无法繁殖。一般将砂铺在水泥晒场上，经地面温度40℃左右暴晒至充分干燥，装入缸或木箱中，再将中药材埋于其中。根及根茎类中药材适用于此法。

（3）防潮贮藏法。将石灰等吸水材料置于贮藏中药材的室内，并不断更换吸水材料，使室内保持干燥。此法适用于吸湿性强的中药材。

（4）气调贮藏法。密封仓库，充氮降氧，使库房内充满98%的氮气，害虫就窒息而死，而且库内中药材不会发霉变质、变色。这是一种科学而又经济的贮藏方法。

（5）密封防潮贮藏法。地面铺木板，板上铺油毛毡和草席，再铺上大块塑料薄膜，中药材堆放于薄膜上，用薄膜包装密封，并将接缝封全。

3. 贮藏的原则和要求

在贮藏期内，要通过科学的管理，最大限度地保持中药材的原有品质，不带来二次污染，才能更好地满足人们对中药材的需求。为此，必须遵循以下原则和要求。

（1）贮藏环境必须洁净卫生，不能对中药材造成污染。

（2）贮藏环境应通风、干燥、避光，最好有空调及除湿设备，地面为混凝土或可冲洗的地面，并具有防鼠、防虫措施，但应避免污染中药材。

（3）中药材包装应存放在货架上，与墙壁保持足够距离，并定期抽查，防止虫蛀、霉变、腐烂、泛油等现象。

（4）在贮藏中，合格中药材不能和不合格中药材混堆贮存。

（5）可作食物的中药材、有毒中药材和其他中药材须分开贮藏。

（6）选择的贮藏方法不能使中药材的品质发生变化。化学贮藏法中选用的化学物质应符合无公害食品或药品的有关标准或使用准则。

（7）在应用传统贮藏方法的同时，应注意吸收现代贮藏方法新技术、新设备。如冷冻气调、辐照法及国家食品、粮食仓储法中允许的药剂消毒。若用药剂熏蒸，应经药品管理相关部门审核批准。

4. 药用植物产品的运输

中药材的运输是社会发展的结果，是市场经济的客观需要，是药材流通的重要环节，只要药材不是直接从生产领域进入消费者手中或进入制药企业，那么它就必然要经过运输这一环节，因此中药材的运输必须符合时代要求，确保中药材无损害、无污染，完好地到达企业或消费者手中。中药材的运输应遵循的原则和要求如下。

（1）中药材的运输必须根据产品的类别、特点、包装性能、储藏要求、运输距离及季节等采用不同的运输手段。

（2）中药材在运输过程中，所用搬运工具必须洁净卫生，无有毒有害物质，不能对中药材引入污染。

（3）运载工具应具较好的通气性，以保持干燥。在阴雨天，应严密防雨、防潮。

（4）在运输过程中，合格中药材不能与不合格中药材混堆，一起运输。

（5）可作食品用的中药材不能和其他中药材，特别是有毒的中药材混堆，一起运输。

三、药用植物产品的质量管理

1. 概述

中药材是药用植物生长发育到一定阶段，对其药用部分经过采收、加工、包装、运输和贮藏得到的，因此中药材质量受药用植物栽培与管理的直接影响。药用植物栽培与管理是一项十分复杂的系统工程，内容包括产前（生态环境、种质与繁殖材料）、产中（栽培技术及各个管理环节）、产后（采收与加工、包装与运输和贮藏）。在这个过程中，只要某一个环节出现问题，就影响中药材质量。中药材质量体现于内在的化学成分组成和含量，也受多种因素的影响，如药用植物的生态环境、种质与繁殖材料、栽培技术、采收与加工、包装与运输和贮藏等。因此，必须探索出影响中药材质量各个环节的决定性因素，制定控制这些因素切实可行的方法和措施，即标准操作规程（Standard Operating Procedure，SOP），确保生产的中药材质量稳定、有效、安全、可控。

中药材的质量管理是确保中药制品的安全性、有效性和一致性的重要过程。以下是一些中药材质量管理的关键方面。

（1）品种识别。确保使用正确的中药材品种，这包括对植物药材进行形态学、解剖学和化学分析，以验证其真实性。

（2）质量标准。制定和遵循中药材的质量标准，这些标准包括外观、性状、化学成分、微生物质量、重金属、农药残留等指标。

（3）质量控制。实施有效的质量控制程序，确保中药材在采集、储存、运输和加工过程中的质量不受影响。

（4）药材采集。采用适当的方法和工具采集中药材，避免对植物的损害，并确保采集的部位和时间符合要求。

（5）药材储存。储存中药材时，应控制温度、湿度和光线，以防止霉菌、虫害和降解。

（6）鉴别和鉴定。使用适当的技术和设备对中药材进行鉴别和鉴定，以验证其真实性和纯度。

（7）检测方法。建立适当的分析方法，用于检测中药材的活性成分和有害物质。

（8）微生物质量。进行微生物检测，确保中药材不受细菌、霉菌和其他微生物的污染。

（9）重金属和农药残留。检测中药材中的重金属和农药残留，确保不超过安全限值。

（10）贮存期限。确定中药材的贮存期限，以确保其在有效期内维持质量。

（11）记录和文档。建立详细的记录，包括采集、加工、贮存和检测的数据，以便跟踪和追溯质量问题。

（12）合规性。遵循相关的法律法规，确保中药材的质量符合规定标准。

（13）质量审核。定期进行内部和外部的质量审核，以评估和改进质量管理体系。

（14）培训和教育。培训工作人员，使其了解质量管理的要求和流程。

中药材的质量管理是确保制备中药制品安全和有效的关键环节，它有助于保护患者免受不合格或有害中药材的影响。这需要综合运用多种科学方法和技术，以确保中药材的质量、纯度和真实性。同时，质量管理也有助于提高中药材的市场竞争力和声誉。

2. 中药材质量的标准

衡量中药材质量的标准应对其外在和内在因素进行评价。外在因素包括中药材基源鉴定、外观要求和杂质含量等；内在因素包括活性成分组成和含量、重金属及类金属（砷、汞、铅、铬、镉、锡、锑、铜八种重金属及类金属元素）、农药残留（包括杀虫剂、杀螨剂、杀菌剂、除草剂、杀鼠剂等）、卫生指标等。

（1）中药材基源鉴定。中药材基源鉴定技术经历了不断改进的发展过程。20世纪80年代前，主要是本草考证和采用原植物性状、显微和理化来鉴别真伪品。目前，除采用传统鉴别技术外，还采用电镜、高效液相色谱（HPLC）、质谱（MS）、毛细管电泳、光谱、核磁共振（NMR）、聚合酶链式反应（PCR）、指纹图谱以及数学理论和计算机等先进技术和设备，这使中药材的基源鉴定由单一指标成分发展到多组分整体分析甚至是DNA分子鉴别。不同基源中药材的活性成分组成和含量不同，是决定其内在质量的因素，因此中药材基源鉴定是保证质量的根本。虽然许多中药材都经历由野生生产向人工栽培（饲养）过渡过程，但当人工栽培（饲养）出现技术或投入问题时，寻找资源的替代品随之出现，在还没有适当替代品出现之前，伪劣品难免先取而代之，中药材市场随之出现品种混乱的问题。由于中药的性味等与其内在化学成分密切相关，而在目前尚未明确中药材具体化学成分与其性味等关系之前，应在中医处方上慎重使用中药资源替代品，因此，应当对中医处方上使用的中药替代品与中药资源的替代品之间加以区别。

（2）外观和杂质含量。中药材外观和杂质含量是判断其质量优劣的指标之一。杂质是指所有非药用部分的物质。当前《中国药典》对不同中药所具有的外观规定要求是中药材生产的主要依据。

（3）活性成分的组成和含量。中医处方对中药要求是基于君、臣、佐、使的不同作用地位，强调的是处方整体作用理论，即中药中化学成分的整体作用，其作用特点是多成分、多靶点，虽其机制尚不明确，但单一成分的含量测定很难全面反映中医用药所体现的整体疗效。因此，中药化学成分特别是活性成分的组成和含量对处方整体作用产生根本的影响，这就是强调以中药活性成分组成和含量作为评价质量标准指标的重要性。显然，强调中药中某一种活性成分含量高低，作为判断中药优劣的标准不符合中医处方整体作用理论。近年来，随着人们对中药质量研究不断深入，更为科学的评价中药质量标准的方法不断建立，如应用HPLC、气质联用（GC-MS）、气相色谱-傅里叶变换红外光谱联用（GC-IR）等现代方法和技术手段研究化学成分的指纹谱图，控制中药质量标准。这种方法对一些活性成分不明的中药质量评价尤其重要。

（4）重金属、农药残留和卫生指标。我国中药在20世纪70年代末、80年代初曾因细菌、真菌、螨等污染而使中药出口受阻，20世纪80年代末、90年代初又因重金属污染使中药出口遇到很大阻力。鉴于此，对重金属、农药残留和卫生指标进行严格控制，制定能获得国际认可的限量标准刻不容缓。因此，要大力提倡绿色中药栽培，鼓励使用腐熟的有机肥，推广在优良生态环境中种植药用植物，使用高效、低毒、易降解的农药，并加强研究中药材去污处理方法，如水洗、熏蒸、微生物分解等。

3. 影响中药材质量的因素

影响中药材质量的因素很多，以植物药材为例，产地生态环境，种质与繁殖材料，栽培技术，采收与加工，包装、贮藏和运输等，以及以上过程所有参与人员的素质等任何环节出现问题，都会影响中药材质量。因此，对影响质量的每个环节必须制定控制标准，并严格执行，将中药材质量管理贯穿于中药材生产的整个过程，中药材的质量标准才有保证。

（1）产地生态环境。应按中药材产地适宜性原则选定产地，因地制宜、合理布局，并重视传统意义上的道地药材的概念。道地药材和地道药材没有实质性的区别，前者强调的是地，即地方特色；后者强调的是道，即行政管辖区域。两者的形成均是以中医中药在长期生产及临床实践中所总结的珍贵经验为基础，因此如何使用现代多学科的方法、手段来阐明道地药材的科学原理，探讨道地药材形成的自然规律，建立和发展道地药材生产的规范基地，是保证中药材质量的一个重要方面，如重庆的黄连、云南的三七、吉林的人参等。道地药材的生长受生长地区土壤、水质、气候、日照、雨量、生物分布等生态环境的影响，特别是土壤成分对中药内在成分的质和量影响最大。因此，生产基地应选择大气、水质、土壤符合国家法定标准的无污染地区。道地的复杂性除表现在受自然地理环境影响外，还表现在受人文等社会因素的综合影响，因此需要进行涉及多学科的系统研究。

（2）种质与繁殖材料。要求对种质和繁殖材料认真鉴定，确定学名；建立良种繁育基地；制定供应优良生产用种的计划，定期更新交换生产用种子；实行种子的生产和贮运的检疫制度，并规定保存方法和时间；实行种子认证、种子证书等制度；逐步实现品种布局区域化、种子生产专业化、加工机械化和质量管理标准化。注意道地药材优良种质的保存、复壮及繁育工作，鼓励种质资源的引进、选育（配种）、推广应用。

（3）栽培技术。根据药用植物不同生长发育阶段，制定生长技术标准操作规程，包括种植要求（选地整地、播种方法）、田间管理（苗期管理、成株管理）、施肥（肥料种类、施肥时间、方法和用量）、病虫害防治（农药种类、防治时间、方法和农药用量）。如施肥的要求，鼓励施用有机肥，包括农家肥料、商品有机肥料、微生物肥料等，注意农家肥料一定要充分腐熟，并达到无害化卫生标准，严禁使用未经过无害化处理的城市生活垃圾及工业垃圾和医院垃圾作肥料。加强对药用植物生长专用肥料的研究，逐步实现施肥的规范化。另外，对病虫害防治的农药使用上，要求尽量少施或不施农药，鼓励使用生物农药，积极推广用量少、疗效高、低毒性、低残留的农药，确保中药材质量的安全、有效和稳定，同时使耕地能可持续性地使用。

（4）采收与加工。制定采收时间、方法及采收器具的要求；制定加工方法和器具的要求。注意应继承道地药材的传统加工方法，如有改动，应有充分的研究证明，并经医药监督管理部门批准。

（5）包装、贮藏和运输。制定包装方法、材料和标签的要求。如包装前应再次检查，清除劣质品和非药用部分，包装材料应无污染、无破损和干燥等。包装标签应包括品名、批号、规格、产地、生产日期。注意易破损、贵重、含毒、麻醉药材的特殊包装要求。制定药材贮藏要求和管理制度。注意药材运输过程及在运输过程中对运输容器的要求。

（6）培训GAP操作人员。培训人员包括质量检验员、栽培技术人员、采收与加工人员、包装和贮运人员。培训内容包括中药材良好农业规范（Good Agricultural Practice，GAP）知识，国家相关政策、法规和GAP档案管理等。

4. 控制中药材内在质量标准的方法

（1）化学指纹图谱控制中药材质量。目前对中药材质量标准的控制方法主要是参考《中国药典》，由于中药材成分的多样性，传统以中药材中某一活性成分含量高低作为评价中药材内在质量标准的方法越来越与中医处方用药的整体作用理论不相符。因此，如何找到准确地反映出中药内在质量标准的控制方法，多年来一直为国内外学者所关注。美国对中药制剂质量控制要求提供生药、中间品及终产品草药制剂的指纹图谱；日本、韩国等国家对中药质量标准也要求采用成分指纹图谱。随着人们对中药材质量标准认识的不断深入，中药材中化学成分（或活性成分）的指纹图谱控制法越来越为人们所接受，在2020年版《中国药典》中得到良好应用。化学成分指纹图谱强调的是中药材中多种成分对质量标准的贡献，尽管有些成分可能是未知的。值得注意的是，该方法要求实验条件一致的情况下实验结果能够得到重复。因此，对实验的人员素质要求显得很重要，因为实验中包括对成分的提取、纯化（尽管有时实验过程简单）、分析等。

（2）道地药材与化学成分的指纹图谱。由于道地药材质量长期以来为中医临床所认可，因此建立道地药材化学成分的指纹图谱，选定图谱中指标性成分作为衡量中药材GAP生产中的质量标准判定依据。强调道地药材传统生产的重要性，比较多种传统生产方法与质量的关系，进一步规范道地药材传统生产，使中药材质量达到稳定、有效、安全、可控。

模块五　木本药用植物加工

实训内容

实训一 芦荟、金银花的鉴定

1. 实训要求

（1）掌握芦荟、金银花的药材性状特征鉴别。

（2）掌握芦荟、金银花的理化鉴别特征。

2. 实训内容

（1）芦荟。

①性状鉴别：库拉索芦荟呈不规则块状，常破裂为多角形，大小不一。表面暗红褐色或深褐色，无光泽。体轻，质硬，不易破碎，断面粗糙或显麻纹，富吸湿性，有特殊臭气，味极苦。好望角芦荟表面呈暗褐色，略显绿色，有光泽。体轻，质松，易碎，以色黑绿或棕黑、质脆、有光泽、气味浓者为佳。

②显微鉴别：粉末，用乳酸酚装片。老芦荟团块表面有细小针状结晶聚集成团，放置24h稍有溶解，团块上的结晶依然清晰。新芦荟团块呈棕色多角形，表面无结晶附着，放置24h后，全部溶解。

③成分：老芦荟含芦荟总苷约25%，以芦荟苷为主，还含异芦荟苷、芦荟大黄素；含树脂约12%，为芦荟树脂鞣酚与桂皮酸结合的酯；另含多糖混合物以及芦荟多糖等。新芦荟含芦荟苷（约9%），异芦荟苷，好望角芦荟苷A、B，好望角芦荟苷元；尚含芦荟树脂A、B、C、D，其中芦荟树脂B即芦荟苦素。

④理化鉴别：

a. 取本品粉末0.5g，加水50mL，振摇，过滤，取滤液5mL，加硼砂0.2g，加热使其溶解。取溶液数滴，加水30mL，摇匀，显绿色荧光，置紫外光灯（365nm）下观察，显亮黄色荧光；再取滤液2mL，加硝酸2mL，摇匀，库拉索芦荟显棕红色，好望角芦荟显黄绿色；再取滤液2mL，加等量饱和溴水，生成黄色沉淀。

b. 取本品粉末0.1g，加三氯化铁试液5mL与稀盐酸5mL，振摇，置于水浴中加热5min，放冷，加四氢化碳10mL，缓缓振摇1min，分取四氯化碳层6mL，加氨试液3mL，振摇，氨液层显玫瑰红色至樱红色。

c. 取本品粉末0.5g，加甲醇20mL，置于水浴上加热至沸，振摇数分钟，过滤，滤液作为供试品溶液。另取芦荟苷对照品，加甲醇制成每1mL含5mg的溶液，作为对照品溶液。吸取上述溶液各5uL，分别点于同一硅胶G薄层板上，以醋酸乙酯—甲醇—水（100：17：13）展开，晾干，喷以10%氢氧化钾甲醇溶液，置紫外光灯（365nm）下观察，本品在与对照品色谱相应的位置上，显相同颜色的荧光斑点。

⑤检查：水分不得超过12%，总灰分不得超过4%，酸不溶性灰分不得超过1%。

（2）金银花。

①性状鉴别：忍冬呈小棒状，上粗下细略弯曲，长2～3cm，上部直径约3mm，下部直径约1.5mm。表面黄白色或绿白色，久贮色渐深，密被短柔毛。偶见叶状苞片。花萼绿色，先端5裂，裂片有毛，长约2mm。开放者花冠筒状，先端二唇形；雄蕊5个，附于筒壁，黄色；雌蕊1个，子房无毛。气清香，味淡、微苦。

②显微鉴别：忍冬粉末浅黄色。

a. 腺毛有两种，一种头部呈倒圆锥形，顶端平坦，侧面观10～33个细胞，排成2～4层，直径40～108μm，有的细胞含淡黄色物，柄部2～5个细胞；另一种头部类圆形或略扁圆形，侧面观4～20个细胞，直径24～80μm，腺柄2～4个细胞，长24～80μm。

b. 非腺毛为单细胞，有两种：一种长而弯曲，壁薄，有微细疣状突起；另一种非腺毛较短，壁稍厚，具壁疣，有的具单或双螺纹。

c. 花粉粒众多，黄色，球形，直径60～70μm，外壁具细刺状突起，萌发孔3个。

d. 柱头顶端表皮细胞呈绒毛状。

e. 薄壁细胞中含细小草酸钙簇晶，直径20～45μm。

③成分：忍冬花蕾含黄酮类，为木樨草素及木樨草素-7-葡萄糖苷，并含肌醇、绿原酸、异绿原酸、皂苷及挥发油，油中主含双花醇、芳樟醇等。现已证明金银花的抗菌有效成分以绿原酸和异绿原酸为主。

④理化鉴别：取本品粉末0.2g，加甲醇5mL，放置12h，过滤，滤液作为供试品溶液。另取绿原酸对照品，加甲醇制成每1mL含1mg的溶液，作为对照品溶液。吸取供试品溶液10～20uL和对照品溶液10uL，分别点于同一以羧甲基纤维素钠为黏合剂的硅胶H薄层板上，以醋酸丁醇-甲酸-水（7：2.5：2.5）的上层溶液为展开剂，展开，取出，晾干，置于紫外光灯下检视。供试品色谱中，在与对照品色谱相应的位置上，显相同颜色的荧光斑点。

⑤检查：总灰分不得超过10%。酸不溶性灰分不得超过3%。铅不得超过百分之五；锡不得超过千万分之三；砷不得超过百万分之二；汞不得超过千万分之二；铜不得超过百万分之二十。

实训二　净选加工、切制饮片

1. 实训要求

（1）了解切制的目的。

（2）初步掌握药材的软化方法、程度及条件。

（3）掌握手工切制及机器切制和饮片干燥的方法。

2. 实训内容

（1）净选。去除杂质。

（2）切制。切薄片、丝、厚片。

3. 实训过程

（1）软化。

①冷浸软化：

a. 大黄：将净大黄放入盆内，用清水浸过药面15cm，体粗大者浸泡4～5h，体细个小者浸泡2～3h，然后捞出闷润24～28h，浸泡和闷润均达到水分适度，即内外一致为标准。对浸泡时间按照季节的不同，须灵活掌握，即冬长夏短。

b. 赤芍：将净赤芍用清水浸泡4～6h，水分以达到内外一致为标准。对浸泡时间应考虑到药材的质地及季节气候的影响，要灵活掌握。

c. 陈皮：将净陈皮铺在竹匾内，均匀喷洒适量清水，上面用湿纱布覆盖，闷润4～8h，至湿度均匀、内外一致。

②热浸软化：取净黄芩分开大小条，置于沸水锅中煮5～10min，不断上下翻动，煮至用手折之略弯曲，立即捞出，趁热置于容器内闷润8～12h，以达内外湿度一致。或将净黄芩置于蒸制容器内隔水加热，蒸至透气后半小时，质地软化，内外一致，取出趁热切片。

（2）切制。

①手工切制：先将切药刀固定，将药材放置在刀床上，根据切制饮片厚度，选择软硬不同的木制压板，左手掌握压板，压紧药材，右手持刀，两手配合进行切制。规格要求：大黄纵切为0.2～0.3cm的薄片；黄芩横切为0.8～1mm的薄片；陈皮横切为2～3mm的细丝；赤芍横切为0.7～1mm的薄片。

②机器切制：将软化好的药材用铁夹夹紧，向刀口推进，按下切刀，切成薄片。机器切制首先检查机器各部件，然后试车，再根据各药适宜的片型、厚度进行调节和固定刀口的位置，即可切片。旋转式切药机切制赤芍、黄芩；剁刀式切药机切制大黄、陈皮。

（3）干燥。

①自然干燥：将切制的饮片，置于竹匾或其他容器内阴干、风干或晒干，并定时翻动，以达到充分干燥。

②干燥箱干燥：将饮片置于钢网筛或适宜的容器内，放入恒温干燥箱中，温度控制在50～80℃，并定时翻动。干燥后取出放凉。

4. 注意事项

（1）浸泡水分要适当，软化太过或不及均影响饮片质量或增加切制难度。

（2）机器切制要注意随时检查机器，按章操作，杜绝事故。

（3）手工切制要注意掌握压板向前移动速度，持刀要从旁边持握，放刀要平稳。

（4）自然干燥要防止风沙、尘土。大黄饮片干燥时不宜暴晒。

模块六

香料植物加工

项目一 香料基础知识

知识目标

1. 了解香料的基本概念以及常见香料的植物来源。
2. 掌握植物天然香料的特点。
3. 掌握天然香料的提取方法。

技能目标

1. 能够进行文献调研，跟踪香料行业的最新研究进展，了解前沿技术。
2. 掌握香料提取的基本技能，包括提取方法的选择与应用。

香料在历史上最早的应用是从天然香料开始的，所谓天然香料，包括原始而未加工过的直接应用的动植物发香部位，还有通过物理方法进行提取或精炼加工而未改变其原来成分的天然香料。香料的历史可以追溯到古代，它在文化、贸易和烹饪中都发挥着重要作用。

香料化学实际就是指精油化学。很多世纪以前，人们就知道在许多植物的花、果、叶、根等中含有挥发性的有香气的物质，即所谓精油。精油的化学检测说明它们是由多种化合物所组成的一个复杂混合物，其中包括无环的、脂环的、芳香的和杂环的化合物。这些成分可大致分如下几类：萜类、芳香族化合物（即苯的衍生物）、含氮及含硫化合物、其他化合物。

一、天然香料的特点

1. 香气形成过程

天然香料绝大多数来自芳香植物，是植物体内葡糖苷的分解产物，并通过植物体内各种酶的作用转化形成不同结构的组分。酶是有机催化剂，它的专一性很强，一种酶只能催化形成一种结构。

一般醇类首先在叶绿体内形成；酯类是在叶绿体内由醇类与酸类作用形成的；烃类是在叶绿体内由醇类脱水形成的，通过异构化作用形成萜醇类；酸类是由蛋白质分解或由碳水化合物氧化而成的；醛类是在花序中由醇类急速氧化而成的；酮类也是通过与醛类相同途径而形成的；酚类是由蛋白质分解而成的。

植物体内的葡糖苷，除了由于水分和酶的存在，能分解、转化形成各种各样的香气成分外，其酵素同样也能起到酶的作用，特别是新鲜原料在存放和堆放过程中，使不发香的植物原料变成有一定特征香气的原料。

2. 精油的作用

植物性天然香料主要以精油形成存在，精油具有在空气中挥发的特性。

（1）精油作为树木之间的信号（如化学信号），能影响来自另一些植物资源的有机组织，使之保持一定距离。

（2）精油成分组成与结构复杂，于是它们就能传送复杂的、有选择性的生物信息。

（3）精油能使植物体本身具有抵抗对手、掠夺者和病源的能力。

（4）精油所散发出来的芳香（尤其是鲜花的芳香）能引诱昆虫采蜜，从而达到授精、结果的目的。

（5）具有食品香味的果实和种子是人类和动物所喜爱的，从而使植物获得传播和繁殖的机会。

由于加工方法不同，植物性天然香料有时会带有植物蜡、色素、树脂质、糖类和蛋白质等，但经过精制提纯还是可以获得精油的。

二、天然香料的提取方法

在芳香植物中提取天然香料的方法，可分为以下五大类。

1. 水蒸气蒸馏法

水蒸气蒸馏操作是将水蒸气通入不溶或难溶于水但有一定挥发性的有机物质中，使该有机物质在低于100℃的温度下，随着水蒸气一起蒸馏起来。

两种互不相溶的液体混合物的蒸汽压，等于两液体单独存在时的蒸汽压之和。当组成混合物的两液体的蒸汽压之和等于大气压时，混合物就开始沸腾。互不相溶的液体混合物的沸点比每一物质单独存在时的沸点要低。因此，在不溶于水的有机物质中，通入水蒸气进行蒸馏时，在比该物质低得多的温度，而且比100℃还要低的温度就可使该物质蒸馏出来。

由于由芳香物质组成的天然香料绝大多数具有挥发性，有挥发就有蒸汽压，利用这一特性，用水蒸气把含有芳香的物质从某些组织中蒸馏出来就是水蒸气蒸馏法，蒸出的产物就是精油，又称芳香油。

芳香油的种类很多，组成复杂，其化学成分有些已被研究清楚，有些还正在探索和研究之中，有些则还完全不了解。来源不同，所含的成分也不同，具有不同的化学结构和反应。

2. 挥发性溶剂浸提法

挥发性溶剂浸提法是以某些常用的挥发性有机溶剂去萃取某些组织中芳香物质的一种方法。这种方法主要是液固萃取过程，所得产物为浸膏、香树脂、香膏、油树脂、精油以及酊剂等。

3. 榨磨法

有些含有大量碳氢化合物的单萜类的果实精油，由于水蒸气蒸馏的温度较高，易产生聚合变质而降低精油质量。为此，在室温情况下，将果实表皮磨破或把果皮油囊榨破使精油喷射而出，这称为榨磨法。

4. 吸附法

吸附法用吸附剂或动物脂肪来吸收某些含香组织所挥发出来的芳香物质，前者再用脱附方法获取精油，后者再经过精制提纯而获得香脂或香脂精油。

5. 超临界CO_2萃取法

利用超临界流体（通常是二氧化碳）作为溶剂，能够在超临界状态下有效溶解香料成分。超临界CO_2萃取法是使二氧化碳介于液体和气体之间，密度近于液体密度，具有较高的溶解能力；而黏度近于气体黏度，有较高的传质能力。溶质在超临界萃取剂中溶解度随超临界压力和温度变化而有明显改变，因此可通过控制压力和温度，改变溶质在超临界萃取中的溶解度来达到选择性萃取和分离的目的。

超临界CO_2萃取法在植物油脂的提取中应用比较广泛、成熟。超临界CO_2萃取得到的油品，一般得油率达95%以上，杂质含量低，色泽浅，并且可省去减压蒸馏和脱臭等精制工序。与传统方法相比，萃取油脂后的残粕仍保留原样，可方便地用于提取蛋白质，将其掺入食品或用作饲料。因此，超临界CO_2萃取技术广泛用于开发具有高附加值的保健用油品。

项目二 香料的加工

知识目标

1. 掌握香料制备的理论知识以及常见香料的主要化学成分。
2. 掌握香料香精生产所必需的化学分析等基础理论知识。
3. 掌握常见香精的提取工艺和方法。

技能目标

1. 激发创新思维，探索新型香料的开发和应用。
2. 能够设计合理的香精提取方案，选择恰当的提取方法和参数。
3. 能够发现并处理香料香精生产过程中的异常现象及事故，对生产工艺中的异常情况具有一定的分析和解决问题的能力。

一、柑橘芳香油的提取

利用柑橘加工废弃物提取柑橘芳香油是目前提取柑橘芳香油的重要途径，如在加工糖水柑橘罐头时，一般约有40%的下脚废料（包括果皮、种子、橘络、瓤囊、碎果肉等），其中果皮占有很大比例，占新鲜原料的20%～30%。而柑橘香精油主要存在于柑橘外果皮表层的油胞中，含量为果皮的2%～3%。因此，柑橘加工废弃物是提取芳香油的主要原料。

柑橘芳香油的化学成分都为热敏性物质，如甜橙油，除含有大量易于变化的萜烯类成分外，其主要成分醛类（癸醛、柠檬醛）受热也容易氧化、变质。因此，柑橘的提油只能采用冷压榨或冷磨油的方法。

1. 原理

柑橘类果皮中的油囊直径一般可达0.4～0.6mm，较大，无管腺，周围无包壁，是由退化的细胞堆积包围而成的。如果不经破碎，无论减压或常压提取，油囊都不易破坏，精油不易蒸出。但橘皮放水中浸泡一定时间后，取出用手压挤，会有一股橘油喷射而出。这是因为水能渗入油囊中，使油囊内压增加，施加外压时，油囊破裂，精油从而射出。因此，无论手工的海绵法、挫榨法，还是机械的整果冷磨法、碎散果皮的螺旋压榨法，其原理基本相同，都是利用尖刺的突起物刺伤橘皮外果皮，使油囊破裂，精油释放出来，连同喷淋水，经澄清、分离、过滤，除去部分胶体杂质，最后高速离心，利用油水比重的不同将油分出来。

2. 工艺流程

（1）流程一（磨油法）。原料（整果）→挑选和分级→洗涤→磨油→筛滤→离心分离→静置→过滤→成品包装。

（2）流程二（压榨法）。原料（果皮）→挑选→硬化处理→漂洗→压榨→过滤→离心分离→静置→过滤→成品包装。

3. 操作要点

（1）原料。用磨油法取油，必须采用整果，要求选择果皮较厚的种类，如蕉柑、甜橙等，且果实必须新鲜饱满，果皮细胞具有较大的膨压，摩擦时细胞容易破裂。而果皮簿而软的种类，如红橘、芦柑、槿柑、本地早、温州蜜柑以及柑橘加工废弃果皮等，宜采用压榨法取油，在压榨前将剥下的果皮进行硬化处理，使果皮保持紧张度，便于压榨。

（2）挑选和分级。供磨油用的果实应选去青果、干瘪果和霉烂果，按大小将果实分成3～4级，用0.5%碳酸钠溶液浸泡1～3min，以除去表面蜡质，最后用清水漂洗干净。碳酸钠溶液应每4h更换一次，中途注意适当补充。

供压榨用的果皮应摊放于清洁、干燥、通风处，尽量避免果皮霉烂，已霉烂者应及时选出，以免造成污染。

（3）磨油。将果实倒入磨油机的加料漏斗中，由自动加料门徐徐地落于转盘上，由于转盘的快速旋转，带动果实在上面滚动，同时由于离心力的作用，果实与四周机壁不断碰撞，因此果皮上的油胞被转盘与机壁上的细刺擦破，香料油即逸出，并被上部喷头喷出的高压水冲下而形成油水混合液流出，经筛滤机过滤除去碎屑残渣后流入贮槽备用。

（4）果皮硬化与压榨。用压榨法取油的果皮应进行硬化处理，即将果皮浸入pH为12的石灰水中。上面加压筛板，使果皮淹没于水中浸泡10h以上，浸到果皮呈黄色无白心、硬而有弹性、压榨时不滑、残渣为颗粒状、过滤时不易糊筛、黏稠度不太大为准。浸好后捞出橘皮用流动水漂洗干净，最后沥干水分备用。

将硬化后的果皮送入螺旋式压榨机中，加压榨出芳香油。在加压的同时要喷射喷淋液，用量约与果皮重量相等。喷淋液的配方是：清水400～500kg、小苏打1kg、碳酸钠2kg，调节pH为7～8。这种喷淋液既能加大水油间的密度差异，提高油水分离的效果，又可提高油水混合液的pH，减少酸性介质对芳香油的不良影响。喷淋液每班只配一次，反复使用，但在使用过程中要注意调整pH。榨出的油水混合液采用布袋过滤，除去糊状残渣，以减少离心分离时离心机的负荷。

（5）离心分离。将已过滤的油水混合液用泵送入橘油分离机中进行离心分离。经分离后，水流入下方的循环桶中，油浮在上面，积累到一定量时，油由上方出口流入盛溢器内。混合液进入离心机的流量应该恰当，流量过大，易出混油；流量过小，则影响出油率。在正常情况下，橘油分离机出来的油应当澄清透明。

（6）静置、过滤。分离出的油须在5～10℃的冷库中静置5～7天，使杂质下沉。然后用虹吸管吸出上面澄清的芳香油，并用滤纸过滤（为加快过滤速度，常采用减压抽滤）。

（7）包装与贮存。柑橘芳香油应装于清洁干燥的棕色玻璃瓶中，尽量装满，加盖后再用硬脂蜡密封，贮藏于冷库或阴凉场所。

上述磨出或榨出的皮渣、油水混合液也可用蒸馏法取油。

二、栀子花头香精油的萃取技术

栀子有很多品种，我国南方各地均有栽培。栀子花香具有清香香韵，可用于高级化妆品的加香。目前生产栀子花精油普遍采用溶剂法，不但精油的质量差，而且得率低，仅为0.19%～0.25%。另外，鲜花原料堆放过程中，头香成分大量散失在空气中。

采用超临界CO_2萃取法从栀子花中萃取头香精油的工艺流程为：栀子花→吸附→超临界CO_2流体萃取→分离→栀子花头香精油。

超临界CO_2萃取法原理

具体操作是：先用吸附剂吸附栀子花散发出的头香成分，再用超临界CO_2流体将吸附剂中的头香成分萃取出来，使用吸附剂为活性炭，预先用超临界CO_2流体处理。吸附时，首先将栀子花放入鲜花存放器中，底部放少量水，启动膜式压缩机，使空气经过花层抽入压缩机，并通过冰瓶中冷凝器脱除水分，空气中的头香成分被吸附剂吸附，尾气经流量计计量后放空。

三、桂花浸膏的萃取技术

桂花浸膏是我国特有的名贵香料。传统的方法是采用石油醚提取，但该法存在溶剂残留问题，而且工艺流程长，溶剂回收时芳香物质易分解。

采用超临界CO_2萃取桂花浸膏的工艺流程为：桂花→预处理→超临界CO_2流体萃取→分离→桂花浸膏。

采用超临界CO_2流体萃取桂花浸膏，高温高压有利于得率的提高。在17MPa、35℃、2h的条件下用超临界CO_2流体萃取的得率明显高于石油醚萃取的得率，而且超临界CO_2流体萃取物的净油含量也明显高于石油醚提取物的净油含量。

四、茴香油的萃取技术

茴香籽是一种分布广泛的中药，具有明目健身、消咳止喘、延缓胃病和肾病等重要药理作用。茴香油是很好的香料物质。

采用超临界CO_2流体萃取茴香油的工艺流程为：茴香籽→预处理→超临界CO_2流体萃取→两级分离→茴香精油。

采用超临界CO_2流体在20MPa、40℃的条件下萃取未成熟的茴香，得到产率为2%的油树脂，但是其中含有许多非挥发性物质。采用两级分离的萃取工艺，在萃取的过程中脱除非挥发性物质，可得到茴香精油。当二氧化碳流体通过萃取釜时，精油和其他亲油脂成分将溶出。操作条件为30.2MPa、62℃，因为二氧化碳的消耗量是萃取过程中的一个经济指标，而在此条件下二氧化碳的消耗量较低。二氧化碳携带着萃取物经减压流过第一级分离釜，油脂、树脂、色素等大分子非挥发性物质被分离。第一级分离釜的分离压力为7.2MPa，温度为36.5℃，分离效率最大，可达55.06%。溶解度较高的挥发性精油在第二级分离釜中沉降分离。

五、当归油的萃取技术

当归性甘、辛、温，有补血活络、调经止痛、润肠通便的功效。当归油具有补血活血、促进血液循环、缓解血管平滑肌痉挛、抗炎镇痛、平喘、保肝利胆等作用，可治疗月经不调、痛经、子宫肌瘤及哮喘等病症，同时还广泛应用于化妆品及香料工业。

采用超临界CO_2流体萃取当归挥发油，在两级分离的萃取系统上进行。具体操作参数为：萃取釜30MPa/44℃，第一级分离釜10MPa/65℃，第二级分离釜8MPa/60℃，冷却器5℃，二氧化碳流量45kg/h，投料1kg，萃取时间3h。从第一级分离釜得到棕色浸膏16g，从第二级分离釜得到棕色油状液体15g，油状液体的得率可达1.5%，而用水蒸气蒸馏法提取长达5h，得率却只有0.32%。

用气相色谱质谱联用仪（GC-MS）对样品进行分析，发现用超临界CO_2流体萃取所得当归油中主要成分是亚油酸（36.74%）、藁本内酯（19.82%）和棕榈油（14.20%），而水蒸气蒸馏所得当归油中主要成分是藁本内酯、川芎内酯和亚丁基苯酞等。

模块六　香料植物加工

实训内容

实训一　柑橘皮中精油成分的提取与检测

1. 实训要求

（1）了解橘皮提取物的主要成分及提取精油成分的主要方法。

（2）训练实训技能，加强物质结构综合分析能力。

（3）掌握水蒸气蒸馏法。

（4）了解气相色谱（GC）法测定精油成分的原理。

2. 实训原理

（1）柑橘皮有效成分。柑橘种类很多，广植于我国长江以南各省，橘与橙的异名也称为柑，柑橘的皮色由红到黄深浅不一，内面为白色，油性大，香气浓郁。柑橘精油是天然香料精油中的一大类，无色透明，具有诱人的橘香味。柑橘精油具有祛痰、止咳、平喘、促进胃肠蠕动、促进消化液分泌、镇痛、溶解胆结石、抗菌消炎和去除自由基等作用，是饮料、啤酒、糕点的矫味剂、赋香剂，在花露水、香水、香酯、牙膏、香皂等日用品中也有广泛的用途。

柑橘精油的主要成分是萜烯类、倍半萜烯类以及高级醇类、醛类、酮类、酯类等组成的含氧化合物，其中90%以上是萜烯类和倍半萜烯类，这些成分不溶于水，沸点较高，易被空气中的氧气氧化，因此常用水蒸气蒸馏提取。目前，柑橘精油的提取主要有水蒸气蒸馏法、压榨法和溶剂浸提法。

（2）水蒸气蒸馏。水蒸气蒸馏是用来分离和提纯液态或固态有机化合物的一种方法，常用于下列几种情况。

①某些沸点高的有机化合物，在常压下蒸馏虽可与副产品分离，但易被破坏。

②混合物中含有大量树脂状杂质或不挥发性杂质，采用蒸馏、萃取等方法都难以分离。

③从较多固体反应物中分离出被吸附的液体。

使用水蒸气蒸馏这种分离方法是有条件限制的，被提纯物质必须具备以下几个条件：不溶或难溶于水；与沸水长时间共存而不发生化学反应；在100℃左右必须具有一定的蒸汽压（一般不小于1.33kPa）。

（3）试剂。橘皮、无水乙醚、无水硫酸钠、氯化钠等。

3. 实训步骤

（1）称取30g橘皮切成4mm的小块，置于250mL烧瓶中，加入50mL蒸馏水与3%氯化钠固体，用水蒸气蒸馏1.5h。注意通气量不宜过大，以免蒸出过多的水，为进一步萃取带来不便。将馏出液收集于锥形瓶中，向锥形瓶中加入20mL乙醚，混合均匀后转入分液漏斗中，用分液漏斗萃取时注意及时放气。静置分离出有机相后再用10mL乙醚萃取馏出液，取得有机层。合并有机层，加入少量无水硫酸钠脱水，常温下旋转蒸发出乙醚，得到精油产物。产物经过离心，提取上层精油，称重，计算出油率（出油率=100%×精油质量/橘皮质量）。

（2）气相色谱测定香精油的含量。先进行色谱条件优化选出最优条件，再进行样品及标准液的测定，优化条件如下。

①柱温60℃保留1min，以10℃/min的速度升到230℃，保留0min。

②柱温60℃保留1min，以20℃/min的速度升到230℃，保留0min。

③柱温恒温150℃保留1min。

优化完成后，选择最好条件进行样品的测定，并记录数据。

实训二 调香

1. 实训要求

通过几种果香型、花香型等香精的加香、调香试验，了解常见香精、香料的基本组成，香韵的描述方法及初步掌握加香方法。

2. 实训原理

（1）调香基本功——辨香、仿香和创香。

所谓辨香，简单地说就是要能够区分、辨别出各类或各种香气，能评定它的好坏以及鉴定其品质等级。练好辨香这一基本功，首先要掌握目前国内常用的数百种香料的性能，熟悉香气和香韵的分类、各香料间的香气异同和作用等。

所谓仿香，就是运用辨香的知识将多种香料按适宜的配比调配成需要模仿的香气或香味。

所谓创香，简单地说就是运用科学与艺术的方法，在辨香与仿香的实践基础上，设计创拟出具有新颖香气或香味（或香型）的香精，来满足某一特定产品的加香需要。

（2）辨香与评香。辨香是识辨香气，评香是对比香气或鉴定香气。要进行辨香与评香，必须注意下列几点。

①要有合适的场所：工作场所要通风良好，清静而温暖。室内在不使用时不能放置任何有香物质。进入室内不能穿着有香的工作服，不宜吸烟。

②思想要集中：应舒适地坐着评辨，全神贯注，根据样品香气的强弱和特点，评辨者根据自身嗅觉能力来掌握评辨的时间间隔。一般而言，一次评辨香气的时间不宜过

长，要有间歇，有休息，以便嗅觉在饱和、疲劳和迟钝下能恢复其敏感性，这样做效果就好。一般开始时的间歇是每次几秒钟，最初嗅的三、四次最为重要；易挥发香料要在几分钟内间歇地嗅辨；香气复杂的、有不同挥发阶段的香料，除开始外可间歇5min、10min，再延长至0.5h、lh乃至l天，或持续若干天，重复多次，观察不同时段香料的香气变化。

③嗅辨时要用辨香纸：通常是用厚度适宜的吸水纸，纸条适用于液态样品，宜为0.5 ~ 1cm宽，10 ~ 18cm长。最好一端窄一些，以便在窄口瓶中蘸样。对固态样品宜用纸片，宜为8cm长，10cm宽。辨香纸在存放时要松散些，要防止沾染或吸入任何香气。

④嗅辨时的香料香精要有合适的浓度：过浓，嗅觉容易饱和、麻痹或疲劳，因此有必要把香料或香精用纯净无臭的95%乙醇或纯净邻苯二甲酸二乙酯稀释到1% ~ 10%，甚至更淡些来辨别，特别是香气强度高或是固态树脂态的品种。

（3）辨香的准备和要求。首先要在辨香纸上写明被辨评对象的名称、号码，甚至日期和时间，然后，如果是用纸条，将其一头浸入拟辨香料或香精中，蘸上1 ~ 2cm，对比时要蘸得相等；如果是用纸片，可将固态样品少量置于纸片中心，嗅辨时，样品不要触及鼻子，要有一定的距离（刚可嗅到）。

随时记录嗅辨香气的结果，包括香韵、香型、特征、强度、挥发程度，并根据自己的体会，用贴切的词汇描述香气。要每阶段记录，最后写出全貌。

（4）相关名词解释。

①香型：用来描述某种香精或加香制品的整体香气类型或格调。如某种香精的香气属于花香型，或属于果香型，或茉莉型，或东方香型，或古龙（科隆）型等。香型这个术语，在英语中相当于Type。

②香韵：用来描述某一香料、香精或加香制品的香气中带有某种香气韵调而不是整体香气的特征，这种特征常引用有代表性的客观具体实物来表达或比拟，如某种香精带有玫瑰香韵或带有动物香香韵，或带有木香香韵等。香韵的区分是一项比较复杂的工作，描述不同香韵的用词选择问题也是艰难的。香韵这个术语，在英语中相当于Note。有时也可用感觉上的特征来表达，如甜韵、鲜韵等。

3. 实训步骤

（1）挑选5种已知香精，记忆其香型、香韵。

①要在辨香纸上写明被辨评对象的顺序名称、日期和时间。

②采用纸条，将其一头浸入拟辨香精中，蘸上1 ~ 2cm，对比时要蘸得相等。

③嗅辨时，样品不要触及鼻子，要有一定的距离（刚可嗅到）。

④随时记录嗅辨香气的结果（表6-1），包括香型、香韵、强度，并根据自己的体会，用贴切的词汇描述香气。

表6-1　香精的名称、香型、香韵、强度及其描述

香精名称	香型	香韵	强度	描述

（2）在未标明名称的1[#]～5[#]香精样品中，进行观察、嗅辨后，写出香精名称和香型（表6-2）。实训过程同上。

表6-2　未知香精的名称和香型

香精	1[#]	2[#]	3[#]	4[#]	5[#]
名称					
香型					

（3）记忆肉香粉、乙基麦芽酚、五香粉的香型、香味特点。采用纸片将固态样品少量置于纸片中心，再进行嗅辨。

（4）模拟天然果汁饮料的调香、加香实验，试配制柠檬汁饮料，记录用量和呈香效果（表6-3）。

表6-3　柠檬汁的调香、加香实验

香精名称	用量	呈香效果

说明：所加香精自己确定，要求必须品尝自己所做的柠檬汁；要求添加若干香精混合，体会一下混合后香精的呈香效果。

模块七

色素植物加工

项目一 色素基础知识

知识目标

1. 了解色素的定义及分类。
2. 了解天然色素的分类及基本特性。
3. 了解天然色素的植物原料资源。
4. 掌握天然色素的应用。

技能目标

1. 能正确使用色素。
2. 能分析天然色素应用要点。

一、天然色素概述

色素按其来源和性质分为合成色素和天然色素两大类。合成色素多以从石油制品中提取的苯、甲苯、萘等为原料合成，又称为苯胺色素。随着科学技术的不断进步和食品毒理学的发展，人们发现合成色素中有不少品种不仅无营养价值，反而对人体有害。据研究表明，合成色素中有些品种具有致毒、致癌及致畸作用，有些是可直接危害人体，有些是在代谢过程中产生有害物质或在加工合成过程中被有害物质污染来危害人体，因此引起了各国科学界和政府的关注。各国在色素的生产和使用上均采取慎重态度，颁布了有关规定，还规定了最大用量和使用范围、立法限制甚至禁止使用。而从自然界的动植物中提取的天然色素不仅无毒、色调自然，而且大多具有一定的医疗保健功能，因此近年来越来越受到人们的青睐。各国都在大力发展天然色素的生产，越来越多的天然色素被用于食品、药品、化妆品和纺织品等领域。

天然色素作为食品的着色剂已有悠久的历史。我国古代的《食经》和《齐民要术》等书中，就有关于利用天然色素为食品和酒着色的记载，如用艾青做青饺，用红米和茜草科植物使食品着色。12世纪以前，大不列颠阿利克赛人喜欢在糖果中加入天然色素使糖果呈现各种不同的颜色，如玫瑰色、紫色等。到了19世纪中期，常常采用一种含有色素的浆果来为酒和面包着色。人类最早采用的天然着色材料有茜草和胭脂虫，用其为食品和化妆品着色。

近年来，天然色素发展迅速，其主要原因如下。

（1）天然色素的安全性高，深受广大消费者的信赖。

（2）天然色素种类较多，能更好地模仿天然颜色，着色的色调也比较自然。

（3）天然色素对人体有一定的营养价值，并且有抗菌、防治疾病等作用。

这些特点不仅满足了人们生理的需要，而且满足了人们对色、味、香的要求。

二、天然色素的分类及基本特性

1. 天然色素的分类

（1）按来源分。

①植物色素：如胡萝卜素（从胡萝卜中提取）、叶绿素（从绿叶植物中提取）、紫薯色素（从紫薯中提取）等。

②动物色素：如血红素、卵黄和虾壳中的类胡萝卜素。

③微生物色素：这些色素是通过微生物（通常是细菌、真菌或藻类）的发酵过程生产的，如红曲色素。紫细菌可以生产出蓝色、绿色和紫色的天然色素。

④矿物色素：虽然较不常见，但某些天然矿物也可用作颜色源，如赭石（赤褐色）、珐琅（蓝色）和赤铁矿（红色）。

（2）按溶解性分。脂溶性色素（如叶绿素和类胡萝卜素）及水溶性色素（如花青素）。

（3）按结构分。

①多酚类衍生物：如萝卜红、高粱红等。

②异戊二烯衍生物：如β-胡萝卜素、辣椒红等。

③四吡咯衍生物（卟啉类衍生物）：如叶绿素、血红素等。

④酮类衍生物：如红曲红、姜黄素等。

⑤醌类衍生物：如紫胶红、胭脂虫红等。

⑥其他类色素：如甜菜红、焦糖色等。

2. 天然色素的基本特性

不同的天然色素来源具有不同的特点和用途，其颜色稳定性、溶解性和应用领域可能会有所不同。在食品、化妆品、纺织品和其他行业中，选择合适的天然色素来源非常重要，以确保产品的质量、安全和可持续性。此外，一些天然色素可能在不同文化和地区中具有特殊的传统和用途。

表7-1所示是部分天然食用色素的基本物理性质。从表7-1中可以看出：天然食用色素的物理性质差异较大，除叶绿素、辣椒红、胡萝卜素外，其他天然色素的油溶性都很差，属于水溶性色素；大多数天然色素的耐光性、耐热性、耐盐性都较好，表现出良好的稳定性。

表7-1　部分天然食用色素的基本物理性质

色素名称	色调	溶解性			耐热性	耐盐性	耐微生物性	耐光性	耐金属性	耐酸碱性	染着性
		水	乙醇	油							
栀子黄	黄	√	○	×	△	○	○	△	○	○	√
辣椒红	橙—红	×	△	√	○	○	○	△	○	○	×
胡萝卜素	黄橙	×	△	√	○	○	○	△	○	○	×
胭脂虫红	橙—红紫	√	×	×	√	√	○	√	×	×	○
虫胶	橙—红紫	△	√	×	√	√	○	√	×	×	○
紫根	红—紫	△	√	×	√	√	○	√	×	×	○
紫甘蓝	紫红	√	○	×	○	○	○	○	×	×	△
葡萄皮色素	紫红	√	○	×	○	○	○	○	×	×	△
葡萄汁色素	紫红	√	○	×	○	○	○	○	×	×	△
玉米色素	红紫	√	○	×	○	○	○	○	×	×	△
浆果类色素	红紫	√	○	×	○	○	○	○	×	×	△
紫苏	红紫	√	○	×	○	○	○	○	×	×	△
红米色素	红紫	√	√	×	○	○	○	○	×	×	△
红花黄	黄	√	○	×	△	○	○	○	△	○	△
可可色素	褐	√	√	×	√	√	○	√	○	○	√
高粱色素	褐—红	√	√	×	√	√	○	√	○	○	√
叶绿素铜钠	绿	×	○	√	○	○	○	×	○	○	○
姜黄	黄	△	√	○	△	△	○	△	△	△	√
甜菜红	红	√	○	×	×	○	○	△	○	○	×
红曲色素	红	○	√	×	○	○	○	△	○	○	√
藻蓝素	绿	√	×	×	×	△	○	△	×	○	×
焦糖色素	褐	√	△	×	√	√	○	√	○	○	×

注："√"表示非常好；"○"表示良好；"△"表示不太好；"×"表示不好。

此外，天然色素的稳定性还与所处环境的pH有关，pH改变，色调也会改变。各天然色素只有在各自特定的pH下才较稳定。如姜黄色素在酸性水溶液中呈黄色，碱性下呈棕色；虫胶酸由酸性转向碱性时，其色调变化由洋黄转为紫红；叶绿素在pH小于5时变褐色，如加工成叶绿素铜钠则比较稳定；红花黄色素在酸性下比较稳定，当pH为10 ~ 11.5

时，色泽变深；红曲色素在pH为3～11时稳定无变化。总之，多数天然色素在酸性下比较稳定。

三、天然色素提取的原料

1. 天然色素原料的分类

天然色素原料按来源可分为以下四类。

（1）植物色素原料。如叶绿素原料、黄栀子（栀子黄色素）、红辣椒（辣椒红色素、辣椒玉红色素）。

（2）动物色素原料。如肌肉，蟹、虾表皮等。

（3）微生物色素原料。如红曲霉。

（4）矿物色素原料。赭石、珐琅和赤铁矿。

从上述几方面来源看，天然色素原料最主要来源是植物色素原料。

自然界许多植物都含有色素，特别是植物的花、果部位几乎都含有某种色素，其中许多植物色素含量丰富，是生产天然色素的好原料。

从生长地区看，无论寒带或热带植物都含有色素，但从含有色素植物品种来看，由于热带植物生长更为茂盛、品种更丰富，所以热带生长的植物色素原料种类更多，资源更丰富。

2. 天然色素的植物原料资源

（1）树木资源。主要是各种乔木资源，例如槐树花、多穗科树叶等。

（2）野生植物资源。主要是林区覆盖地或野外生长的各种野生植物，一般自生自长，自然繁殖，例如蓝锭果、姜黄、越橘等。这类植物原料品种多，资源丰富，是发展天然色素生产寻求新原料的主要来源，但需要做较多的毒理试验工作。

（3）栽培植物资源。主要是已被人们作为蔬菜、水果而进行人工栽培的植物，例如红辣椒、苋菜、芭蕉树叶等。这类植物可根据生产需要而建立人工栽培基地，需要较大投资，原料成本较高，但由于人们早就长期食用，对人体无害，不需做很多的毒理试验工作。

3. 天然色素生产对原料的要求

很多动植物体中都含有色素，但要作为能满足某种生产需要即能够用作天然色素生产的原料是有限的，因为天然色素生产对原料有一定的要求。

（1）原料中所含的色素和由此原料提炼制成的色素产品对人体应是无害的，长期食用对人体器官也应是没有任何损害的，即有较高的安全性。所以在天然色素生产上采用某种新的原料时，应认真进行各项毒理试验，确定有较好的安全性以后，呈报并经有关部门批准后才能使用。

（2）原料中有一定的色素含量并能通过某种工艺方法进行提取和精制而能制成产品。原料中色素含量不能过分低，否则原料成本高，而且提取困难。由于各种原料所含色素种类不同、性质不同，所起的作用效果也不相同，所以对能够作为天然色素原料的色素最低含量不能做统一规定，而应视具体情况而定。

（3）原料中所含色素色泽要鲜艳，物理化学性质对使用有利，稳定性要好。从该种原料制取的色素产品应用范围广，使用价值高，成本低，能较好地满足相关要求。使用这些原料生产天然色素，产品才有利用价值。

（4）原料资源要丰富、生长容易、迅速。这样才能有足够的原料数量满足生产需要，由于一般原料中色素含量比较低，每生产1吨天然色素消耗的原料量较大，没有充足的原料资源就不能保证工厂常年正常生产。

（5）原料要便于贮存。由于天然色素生产的原料很多是植物的花、果、叶，这些原料采收期较短，水分含量高，不易贮存。为了常年生产，贮存原料又是必不可少的，必须能够采用适当干燥的方法贮存这些原料。

（6）原料要集中，资源要稳定，最好有原料基地，便于专门管理、采集、运输，原料质量也容易得到保证，运输成本也低，有利于工厂生产。

4. 我国天然色素原料资源特点

（1）资源丰富。我国幅员辽阔，各种资源特别是植物资源丰富，品种多，许多品种产地集中，有利于建厂。从北到南都有天然食用色素生产的原料，都可以加以利用。

（2）资源未被充分利用。我国天然色素资源虽然丰富，品种繁多，但还有很多未被充分利用。特别是野生植物资源，由于研究工作薄弱，大量野生植物资源白白浪费掉，如能充分利用将大大满足我国色素的生产需要。

（3）缺少有较高使用价值的花青素原料品种。花青素类色素原料所含色素色泽鲜艳，颜色多种多样，是生产天然色素的好原料。我国许多原料含有花青素色素，但由于花青素稳定性差，精制困难，吸湿性强，作为添加剂使用受到限制，所以目前可使用的花青素色素原料还不多。如果加强开发新的原料，寻求使用价值高的花青素色素原料，或改进已有花青素原料中色素的性能以适应使用需要，花青素色素原料必将得到更充分的利用。

（4）原料的分析检验工作很缺乏。尽管我国拥有许多天然色素原料，但对每一种原料所含色素种类、含量、基本性质既缺乏调查，又缺乏研究，所以作为天然色素的原料缺少许多基本的研究数据，这对我国发展天然色素工业是不利的。加强对原料的调查和研究应该得到充分的重视。

四、天然色素的应用

在世界范围内，食品添加剂使用原则是联合国粮食和农业组织与世界卫生组织制定的一个国际性的食品添加剂使用原则。该原则关于天然色素没有制定ADI（每人每日摄入量），因为天然色素大部分经毒性试验，安全性较高。目前，该原则列举的天然色素有23种，美国批准使用的天然色素有19种，日本批准使用的天然色素有25种，我国批准使用的天然色素有40余种。

天然色素的来源比较广泛，各种植物都有代表其特征的天然色素。由于天然色素性质不同，所使用的方法和着色的对象也各有差异。所以，在应用天然色素时应注意以下几个方面的问题。

（1）先要考虑被加工食品的pH范围，然后选用相应的色素。

（2）食品中含有的蛋白质成分常与天然色素作用而发生变色。

（3）天然色素用于饮料、冷饮及其他食品时，应考虑色素对金属离子、光、热、氧化剂、还原剂等各种因素的影响。

（4）对耐热性或耐光性差的天然色素，有时需要与不同色素配合使用，这样才能得到希望的色调。

（5）天然色素即使属同一系列色素，由于生产厂家不同，色素的色价或色调也有一定的差别，在使用时需要预先做着色试验。

（6）如果混合使用两种以上的色素调配另一种颜色时，每一种色素应符合使用目的以及有着同等程度的稳定性，否则经放置后难以维持色调的平衡。

（7）天然色素用于饮料时，残留很多黏液质、蛋白质、有机酸和糖等成分，易产生沉淀。

（8）如果混合两种以上天然色素想得到另一种颜色时，如产生沉淀，一般在使用前先过滤才能使用。必要时，做一做预备试验。

（9）选择使用天然食用色素时，应注意色素是否超过保存期及是否潮湿、氧化等。

项目二　天然色素的提取

知识目标

1. 掌握天然色素的提取方法。
2. 掌握天然色素提取的工艺要点。
3. 熟悉几种天然色素的提取工艺。

技能目标

1. 能进行天然色素提取工艺设计。
2. 能分析天然色素提取工艺要点。

一、天然色素的提取方法

天然色素一般都用浸提法提取，即通过水、乙醇、乙醚或其他有机溶剂萃取，所用溶剂要根据各种色素的性质而定。如红花黄色素用水和丙二醇萃取；玫瑰红色素可用水萃取；姜黄素不溶于冷水，但可用热水、乙醇、丙二醇萃取；红曲色素不溶于水，可用乙醇、乙醚萃取；叶绿素不溶于水而溶于油脂或有些有机溶剂，同时由于叶绿素很不稳定，所以一般须经再加工转变成叶绿素铜钠盐后使用。

天然色素提取中需要注意以下几个问题。

（1）天然色素在萃取后，需要浓缩或干燥成粉以便于储运。

（2）必须提纯，因生物体内一般成分比较复杂，能由溶剂溶解的成分也多，为提高着色效果及符合色素食品卫生上的要求，应将杂质除去。

（3）有些天然色素（指以液态形式保存的色素）的制备中必须杀菌，因天然色素绝大多数为有机物，易被各种微生物作用而败坏。

（4）应尽可能把溶剂去除和回收，由于萃取使用有机溶剂，必须避免残留溶剂毒害作用，此外还可降低加工中溶剂损耗。

从天然色素提取的总体来看，各种方法仍处在试验阶段，用于生产实际还有待改进和提高，这主要是色素含量与生产消耗之间尚不能产生较高的经济效益。

1. 野生植物食用色素的提取方法

（1）粉碎法。工艺流程：原料采集→筛选→水洗→干燥→粉碎→提取→制品化。此方法主要用于可可色素的提取。

（2）浸提法。工艺流程：原料采集→筛选→水洗→干燥→提取→浓缩→干燥→粉末化→制品化。此法应用最多，适用范围也广。利用水、酒精、有机溶剂等浸提色素，再精制为产品。

（3）酶反应法。工艺流程：原料采集→筛选→水洗→干燥→提取→酶反应→提取→浓缩→干燥→粉末化→制品化。由于国内酶制剂产品有限，故此法应用较少。

2. 浸提法提取植物色素的工艺要求

浸提法即利用植物色素的溶解性，用水、酒精、有机溶剂等进行浸提，使植物色素溶解于溶剂中，然后进行分离、精制。这种提取法适用范围广、工艺简单、产品质量高，所以目前大多数植物色素都采用这种方法进行提取。

（1）原料处理。原料的优劣是产品质量的基础，没有好的原料，难以生产出优质产品。尤其是在天然色素的生产中，原料色素的含量与品种、栽培条件、生长发育阶段及采收、贮存条件等密切相关。例如，山葡萄皮中的色素因不同品种、不同产地而差别较大；玫瑰茄色素的含量与花萼成熟度有关，幼嫩花萼表面颜色紫红，说明含量较低。对收购到的优质原料，须及时晒干或烘干，存放于阴凉、通风、干燥的地方，严防霉变和鼠虫危害。某些品种原料更需要特殊的前处理，否则将影响生产效率。不同的天然植物色素性质各异，因此要求不同的处理方法。

（2）浸提。使用这一方法提取色素时，首先应选用理想的萃取溶剂。优良萃取溶剂的条件如下。

①提取效率高（色素在该溶剂中溶解度大，其他非色素成分如多糖、蛋白质溶解度小）、价格低廉、不影响色素的性质和产品质量等，并且在回收或废弃时不会污染环境。常用的萃取剂有水、乙醇、丙酮、乙醚、石油醚等。

②应采用适当的萃取方式：大型工业化生产应采用进料与溶剂成相反梯度运动的逆流连续作业，即用最新溶剂浸提最后的原料，用含色素最浓的溶剂浸提首次待萃取的原料，这样可以提高萃取效率，并节省溶剂。

浸提方法有散浸或袋浸。可根据工厂的浸提设备、条件和原料的性质，选用不同的浸提方法。一般采用加热浸提，色素溶解速度快，溶解度高。但是，与此同时非色素类物质如多糖、蛋白质等溶解量也增多，给以后的处理增加困难。应根据情况，选用适当的浸提温度。在生产中，多采用蒸汽直接加热或夹层锅加热，对耐热性好的原料，可用真空减压回流的浸提方式，进行较长时间的浸提，温度保持在60℃。

（3）过滤。过滤技术是天然植物色素提取的关键之一，常常由于过滤不当，成品溶液浑浊或产生沉淀，使色素溶液的透明度降低，影响产品质量。为了提高过滤速度和产品质量，除了采用普通的离心过滤、抽滤之外，还采用超滤技术。国产超滤机已应用于天然食用色素的生产中。

此外，为了提高过滤效果，往往采用物理化学方法，如调节pH，用等电点的方法静置澄清除去蛋白质，用酒精除去水提液中的果胶质。在果汁色素的生产中也有用压滤的方法。

（4）浓缩。色素浸提过滤后，若含有机溶剂，须先回收，以降低产品成本，减少溶剂损耗。可采用真空减压设备先回收溶剂，然后浓缩成浸膏状。若无有机溶剂，为加快浓缩速度，可用高效薄膜蒸发设备和离心薄膜蒸发机进行初浓缩，然后在真空减压锅或敞口式蒸汽夹层锅内浓缩。在浓缩过程中，根据色素的性质，尽量采用较低的浓缩温度和较短的浓缩时间，隔绝氧气，以保证产品质量。

（5）干燥。为使产品便于贮藏、包装和运输，应尽可能把产品制成粉剂。而我国现有产品多数是液体，仅少数产品如萝卜红、甜菜红用塔式喷雾干燥法制成粉剂。由于多数产品未能找到合适的载体，故当用酸或糖作为色素喷雾干燥的载体，或不加载体直接以色素浸提液喷雾干燥时，制成的粉剂都易吸潮，尤其是花青素类色素。目前，粉剂的生产成本较高，用简便的设备难以生产。干燥方法除塔式喷雾干燥外，还有离心喷雾干燥、真空减压干燥（主要对一些易发泡的产品）、冷冻干燥。

（6）包装。包装材料应选择轻便、牢固、安全、无毒的物质。目前，国内外对液体产品多用不同规格的聚乙烯塑料瓶包装，粉剂产品多用薄膜袋包装。无论何种剂型和使用何种包装材料，为了保持色素产品质量，一般宜放在通风、干燥、阴凉处。

二、天然色素的提取实例

（一）辣椒红素的提取

辣椒红素是存在于辣椒中的类胡萝卜色素，分子式$C_{40}H_{56}O_3$，性状类似于β-胡萝卜素，不溶于水而溶于乙醇及油脂，乳化分散性及耐热性、耐酸性均好，耐光性稍差，可用于椒酱肉、辣味鸡等罐头食品的着色，也可用于饮料的着色。提取工艺如下。

1. 工艺流程

干辣椒→粉碎→乙醇提取→蒸馏→乙酸乙酯萃取→碱水处理→除杂处理→蒸馏→干燥→包装→成品。

2. 操作要点

（1）乙醇提取。将粉碎后的辣椒灰投入提取罐中，用95%的乙醇连续提取至红辣椒无红色，将得到的提取液蒸馏去除乙醇，可得到辣椒油浸膏。

（2）蒸馏、乙酸乙酯萃取。用水蒸气蒸馏辣椒油浸膏，馏去残余的乙醇，同时可部分蒸去辣味。然后用乙酸乙酯萃取，可得辣椒油树脂。

（3）碱水处理。取一定量的辣椒油树脂，加入20%氢氧化钠溶液，料液比为1∶4.5。搅拌处理4h，控制温度为70℃。

（4）除杂处理。碱水处理后，缓缓加入1∶4的氢氧化钙作为沉淀剂，使游离脂肪酸转化成难溶的钙盐，生成沉淀。同时加入10%的盐酸，调节体系pH到8～10，使含辣椒红素的脂肪酸类和胺酚类以水溶性盐的形式充分游离出来。将调酸后的沉淀离心去除，并低温干燥。干燥后的固形物再放入提取罐中，用乙酸乙酯连续提取至固形物无色为止。

（5）蒸馏、干燥。提取液经常压蒸馏去除溶剂乙酸乙酯，进一步浓缩、低温干燥或真空喷雾干燥，即得到粉末状辣椒红素，包装后就是成品。

（二）叶绿素色素的提取

叶绿素广泛存在于植物体内，常与叶黄素、胡萝卜素等共存。叶绿素有a、b两种成分，在植物体内的比例为3∶1，前者为蓝绿色，后者为黄绿色。叶绿素的水溶性制剂有抑制溃疡的消炎作用，可用于治疗慢性骨髓炎和慢性溃疡。叶绿素有促进组织再生作用，治疗皮肤创伤和烧伤等都有较好效果。叶绿素也有明显的抗菌作用。叶绿素是植物新陈代谢的产物，除了作药物之外，它是一种天然色素，广泛用作食品的着色剂，具有一定的生物活性。它存在于萝卜叶、松针叶、蚕沙、菠菜、甘蓝等中，资源丰富，可广为开发利用。

1. 成分

叶绿素a：$C_{55}H_{72}MgN_4O_5$；叶绿素b：$C_{55}H_{70}MgN_4O_6$

2. 性质

叶绿素为绿至暗绿色的粉末或为黏稠状物质。叶绿素a的熔点为150～153℃，叶绿素b的熔点为183～185℃。叶绿素不溶于水，溶于乙醇、乙醚、丙酮等脂肪溶剂。游离的叶绿素很不稳定，对光和热较为敏感。在稀碱溶液中可皂化水解为颜色仍为鲜绿色的叶绿酸、叶绿醇及甲醇。在酸性条件下，叶绿素分子中的Mg可被H取代，生成暗绿色至绿褐色的脱镁叶绿素。在适当条件下，叶绿素分子中的镁原子可被铜、铁、锌所取代。

3. 材料来源

叶绿素材料来源相当丰富，如菠菜、萝卜叶、甘蓝、荨麻等植物或蚕沙等。

4. 提取工艺

从萝卜叶、菠菜中提取叶绿素的方法如下。

（1）从萝卜叶中提取叶绿素的工艺流程。萝卜叶→洗净→晾干→粉碎→冷冻→离心脱水→干燥→粉碎→成品。操作要点如下。

①前处理：将新鲜的萝卜叶用清水洗净，晾干。然后放入粉碎机中绞碎成糊状，接着用1%的食盐溶液浸没。

②冷冻：将上述混合物放在-30～-25℃冷冻4～5h，在室温解冻。

③离心：将解冻的混合物用离心机分离脱水，然后再用等量去离子水搅拌，需要洗涤2次，再分离脱水。

④干燥、粉碎：把离心脱水物放在干燥器中保温干燥2h，温度控制在80℃，然后进行粉碎，即成亮绿色的叶绿素成品。

（2）从菠菜中提取叶绿素的工艺流程。鲜菠菜→除杂清洗→煮沸→甩干→粉碎→醇浸→过滤→滤液→醚萃取→分出醚相→用醇洗涤→用水洗涤→干燥醚相→减压蒸醚→蒸干→成品。操作要点如下。

①一定要取用新鲜菠菜，并去掉杂质以及腐烂部分。

②用清水洗菠菜时，速度要快，然后摘掉菠菜叶，用水煮沸2min，用离心机甩干。

③将冷却的菠菜叶进行粉碎，加入等量的95%甲醇，充分搅拌，浸取30min为宜。

④过滤，过滤残渣用上述方法重复浸取3次。

⑤合并浸取液，加入等体积的石油醚，萃取10min，静置分层后，分出醚相。

⑥余下醇相重复上述方法用石油醚萃取2次，并合并石油醚萃取液。

⑦然后分别用60%、70%、80%甲醇各洗一次，再用去离子水洗3次。

⑧用干燥剂干燥石油醚萃取液，减压蒸馏回收醚。蒸干，得成品。

5. 应用范围

叶绿素色素为食用绿色色素，用于糕点、饮料、酒类、果酱、果冻等。参考用量：用于糕点、饮料、配制酒等用量为0.1% ~ 0.2%；用于果酱、果冻的用量为200mg/kg。

（三）叶绿素铜钠色素的提取

1. 成分

叶绿素铜钠A和叶绿素铜钠B的混合物称为叶绿素铜钠。我国多家叶绿素生产企业都生产粉状叶绿素铜钠。

2. 性质

叶绿素铜钠为墨绿色粉末，有金属光泽，略带氨臭，几乎不溶于乙醚和石油醚，易溶于水，略溶于醇和氯仿。叶绿素铜钠的水溶液为蓝绿色，透明，无沉淀，耐光性比叶绿素强。如有钙离子存在时，则会有沉淀析出。

3. 提取工艺

（1）工艺流程。叶绿素浆状品→加碱皂化→分出下层皂化液→萃取→皂化液加入反应罐中→加醇→加硫酸铜→过滤→加水→过滤→浓缩→真空干燥→粉碎→成品。

（2）操作要点。

①在皂化叶绿素之前，要确定叶绿素的皂化值，再决定皂化时所用的碱量，这一点尤为重要。

②第一步把叶绿素浆状品放入皂化锅中；第二步是在充分搅拌的条件下，逐渐加入6% ~ 10%的氢氧化钠乙醇溶液。

③皂化温度为60℃，搅拌30 ~ 60min后，停止加热并静置充分分层，上层是不皂化物，下层是水溶性叶绿素皂化物。

④分出来下层皂化液后，加入等量的120#溶剂油，搅拌3h，静置分层，弃掉上层，将下层皂化液按上述方法反复萃取2次。

⑤将皂化液放入搪瓷反应罐中，向反应罐中加入乙醇，使皂化液中的乙醇浓度为80%。

⑥用酸调节pH为中性，加入硫酸铜为总皂化液量的10%，然后再用酸调节pH为2 ~ 3。在水浴锅上加热到60℃，并搅拌30 ~ 60min，趁热过滤，并用95%乙醇洗涤残渣4次。

⑦将滤液和洗液合并，并加入等量蒸馏水，静置4h后，过滤，分别用蒸馏水、40%~50%乙醇溶液、120#溶剂油进行洗涤，以使产物纯度达90%以上。

⑧将抽干的产物溶解于丙酮中，过滤，其滤液减压浓缩，将残渣用5%氢氧化钠溶液溶解，调节pH为11，过滤。

⑨将滤液放入搪瓷蒸发器中，浓缩至干，并于60℃真空干燥，粉碎，即为成品。

4. 应用范围

叶绿素铜钠是我国当前生产量较大的品种之一，应用很广。

（1）作为色素，可用于果味水、果味粉、果子露、汽水、罐头、糕点等的着色。最大用量为0.5g/kg，对红绿丝用量加倍。果味粉色素加入量按稀释倍数的50%加入。

（2）作为脱臭剂，可用于94%~96%食用酒精的脱臭。方法是在精制时添加叶绿素铜钠0.001%，放置过夜加入活性炭滤去即可。酸黄瓜用量为300mg/kg，肉汤、冷饮用量分别为400mg/kg和100mg/kg。

（3）医药上，用于治疗慢性骨髓炎、慢性溃疡、皮肤创伤、烧伤及白细胞减少等病症。还用于牙膏、发乳中，具有抑菌除口臭及防止牙龈出血等功效。

（4）用作雪花膏、润肤水、牙膏及香皂等的添加剂。

（四）葡萄皮色素的提取

葡萄皮色素是从葡萄皮中提取的花色素、苷类红色色素的混合物，主要成分是花翠素、牵牛色素、锦葵色素等，可溶于水、乙醇及丙二醇，不溶于油脂。其水溶液在酸性条件下呈红色，在碱性条件下呈暗蓝色，遇铁离子则呈暗紫色，可用于汽水、果酱、果酒等的着色。

1. 成分

葡萄皮色素的主要成分有矢车菊素-3-芸香糖苷、锦葵素-3, 5-双葡糖苷和锦葵素-3-半乳糖苷等。

2. 性质

葡萄皮色素可以是红至暗紫色的液体、糊状物或粉末状物，略带特殊臭气。色调随pH变化而变化，如pH为3时，呈红色；pH为4时，呈紫色；在碱性时，为暗蓝色。

葡萄皮色素溶于水、乙醇、丙二醇，不溶于油脂。耐热性稍差，耐光性在维生素C共存时比苋菜红好，并可提高耐光性，但染色性稍差。葡萄皮色素在铁离子存在时，为暗紫色。若在葡萄皮色素中加入聚磷酸盐，则能使色调稳定。

3. 材料来源

生产红葡萄酒后的葡萄皮渣晒干，备用。

4. 提取工艺

（1）加工液态葡萄皮色素。

①工艺流程：葡萄皮渣→压榨→过筛→干皮渣→加入酒精→过滤→浓缩→加抗氧化剂→密封贮存→成品。

②操作要点：取发酵后皮渣，经压榨再搓散，除去葡萄籽。在散而干的葡萄皮渣中，加入60%的酒精，用量以浸没葡萄皮渣为宜。浸泡时间为一个月左右，中间要搅拌几次。采用板框过滤机进行过滤，这时过滤出的清液为葡萄皮色素原液。真空浓缩后，待浓缩液冷却，立即加入抗氧化剂200mg/L的二氧化硫溶液，放入深色瓶中密封，至于暗处贮存备用。

（2）加工粉末状葡萄皮色素。

①工艺流程：葡萄皮渣→晾干→粉碎→乙醇浸泡→过滤→浓缩→干燥→成品→包装→入库。

②操作要点：将葡萄皮渣晾干，粉碎为60目。用5%柠檬酸的乙醇溶液浸没。不断搅拌，浸泡48h。用板框过滤机过滤，将滤液进行减压蒸馏回收乙醇。剩下残液喷雾干燥，即得成品。

5. 应用范围

（1）可用作高酸性食品，如果汁、果酱、果冻、饮料等的着色剂，着色力强，用量为0.1%～0.3%。

（2）可用于水果饮料、碳酸饮料、酒精饮料、蛋糕等。

（3）粉末食品中添加量为0.05%～0.2%，冰激凌中添加量为0.002%～0.2%。

（五）甜菜红色素的提取

甜菜红色素是由食用红甜菜的根（俗称紫菜头）中提取的一种天然红色素，产品形态一般为红紫至深色的液体、粉末或糊状物。色素的主要成分是红色的甜菜花青素，其中甜菜甙占红色素的75%～95%，可水解成甜菜甙配基和葡萄糖。易溶于水、牛奶，不溶于乙醇、甘油和油脂。甜菜红色素在中性至酸性环境中呈稳定的红紫色，在碱性条件下转化为呈黄色的甜菜黄素。甜菜红色素的耐光性及对pH的稳定性都较好，因此它是一种应用范围较广的水溶性食用红色素，可用于肉制品、药品、糖果、果脯、糕点等食品及果味饮料、果味固体饮料、果子露、汽水配制酒的着色。

甜菜红色素是水溶性色素，因此甜菜红色素的提制，主要以其在水中的溶解度为基础进行，一般均采用浸提法。

1. 工艺流程

红甜菜→清洗除杂→破碎→浸提→过滤→滤液→真空浓缩→喷雾干燥→包装→成品。

2. 操作要点

（1）原料处理。选用色素含量高的红甜菜品种（100g组织含甜菜甙约0.1g），进行修整，去除甜菜的生长冠并用水洗涤干净后，将红甜菜切碎成3～5mm的细丝。

（2）浸提。先将红甜菜在95℃的硫酸氢钠溶液（浓度为2%）中热烫10～15min，钝化红甜菜中所含的多酚氧化酶及甜菜花青素褪色酶；然后用水浸提，浸提液与甜菜丝之比为1.5∶1，在室温下浸提40～50min，其间搅拌3～5次，pH保持在3.5～6，用以去除红甜菜中所含的盐类、糖类及蛋白质。根据情况可进行二次浸提，也可使用连续浸提器进行。

（3）过滤。将浸提后的物料用压滤机压滤，收集滤液。

（4）真空浓缩。将压滤所得的汁液置于真空蒸发器内浓缩至原体积的1/3。

（5）喷雾干燥。将浓缩后的汁液离心喷雾干燥成粉状，包装后即为成品。也可在65～75℃下鼓风干燥，再粉碎得成品。产品应注意避光保存。

3. 应用范围

（1）依照《食品安全国家标准　食品添加剂使用标准》（GB 2760—2024），甜菜红可在各类食品中按生产需要适量添加，包括糕点、糖果、果冻、饮料、酸奶、果酱、冰激凌、罐头水果、酱料等。一般来说，甜菜红的使用量通常为食品中总色素的0.1%～0.5%，它通常用于赋予产品粉红、红色或紫色的颜色。例如，它常被用于制作草莓味的冰激凌、覆盆子口味的糖果等。

（2）化妆品。在化妆品制造中，甜菜红可以用于口红、腮红、指甲油和其他化妆品产品中，以增加颜色的鲜艳度。

（3）药品。甜菜红有时也用于医药制剂中，作为药片、液体药剂和胶囊的着色剂，以帮助患者识别不同的药物。

（六）蓝莓色素的提取

蓝莓又名笃斯、笃柿、都柿，为杜鹃花科越橘属小灌木。它主要生长在东北兴安岭、长白山和内蒙古东部，俄罗斯、日本及北美等国家和地区也有此植物。蓝莓是一种珍贵的野生浆果，适用于酿酒、制作果酱及饮料，资源丰富，采集方便，是制造天然色素的理想原料。特别是从酿酒厂、果汁饮料厂生产所余残渣中提取蓝莓色素，很好地解决了残渣利用的问题。蓝莓色素为一种红色素。

1. 成分

蓝莓色素属于花青素类，其主要化学成分为矢车菊素-3-木糖苷、矢车菊素-3-葡糖苷、飞燕草素-3-半乳糖苷、飞燕草素-3-葡糖苷、锦葵素-3-葡糖苷。

2. 性质

蓝莓色素易溶于水和乙醇，不溶于苯、乙醚、氯仿、丙酮等有机溶剂。向蓝莓色素的水溶液中加入柠檬酸或氢氧化钠配制成不同pH的溶液，经过室温放置或加热1h后观察，酸性溶液颜色不变，而碱性溶液室温放置呈褐色，加热十几分钟则变为黄色。将蓝莓色素酸性溶液放在紫外线下照射一段时间，溶液颜色不变。如果在日光下照射，很容易褪色，说明其对紫外线稳定但耐日光性较差，应放在暗处或棕色瓶中保存。

3. 材料来源

可从酿酒、生产饮料所剩余的蓝莓果残渣中浸提，采样后存于冰箱内备用。也可从9～10月采集的蓝莓果中直接提取，所采集蓝莓果可用乙醚保存，随时可用。

4. 提取工艺

（1）工艺流程。

①从蓝莓果中浸提：乙醚浸泡蓝莓果→水洗→吸滤→减压蒸馏→膏状成品。

②从酿酒等生产残渣中浸提：蓝莓残渣→乙醇浸提→过滤→减压蒸馏→成品。

（2）操作要点。

①从蓝莓果中提浸：秋季采集的蓝莓果用乙醚保存，用时取100mL，加50mL水洗、过滤，残渣再用50mL水洗、吸滤，再重复洗涤吸滤2次，将几次洗涤滤液合并，进行减压蒸馏，温度控制在60～65℃，压力为800MPa，蒸馏到成黏稠膏状物为止。

②从酿酒等生产残渣中浸提：蓝莓残渣用95%乙醇搅拌浸提，滤出浸提液，减压蒸馏，然后真空干燥，得膏状或固体产物。

原料和溶剂最佳配比为1∶5，溶剂可回收使用，以降低成本。另外，用水作溶剂提取也可，但其产量较乙醇作溶剂的产量低。

5. 应用范围

蓝莓色素提取制备工艺简单，颜色鲜艳，安全无毒，价格便宜。此色素含糖量很高（总糖含量80%以上），不仅可作添加剂，而且具有营养价值。虽耐光性较差，但在酸性条件下稳定，若加到琼脂软糖、冰棒、果酒、果酱、冰激凌、酸性饮料中，将得到令人喜爱的色泽，而且经久不脱色。随着国民经济的发展，蓝莓色素的应用将更加广泛，而且很有希望打入国际市场。

（七）黑桑葚紫色素的提取

黑桑葚为一种桑科植物的果穗，主要分布在新疆，一直为人们所食用。黑桑葚除含大量色素外，还含有大量营养成分如胡萝卜素、维生素B_1、维生素B_2、维生素C、脂肪、糖类等，并有很高的药用价值，具有补肝益肾、滋阴补血、明目安神的作用。从黑桑葚中提取的色素为一种紫色色素。

1. 成分

黑桑葚色素的化学成分不详。

2. 性质

精制的黑桑葚色素为紫红色粉末，能溶于水，在酸性条件下较稳定，但在较高温度下不稳定易分解，且在光照下易氧化分解。

3. 材料来源

黑桑葚成熟时采集备用。

4. 提取工艺

（1）工艺流程。干桑葚→浸提→过滤→浓缩→浸膏→粉末状成品。

（2）操作要点。

①原料处理：将一定量黑桑葚在40℃下烘至恒重，留作下一步浸提之用。试验证明，若将黑桑葚粉碎为80目筛得桑葚粉，从中浸提所得色素浸出率较从整桑葚粒中低，可能是整桑葚中某些物质对色素有保护作用所致。

②浸提：浸提液为50%乙醇，比例是乙醇：桑葚果（体积比）为4：1。浸泡时间3天。

③过滤：反复浸提3次并将浸提液过滤。

④浓缩：合并3次浸提后的滤液，将其浓缩（蒸出的乙醇可回收使用）得膏状产物。

⑤所得浸膏经沉淀过滤，得粉末状精制品。

本工艺可从桑葚果中制得7% ~ 10%的色素（以干果质量的百分比计）。

5. 应用范围

黑桑葚中提取出的紫色素，其色泽依pH增加而异，变化为红→紫红→蓝。毒理试验表明该色素无毒。因为该色素在较高温度下不稳定，易分解，所以应在较低温度下使用。同时，该色素耐光性较差，应避免光照直射。另外，该色素水溶性好、澄清透明、色泽鲜艳、着色力强、无异味、安全性高，并且二氧化碳对其无影响，故可作为饮料、果汁、酒类、糖果等食品的着色剂。

（八）黑加仑色素的提取

黑加仑生于湿润谷底、沟边或坡地云杉林、落叶松林或针阔混交林。主产区在欧洲北部，主要生产国是波兰、俄罗斯、乌克兰、德国、捷克、英国等。2021年世界总产量达6万多吨。我国的黑加仑主要种植区分布在黑龙江、吉林、辽宁、新疆等地，用于生产果酱、果子冻、利口酒、乳制品和果酒的风味剂或着色剂等。

1. 成分

从黑加仑果皮中提取出来的黑加仑色素主要成分有矢车菊素、飞燕草素、矢车菊素-3-葡糖苷、飞燕草素-3-芸香糖苷等。

2. 性质

此色素易溶于水，可溶于甲醇、乙醇，不溶于丙酮、乙酸乙酯、氯仿、乙醚等极性小的溶剂。此色素在80℃加热半小时，颜色和最大吸收波长几乎都无变化，温度升高时最大吸收波长和颜色均有变化，并对光较稳定。

3. 材料来源

可从黑加仑原汁中浓缩制取，也可从果渣中浸提。

4. 提取工艺

（1）工艺流程。

①从果汁中提取：黑加仑果→压榨→浓缩→沉淀→净化→干燥→成品。

②从果渣中提取：果渣→提取→浓缩→净化→干燥→成品。

（2）操作要点。

①从果汁中提取：

a.压榨：取经过挑选的黑加仑果，经压榨得黑加仑果汁。

b.浓缩：温度控制在（50±2）℃，浓缩液波美度控制在11～13。

c.干燥：用高速离心喷雾干燥机喷雾干燥，得紫红色粉末状产品。

②从果渣中提取：

a.提取：用食用乙醇作为提取液进行提取。

b.浓缩：温度控制在（50±2）℃，波美度控制在11～15。

c.干燥：经喷雾干燥得紫红色粉末。

5. 应用范围

黑加仑色素颜色鲜艳，其中含有多种氨基酸，总含量为0.5122mg/100mg，并含有十几种微量元素。该色素在酸性条件下稳定，热稳定性较好，有较好的光稳定性，可添加到酸性食品如汽水、果酒、香槟酒、糕点等中。黑加仑色素在食品中能保持黑加仑的特有味道，是一种理想的食品添加剂。

（九）胡萝卜素的提取

胡萝卜素是一种重要的食用色素，它具有食品着色剂和营养增补剂的双重功能。其中β-胡萝卜素及类胡萝卜素是维生素A原，在人体内可以被转化成维生素A，具有较好的抗氧化性，可消除人体内的氧自由基，因此具有抗衰老、防癌等保健功效。目前，胡萝卜素作为色素和保健功能性食品添加剂越来越受到消费者欢迎。成品胡萝卜素是一种紫红色粉末，不溶于水，可溶于甲酸、乙酸、甲醛等强极性溶剂，不溶于无水甲醇、无水乙醇、丙酮、氯仿、苯、甲苯、乙醚、乙酸乙酯、四氯化碳等弱极性溶剂。胡萝卜素的热稳定性和光稳定性都非常好。在酸性溶液中较稳定，而在中性及弱碱性溶液中，色素颜色易变化；在强碱性溶液中，色素变为稳定的明黄色。

1. 材料来源

胡萝卜。

2. 工艺流程

原料→预处理→超临界CO_2萃取→胡萝卜素萃取物。

3. 操作要点

应选择深红色、质地紧密、不空心、不发软、无虫蛀、色素含量高的胡萝卜为原料。原料先进行冷冻干燥，然后粉碎备用。β-胡萝卜素对温度较为敏感，因此对萃取温度的参数只提高到60℃，进一步提升会造成胡萝卜素的分解。夹带剂虽然可以提高β-胡萝卜素的提取率（达40.2%），但其引入的同时会带来有机溶剂残留的问题。因此，在添加夹带剂没有非常明显提高提取率的情况下，不主张使用夹带剂。另外，二氧化碳的流量对提取率影响不大。关于提取时间，在一定范围内，提取时间越长越有利于提取率的提高，达到一定时间后，提取率不再提高。因此，从胡萝卜粉中提取最佳工艺条件为：提取压力35MPa，提取温度60℃，二氧化碳流量1.5L/min，提取时间4h。

（十）姜黄素的提取

姜黄素是人们熟知的一种天然食用色素，其色彩鲜艳，在碱性时呈红褐色，中性、酸性环境中呈黄色。气味芳香，着色性能较好。此外，姜黄素还具有杀菌和护肝作用，使用安全、无毒害，可作为着色素直接应用于糕点、糖果、饮料、有色酒等食品中，因此姜黄素是世界卫生组织、联合国粮食及农业组织、欧盟、中国、美国、加拿大、日本、澳大利亚等国家和组织都许可使用的黄色食用色素。姜黄素是从姜黄中提取得到的。姜黄，别名黄姜，是一种中药材，广泛分布于我国云南、四川、贵州、广西、广东、福建、江西、浙江、湖南、湖北及陕西等省，资源十分丰富。姜黄的主要成分由淀粉、纤维素、挥发油、水分以及酚性色素组成，其中酚性色素是食用色素的主要有效成分，包括姜黄素、脱甲氧基姜黄素、双脱甲氧基姜黄素等。

1. 工艺流程

（1）乙醇连续回流提取法。姜黄块→粉碎→提取→浓缩→碱处理→粗姜黄素→精制→纯姜黄色。

（2）水提取法。姜黄块茎→粉碎→萃取→过滤→沉淀→过滤→干燥→粉碎→姜黄素。

2. 操作要点

（1）乙醇连续回流提取法。

①粉碎：先利用组织破碎机将姜黄块粉碎，破碎程度要求达到5～10目，然后用水蒸

气蒸馏法提取姜黄油，提取姜黄油后的姜黄粉末要求含水率15%左右。

②提取：将上述姜黄粉末用70%的乙醇连续回流提取至原料呈灰白色止，提取结束后，将提取液浓缩成褐色糖状物，得浓缩浸膏。

③碱处理：向浸膏中加入6%的氢氧化钠溶液，加热到100℃水解30 ~ 45min，加入盐酸调pH至黄色素沉淀析出（pH为6.8 ~ 7），迅速离心分离，以清水洗涤，得粗姜黄素，含量17% ~ 87%。

④精制：根据需要，可对姜黄素粗品进行精制，精制可采用环乙烷萃取法，除去杂质，重结晶，得姜黄素精品。

（2）水提取法。本工艺采用水提取大大降低了有机溶媒的消耗，但萃取过程需要加入萃取助剂。具体操作如下：以水萃取，加入1%的萃取助剂，萃取时间约70min，萃取结束后，过滤，除去杂质；然后浓缩、沉淀、过滤，得姜黄素，干燥、粉碎。

（十一）玫瑰茄色素的提取

玫瑰茄，又名山茄，是锦葵科木槿属一年生直立草本植物，原产于非洲，后广泛分布于热带、亚热带地区。我国20世纪40年代作为观赏植物从国外引进，60年代开始试种，对其栽培方法、纤维及种子油等的利用进行了研究。我国广东、广西、云南等地均有栽培，资源丰富，其产品主要供外贸出口。

1. 成分

玫瑰茄萼片含有丰富的红色素、有机酸、果胶和钙、钾等金属离子。玫瑰茄花萼呈红紫色，其色素为花青苷类。玫瑰茄花萼中最主要的色素是飞燕草素-3-接骨木二糖苷，第二个主要色素是矢车菊素-3-接骨木二糖苷，少量的色素是飞燕草素-3-葡糖苷和矢车菊素-3-葡糖苷。

2. 性质

玫瑰茄色素是玫瑰茄萼片的水提取物，有三种制品：第一种是含有30% ~ 40%固形物的浸膏；第二种是固体；第三种是脱果胶的、含60%固形物的浸膏。

三种制品都是深暗红色，带有酸味，无异臭，用水溶解稀释后，色液为红—红紫色。这三种产品性质基本相同，以第三种脱果胶产品分散度最好，第一种和第二种产品次之。三种制品耐热性较好，在135℃以下加入糖膏调色不分解。耐光性良好。可任意混溶于水、乙醇、丙二醇等醇性有机溶剂，不溶于动植物油、氯仿、苯等有机溶剂。但耐金属离子（如铁离子）性较差。如若提高玫瑰茄色素的耐热、耐光性，可添加植酸等金属螯合剂或氯化物。

3. 材料来源

将锦葵科木槿属一年生草本植物玫瑰茄采收后，晒干，将干的玫瑰茄萼片适当剪碎后，置于干燥的暗处，备用。

4. 提取工艺

（1）工艺流程。玫瑰茄色素提取的工艺流程如图7-1所示。

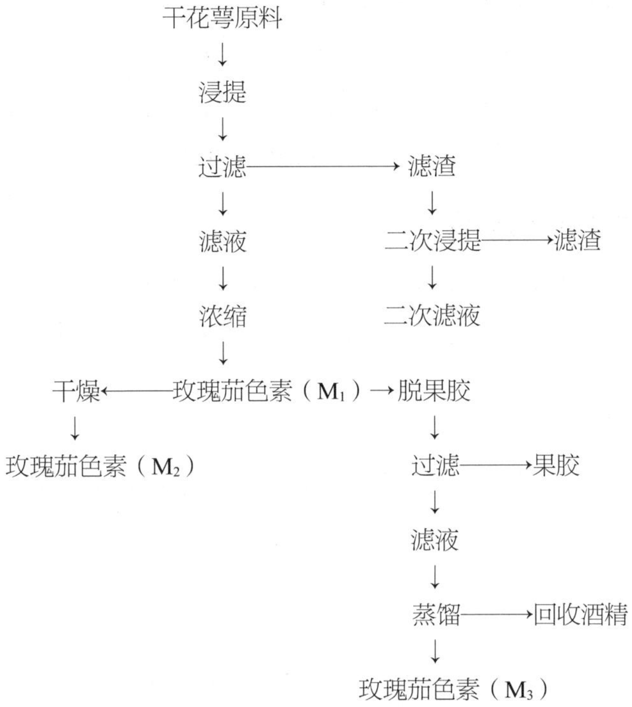

图7-1 玫瑰茄色素提取的工艺流程

（2）操作要点。

①将玫瑰茄花萼除去腐败叶片，洗净晾干。

②将晾干原料加入20倍体积的去离子水，加热煮沸，保温、搅拌，半小时后趁热过滤。

③滤渣再用10倍体积的去离子水按上法浸取3次。

④第三次、第四次滤液可作为新花萼浸取之用的溶剂。

⑤合并第一次、第二次滤液，用水浴加热至60～70℃，用减压方法浓缩至固形物达30%～40%为止，得玫瑰茄色素产品（M_1）。

⑥将产品M_1真空减压浓缩至得固体成品M_2。

⑦向成品M_1加入2倍体积的95%乙醇，充分搅拌，静置6h后，用虹吸方法吸出上层清液。

⑧将下层沉淀进行过滤，其沉淀物再用50%乙醇洗涤4次，甩干的滤渣于50～60℃干燥，成品为玫瑰茄果胶。

⑨合并乙醇溶液，用水浴加热蒸馏回收乙醇，除尽乙醇后，再减压浓缩残液，至固形物达到60%为止，即得成品M_3。

5. 应用范围

玫瑰茄色素实际上是其花萼的水溶性提取物，含有高浓度的有机酸类，可以作为一种天然的酸味剂，以增进糖果等食品的风味。玫瑰茄色素可用于饮料、糖果、配制酒，按正常生产需要添加，适用于不需要高温加热的且pH在4以下的食品，如糖浆、冷点、粉末饮料、果子露、雪糕、果冻等，用量为0.1% ~ 0.5%。

（十二）枸杞子红色素的提取

枸杞子是茄科植物枸杞的成熟果实，它是我国传统的中药材，有补肾养肝、润肺明目的功效。不仅可以作为天然色素使用，而且可以用作功能性食品的原料，使用范围广泛。

1. 成分

枸杞子红色素的主要成分有玉米黄质、β-胡萝卜素和β-隐黄质等。

2. 材料来源

宁夏枸杞成熟果实。

3. 工艺流程

枸杞子→干燥→粉碎→超临界CO_2萃取→分离→成品。

4. 操作要点

样品粉碎度40目，含水率5%左右，萃取温度35℃，萃取压力35MPa，萃取时间100min，二氧化碳流量25kg/h。

（十三）越橘红色素的提取

1. 成分

越橘红色素主要着色成分为含花青素和芍药素的花色苷。

2. 性质

越橘红色素为深紫红色液体、浸膏或粉末，稍有特殊臭气。耐酸性较强，耐光性较强，耐微生物性较强，易于保存。易溶于水和酸性乙醇，不溶于无水乙醇和油脂。本品水溶液色调随pH变化而变化，在酸性条件下呈玫瑰红色，在碱性条件下呈橙黄色乃至紫青色，铁离子易使其褐变。

3. 提取工艺

将杜鹃花科越橘属越橘果实破碎，用水或乙醇水溶液抽提、过滤、精制、减压浓缩或进一步干燥制得。

4. 使用注意事项

（1）本品对环境的pH敏感，色调随pH的变化而变化。在酸性条件下呈玫瑰红色，适用于酸性饮料。

（2）本品对高价阳离子，特别是对铁离子敏感而变褐色，故配制溶液时最好用去离子水。

5. 使用范围和使用量

《食品安全国家标准　食品添加剂使用标准》（GB 2760—2024）规定：可在冷冻饮品、果蔬汁饮料、风味饮料生产中按需要适量使用。

（十四）黑豆红色素的提取

1. 成分

黑豆红色素主要着色成分为矢车菊素-3-半乳糖苷。

2. 性质

黑豆红色素为黑紫色无定形粉末，易溶于水及乙醇，水溶液透明，不溶于无水乙醇、丙酮、乙醚及油脂。在酸性水溶液中呈透明鲜艳红色，在中性水溶液中呈透明红棕色，在碱性水溶液中呈透明深红棕色。遇铁、铅离子变棕褐色，对热较稳定，偏酸条件下耐光性较强。

3. 提取工艺

以黑豆，即野大豆种皮为原料，用乙醇水溶液抽提、过滤、精制、干燥而得。

4. 使用注意事项

（1）本品溶液遇铁离子变棕褐色，用时应避免铁离子干扰。

（2）本品在酸性溶液中呈鲜红色，适用于给酸性饮料着色。

5. 使用范围和使用量

（1）《食品安全国家标准　食品添加剂使用标准》（GB 2760—2024）规定：可用于果味饮料、果蔬汁（肉）饮料、糖果、配制酒、糕点上彩装，最大使用量为0.8g/kg。

（2）实际使用参考如下。

①用于糖果：硬糖0.04%，软糖0.06%。

②用于配制酒：葡萄酒0.08%。

③用于饮料：杨梅汽水0.05%，樱桃汽水0.08%，可乐型饮料0.068%。

（十五）蓝靛果红色素的提取

1. 成分

蓝靛果红色素为花色素苷类，主要着色成分为花青靛-3-葡糖苷。

2. 性质

蓝靛果红色素为深红色膏状物，易溶于水，不溶于丙酮和石油醚。pH为2～4时呈红色，于波长535nm处有最大吸收，随pH的升高，颜色由红变紫进而变蓝。耐光性和耐热性差，金属离子也对它有不良影响。

3. 提取工艺

将蓝靛果鲜果破碎、浸提、过滤、真空浓缩制成。

4. 使用范围和使用量

《食品安全国家标准　食品添加剂使用标准》（GB 2760—2024）规定：风味饮料、冷冻饮品、果蔬汁（肉）饮料，最大使用量1g/kg；糖果、糕点，最大使用量2g/kg；糕点上彩装，最大使用量3g/kg。

（十六）山楂红色素的提取

山楂有很高的营养价值，而且也有很好的药用价值。山楂含铁、钙相当丰富，特别是钙含量居于各种果品首位，山楂中维生素C的含量是苹果的17倍之多。除此之外，山楂还含有丰富的红色素，为了充分开发利用天然资源，可从山楂中提取天然食用色素，以提高山楂产品的经济效益和社会效益。

1. 成分

山楂红色素以花青素类色素为主要成分。

2. 性质

山楂红色素溶于水、甲醇、乙醇，为水溶性色素。山楂红色素对光、热都很敏感，稳定性较差。pH对山楂红色素有一定影响：pH为1～3时，色素为紫红色；pH为4～5时，色素为粉红色；pH为6时，色素为橘红色；pH为7～9时，色素为棕色至深棕色；pH为10～12时，色素为淡黄绿色至黄绿色。

3. 材料来源

秋季果实成熟时采收。

4. 提取工艺

（1）工艺流程。山楂鲜果→选料→清洗→破碎→提取→过滤→减压浓缩→成品。

（2）操作要点。

①选料：要选成熟、无虫无烂的山楂作为原料。

②清洗、破碎：将选好的山楂，去掉杂质，洗净，然后进行破碎。

③提取：配好酸性提取液，其组成是95%乙酸中含有0.1%的盐酸，备用。取破碎好的50kg山楂放入提取器中，加入酸性提取液150L。山楂色素提取的温度为50℃，在提取过程中，不断搅拌，提取时间为4h即可。

④过滤：先粗过滤，滤出残渣，再采用棉过滤，采用板框过滤机进行过滤也可以。

⑤减压浓缩：将滤液进行减压浓缩，控制温度以50℃为宜，真空度为51kPa左右。浓缩体积以15L为宜，即得成品。

5. 应用范围

（1）天然食用山楂红色素。

（2）1kg鲜山楂可得600mL左右的色素浓缩液，可配制10L人工饮料。配制后的饮料具有浓郁的山楂香气，色泽鲜艳。

模块七 色素植物加工

实训内容

实训　叶绿素的提取及含量测定

1. 实训要求

（1）掌握叶绿素提取的方法及原理。

（2）熟悉分光光度计的使用方法。

2. 实训原理

叶绿素存在于果蔬、竹叶等绿色植物中。叶绿素在植物细胞中与蛋白质结合成叶绿体，当细胞死亡后，叶绿素即游离出来，游离叶绿素很不稳定，对光或热较敏感；在酸性条件下生成绿褐色脱镁叶绿素，加热可使反应加速；在稀碱液中可水解为叶绿酸盐（鲜绿色）、叶绿醇和甲醇。高等植物中叶绿素有a、b两种，两者都易溶于乙醇、乙醚、丙酮和氯仿中。

叶绿素含量的测定方法有多种，其中有如下方法。

（1）原子吸收光谱法。测定镁含量，可以间接算出叶绿素含量。

（2）分光光度法。测定叶绿素提取液的最大吸收波长的光密度，然后通过计算获得叶绿素含量数据。此法快速、简便。其原理如下：叶绿素a、叶绿素b对645nm和663nm波长的光有吸收高峰，且两吸收曲线相交于652nm处。因此，测定提取液在645nm、663nm、652nm波长下的光密度，并根据经验公式计算，可分别得到叶绿素含量数据。

3. 实训步骤

（1）叶绿素提取及含量测定。均匀称取青菜样品5g于研钵中，加入少许玻璃砂（0.5～1g），充分研磨后倒入100mL容量瓶中，然后用丙酮分几次洗涤研钵并倒入容量瓶中，用丙酮定容至100mL。充分振摇后，用滤纸过滤。取滤液用分光光度计分别于645nm、663nm和652nm波长下，测定其光密度。以95%丙酮做空白对照试验。将测定记录数据列表，按照公式分别计算青菜组织中叶绿素a、b和总叶绿素含量。

（2）叶绿素在酸碱介质中稳定性实验。分别取10mL叶绿素提取液，滴加0.1mol/L盐酸和0.1mol/L 氢氧化钠溶液，观察提取液的颜色变化情况，并记录颜色变化时的pH。

4. 注意事项

（1）所计算出的叶绿素含量单位为mg/g鲜重。

（2）在提取叶绿素时，最终的丙酮液浓度为95%，因所用材料为菠菜等青菜，含水率极高。5g样品可视作5g水，故研磨后定容至100mL，丙酮液浓度为95%。

（3）若以黄瓜为材料，因叶绿素只存在于黄瓜皮中，取样是用锋利剖刀在黄瓜平整部分轻轻地将绿色表皮削下，然后称取0.5g样品研磨，加水5mL充分研磨，然后用丙酮洗涤，定容至100mL，为95%丙酮提取液。

（4）使用分光光度计调零时，必须用95%丙酮。

模块八

其他植物林产品加工

项目一 淀粉植物的加工

知识目标

1. 了解我国含淀粉野生植物资源。
2. 了解淀粉的分类。
3. 掌握淀粉的理化性质。
4. 掌握淀粉的加工工艺。

技能目标

1. 能判断淀粉植物原料。
2. 能进行淀粉理化分析。
3. 能设计淀粉提取工艺。

一、淀粉概述

淀粉是高等植物中常见的组分，是食品的重要组分之一，是人体热能的主要来源。淀粉又是许多工业生产的原、辅料，其可利用的主要性状包括颗粒性质、糊或浆液性质、成膜性质等。由于天然淀粉并不完全具备各工业行业应用的有效性能，因此，根据不同种类淀粉的结构、理化性质及应用要求，采用相应的技术可使其改性，得到各种变性淀粉，从而改善应用效果，扩大应用范围。淀粉和变性淀粉可广泛应用于食品、纺织、造纸、医药、化工、建材、石油钻探、铸造以及农业等许多行业。

淀粉经水解作用可制得若干种类的淀粉糖产品，如糊精、麦芽糖、淀粉糖浆、葡萄糖、功能性低聚糖。葡萄糖经异构化还可以生产高果糖浆。淀粉经水解、发酵作用可转化成酒精、有机酸、氨基酸、抗生素、甘油、酶、山梨醇等若干种类的转化产品。

我国拥有丰富的含淀粉的野生植物资源，这些植物分布在不同的地理区域和气候条件下。这些资源在食品、工业和传统药物制备等领域都有广泛的应用。我国含淀粉的野生植物很丰富，有些种类的蕴藏量还很大，各种植物虽然含淀粉和糖的部位不同，但它们像农产品一样，经过采收、整理之后，可以直接利用或作为工业原料加工制成各种工业产品，其中含淀粉的野生植物以壳斗科、禾本科、蓼科、百合科、天南星科、旋花科等种类较多，而且淀粉的含量也较丰富，其次是豆科、睡莲科、菱科、防己科、桔梗科、檀香科、银杏科等。以下是一些中国常见的含淀粉的野生植物和一些有关它们的信息。

（1）山药。山药块茎富含淀粉，它常被用作食材，可以制作成各种料理，如山药粥、山药糕等。

（2）荸荠。荸荠是一种水生植物，其块茎含有淀粉，通常被用作食材，特别是在制作各种糕点和点心中。

（3）野葛根。野葛根是一种野生藤本植物，其块茎含有淀粉，有时被用于药物制备。

（4）野生箭竹。野生箭竹是一种水生植物，其块茎富含淀粉，可用于食品加工。

（5）野生薯蓣。野生薯蓣的块茎富含淀粉，有时被用于食品制备。

这些含淀粉的野生植物资源在不同地区和文化中具有重要的食用和经济价值。然而，野生植物资源的采集和利用需要谨慎，以确保资源的可持续性和保护自然生态系统。因此，对于野生植物的采集和利用，需要遵循相关法律法规和保护措施，以确保资源的合理利用。

二、淀粉的分类

1. 按来源分

（1）禾谷类淀粉。玉米、大米、大麦、小麦、燕麦、荞麦、高粱等的淀粉存在于胚乳、糊粉层、胚（玉米25%含量）中。

（2）薯类淀粉。甘薯、木薯、葛根的淀粉存在于块根中；马铃薯、山药的淀粉存在于块茎中。

（3）豆类淀粉。蚕豆、绿豆、豌豆、赤豆等的淀粉存在于子叶中。

（4）其他淀粉。香蕉、白果等的淀粉存在于果实中；菠萝等的淀粉存在于基髓中。

2. 按化学成分分

淀粉按化学成分分为直链淀粉和支链淀粉。一般来说，直链淀粉具有优良的成膜性和膜强度，支链淀粉具有较好的黏结性。大多数植物所含的天然淀粉都是由直链和支链两种淀粉以一定的比例组成的。也有一些糯性品种，其淀粉全部是由支链淀粉所组成，如糯玉米、糯稻等。直链淀粉和支链淀粉的区别如表8-1所示。

表8-1　直链淀粉和支链淀粉的区别

项目	直链淀粉	支链淀粉
分子大小	200～980个葡萄糖残基	600～6000个葡萄糖残基
形态	螺旋形	高粱穗形
接点	*a*-1, 4苷键	*a*-1, 4苷键、*a*-1, 6苷键
呈色	遇碘呈蓝色	遇碘呈紫红色
老化	易发生	不易发生

三、淀粉的理化性质

（一）淀粉的组织结构

1. 淀粉颗粒的形态

不同来源的淀粉，其形状和大小等都不相同。小麦有两种不同形状和大小的淀粉颗粒：扁豆形的大颗粒，直径15 ~ 35μm，称为A淀粉；呈球形的小颗粒，直径2 ~ 10μm，称为B淀粉。玉米淀粉颗粒较小，呈多角形；马铃薯淀粉颗粒较大，呈椭圆形；木薯淀粉颗粒有的呈凹形。不同淀粉颗粒的形态如表8-2所示。

表8-2　不同淀粉颗粒的形态

淀粉来源	作物	特性	形态	直径/μm
小麦	谷物	双型	小扁豆形A型	15～35
			圆球形B型	2～10
大麦	谷物	双型	A型	15～25
			B型	2～5
黑麦	谷物	双型	A型	10～40
			B型	5～10
普通玉米	谷物	单型	多角形	2～30
糯性玉米	谷物	单型	球形	5～25
高粱	谷物	单型	球形	5～20
土豆	块茎	单型	椭圆形	5～100

2. 淀粉颗粒的晶体结构

淀粉颗粒由直链淀粉分子和支链淀粉分子组成，但所有淀粉颗粒的共性是具有结晶性。用X射线衍射法可证明淀粉颗粒具有一定形态的晶体构造；用X射线衍射法和重氢置换法，可测得各种淀粉颗粒都有一定的结晶化度。直链淀粉包含化合物晶体的X光衍射图谱呈现V型，这种结晶形式在天然淀粉中不存在，只在淀粉糊化后与类脂物及有关化合物形成复合物后产生。

3. 淀粉颗粒的轮纹结构和偏光十字

在显微镜下观察淀粉颗粒，看到表面有轮纹结构，像树木年轮，各轮纹层围绕的一点称为粒心，又名脐；根据粒心数目和轮纹情况，淀粉颗粒可分为单粒、复粒、半复粒三种。

在偏光显微镜下，观察到淀粉颗粒会出现黑色的十字，将颗粒分成四个白色区域，称为偏光十字。这是由于淀粉颗粒的有序结构产生的双折射现象，当淀粉颗粒充分膨胀、压碎或受热干燥时，晶体结构即行消失。

（二）淀粉的物理性质

1. 淀粉糊化

（1）含义。将淀粉乳加热，淀粉颗粒可逆性吸水膨胀，加热至某一温度时，颗粒突然膨胀，晶体结构消失，逐步变成黏稠的糊状物质，这种现象称为淀粉糊化。

水分子进入淀粉颗粒中，结晶相和无定形相的淀粉分子之间的氢键断裂，破坏了淀粉分子间的缔合状态，这些分子分散在水中形成亲水性的胶体溶液。

（2）糊化温度。发生糊化所需的温度称为糊化温度。淀粉乳糊化后，透明度增高，颗粒的偏光十字消失。根据这种变化能测定糊化温度，常采用偏光显微镜进行测量。方法为：混合淀粉样品于水中，浓度0.1%～0.2%，取一滴此稀淀粉乳（含100～200个淀粉颗粒）置于观察玻璃片上，四周放上高黏度矿物油，放上盖玻片，置于电加热台上，温度上升速度约2℃/min，观察淀粉颗粒偏光十字变化情况。淀粉颗粒的偏光十字开始消失时便是糊化开始温度。随着温度的升高，更多个颗粒的偏光十字消失，约98%颗粒偏光十字消失时的温度为糊化完成温度。少数颗粒糊化困难，仍保留偏光十字，一般可以忽略。Keller淀粉糊化温度表示淀粉双折射偏光十字消失为5%、50%、95%时的温度。也可以用差示扫描量热仪（DSC）研究淀粉糊化现象。几种主要淀粉糊化温度的测定结果：玉米淀粉70～89℃，马铃薯淀粉57～87℃，糯玉米淀粉68～90℃，小麦淀粉50～86℃，木薯淀粉68～92℃。

（3）影响糊化温度的因素。

①颗粒大小：小颗粒，结构紧密，糊化温度升高。

②直链含量：含量多，分子结合力强，糊化温度升高。

③电解质：电解质可破坏分子间氢键，糊化温度降低。

④非质子有机溶剂：如二甲基亚砜、脲等促进糊化，糊化温度降低。

⑤物理因素：强烈研磨、挤压、蒸煮、射线等促进糊化，糊化温度降低。

⑥化学因素：酯化、醚化、糊化温度升高。

⑦糖、盐：破坏水化膜，降低水分活度，糊化温度升高。

⑧脂类：淀粉与硬脂酸合成的复合物，糊化温度升高。

⑨亲水胶体：明胶、干酪素等与淀粉争水，糊化温度升高。

⑩酸解和交联：增加分子间形成氢键的能力，糊化温度升高。

⑪生长环境：在高温下，糊化温度升高。

2. 淀粉老化

（1）含义。淀粉稀溶液或淀粉糊在低温下静置一定时间，混浊度增加，溶解度降低，甚至出现沉淀，如果冷却速度快，溶胶体就会变成凝胶体，这种现象称为淀粉老化。

糊化的淀粉分子在温度降低时，由于分子运动减慢，此时直链淀粉分子和支链淀粉分子的分支都回头趋向于平行排列，互相靠拢，彼此以氢键结合，重新组成混合的微晶束。

（2）老化温度。发生老化所需的温度称为老化温度。

（3）影响老化的因素。

①分子组成：直链淀粉易于老化。

②分子大小：中等长度的淀粉易于老化。

③溶液浓度：30%～60%的淀粉溶液易于老化。

④冷却速度：缓冻淀粉易于老化。

⑤pH：中性淀粉易于老化。

⑥各种抗老化无机离子顺序为：硫氰根离子>磷酸根离子>碳酸根离子>碘离子>硝酸根离子>溴离子>氯离子>钡离子>锶离子>钙离子>钾离子>钠离子。

3. 淀粉糊的性质

淀粉在不同工业中用途广泛，几乎都是加热使淀粉糊化，应用所得到的淀粉糊，起到增稠、凝胶、黏合、成膜和其他功能。不同淀粉在性质方面存在差别，如黏度、热稳定性、黏韧性、抗剪切力、凝沉性等。

马铃薯淀粉糊化膨胀能力最大，糊的黏度上升快，但继续搅拌受热，黏度迅速降低，这是因为膨胀颗粒强度低，受搅拌剪切影响易于碎裂。

淀粉在较低温度下开始糊化，黏度上升快，达到最高值，称最高热黏度，也称峰值黏度。继续搅拌受热，黏度迅速降低。在95℃继续保温1h，黏度降低的程度表示糊的热稳定性；降低大，稳定性低。

用一根木片放入淀粉糊中，取出糊丝的长度表示黏韧性的高低。马铃薯、木薯淀粉属于长糊，玉米淀粉属于短糊。机械搅拌淀粉糊产生剪切力，引起膨胀，淀粉颗粒破裂，黏度降低。玉米淀粉颗粒膨胀较小，强度较高，抗剪切力强。

储存稀淀粉糊较长时间，溶解的淀粉分子趋向于平行排列，经氢键结合形成结晶结构。这种结构不溶于水，会使稀淀粉糊变混浊，白色沉淀下沉，水分析出，胶体结构被破坏，这是由于溶解状态的分子又重新凝结而沉淀，这种现象称为凝沉。低温度和高浓度都促进凝沉的发生，淀粉分子长短与凝沉性强弱有关。较高浓度的糊（如玉米淀粉糊浓度70%以上）冷却时，很快凝结成半固体的凝胶，也是由于凝沉作用。

（三）淀粉的化学性质

淀粉颗粒具有渗透性，水和水溶液能自由渗入颗粒内部。淀粉与稀碘溶液接触很快变蓝色，表明碘溶液很快渗入颗粒内部与其中淀粉起反应呈现蓝色。蓝色的淀粉颗粒再与硫代硫酸钠溶液相遇时，蓝色又同样很快消失，表明溶液很快渗入颗粒内部起了反应。这种快速的颜色变化表明，淀粉颗粒具有很高的渗透性。工业上采用化学方法生产变性淀粉便是利用颗粒的渗透性，水起到载体作用。淀粉颗粒内部有结合无定形区域，其具有较高的渗透性，化学反应主要发生在此区域。

1. 淀粉的化学组成

（1）水分。淀粉的含水率取决于贮存的条件（温度和相对湿度），一般含水率为10%~20%是在相对湿度65%、20℃时的数据。在同样的条件下，与其他淀粉相比，马铃薯淀粉的含水率较高。淀粉水分是与周围空气中的水分呈平衡状态存在的。空气干燥时淀粉会散发出水分，空气潮湿时淀粉则会吸收水分。淀粉的水分含量与空气中的相对湿度有关，在相对湿度20%时，各种淀粉水分含量为5%~6%；在绝干空气中，相对湿度为零，淀粉水分含量也接近零。在饱和湿度条件下，淀粉吸水量多，并引起颗粒润胀，玉米、马铃薯、木薯淀粉的吸水量分别达到39.9%、50.9%、47.9%（以干基淀粉计），颗粒直径分别增大9.1%、12.7%、28.4%。

（2）灰分。灰分是淀粉产品在特定温度下完全燃烧后的残余物。天然马铃薯淀粉灰分含量相对较高，其灰分主要成分是磷酸盐基团，而其他品种淀粉的灰分含量相对较低。

（3）脂类化合物。谷物淀粉（玉米、小麦、高粱、大米）中的脂类化合物含量较高（0.8%~0.9%），马铃薯和木薯淀粉的脂类化合物含量则低得多（<0.1%），玉米淀粉含有0.5%的脂肪酸和0.1%的磷脂，小麦淀粉含有0.4%游离脂肪酸和0.4%磷脂。脂类化合物分子可以与直链淀粉分子形成一种包合物。谷物淀粉中存在的直链淀粉脂类包合物会抑制谷物淀粉颗粒的膨胀和溶解，使其糊化温度提高，使淀粉糊和淀粉膜不透明，影响糊化淀粉增稠能力和黏合能力，使淀粉带有原谷物的气味。

（4）含氮物质。淀粉中的含氮物质主要是蛋白质，所以通常把含氮物质含量习惯称为蛋白质的含量。蛋白质含量是通过测得的含氮量乘以6.25来计算得到的。由于谷物中淀粉与蛋白质的结合较紧密，用谷物加工的淀粉中蛋白质含量比薯类淀粉的高。蛋白质含量高对淀粉的加工利用有许多不利的影响，如淀粉生产中蛋白质分离困难，使用时会产生气味甚至臭味，蒸煮时易产生泡沫，水解时易产生颜色等。

（5）磷。淀粉中的磷主要以磷酸酯的形式存在，小麦淀粉含磷量高，木薯淀粉含磷量最低，马铃薯淀粉含磷量最高，带负电荷的磷酸基赋予淀粉一些聚电解质的特征，糊化温度低，快速润胀，淀粉糊黏性高，膜的透明度高。

（6）戊聚糖。主要影响小麦淀粉，影响水解产品的强化，不易过滤。

2. 淀粉的分子结构

淀粉是由α-D-葡萄糖组成的多糖高分子化合物，有直链状和支叉状两种分子，分别称为直链淀粉和支链淀粉。

（1）直链淀粉。直链淀粉是以脱水葡萄糖单元经α-1, 4-糖苷键连接，其相对分子量约250000（相当于1500个脱水葡萄糖酐）。曾发现极少数直链淀粉分子也具有分支结构，侧链经α-1, 6-糖苷键与主链连接。

当淀粉在水中加热温度高于糊化温度后，直链淀粉从淀粉颗粒中游离出来，溶于水中，可溶解的直链淀粉是线形的。温度升高，大分子的和带分支的直链淀粉被溶出，采用酶学方法和黏度方法证明分支链是一种长链，其含有几百个葡萄糖残基，分支点是α-1, 6-糖苷键，与支链淀粉中发现的相同。但侧链数量很少，又较长，其分子的作用与直链淀粉的相同。

直链淀粉具有一些独特的性质，例如形成复合物，它能与碘、有机酸、醇形成复合物，这种复合物称为螺旋包合物。淀粉溶液中加入n-丁醇可以沉淀出直链淀粉，醇与直链淀粉形成不溶性复合物。

直链淀粉的长线性特征使它易于自我缔合，在溶液中形成沉淀，所以很容易老化，但在碱性溶液中，氢氧根离子基团上引入了正电荷，相近分子链上的正电荷相斥，可以阻止直链淀粉老化。

（2）支链淀粉。支链淀粉分支位置是以α-1, 6-糖苷键连接，其余以α-1, 4-糖苷键连接。支链淀粉分子中侧链的分布并不均匀，有时很近，相隔1个到几个葡萄糖单元，有的较远，相隔40个葡萄糖单元以上，平均相距20～25个葡萄糖单元。支链淀粉是随机分叉的，分子具有三种形式的链：A链，由α-1, 4-糖苷键连接的葡萄糖单元组成；B链，由α-1, 4-糖苷键和α-1, 6-糖苷键连接的葡萄糖单元组成；C链，由α-1, 4-糖苷键和α-1, 6-糖苷键连接的葡萄糖单元再加一个还原端组成。

四、淀粉加工实例

1. 橡子淀粉的加工

橡子是壳斗科植物籽实的统称，我国种植橡树已经有三千多年的历史了，目前140余种，产量较高的地区是南部和西南部，北方橡树的产量和南方相比相对较少。辽东栎、蒙古栎等一般分布在我国北方，而青冈栎、高山栎等基本生长在我国南方，但是栓皮栎、麻栎和柞栎等适应环境能力比较强的在南北方都有分布，资源很丰富。

橡子内的橡子仁富含淀粉、单宁，还有蛋白质、脂肪、纤维素、色素等成分，脱涩后可食用，《辞源》中有“歉岁食之，丰年取之饲豕”的记载。国内利用橡子淀粉代替小麦淀粉进行纺织上浆、发酵制酒、制备草酸等。20世纪80年代，开发了橡子淀粉的干法制取工艺。橡子淀粉经变性等方法可以加工成橡仁胶，可代替阿拉伯胶用作陶瓷印花胶黏剂、印刷护版剂，代替聚乙烯醇作石膏板黏结剂，还可开发作为油田降失水剂、缓凝剂和堵漏剂等。但是，干法工艺生产的橡子淀粉不宜食用。因此，也有作坊采用传统的湿法工艺加工橡子淀粉，纯度高的橡子淀粉可做成豆腐、粉丝、粉条、橡仁羹、橡子酱、橡子冻等食品。近年来，也有企业利用针磨、曲筛、离心筛、碟式离心机、离心脱水机和气流干燥器等较现代化的机械设备，连续规模化生产橡子淀粉，所得的产品纯度高，单宁、蛋白质、纤维素等杂质少，质量好，能达到出口产品的质量要求。

（1）采收与贮存。橡子的壳斗俗称橡碗，含有33%～38%的单宁，是制栲胶的好原料。采收橡子时要注意连橡碗一同采等，以便综合利用。要根据用途来决定橡子的采摘期，如果橡子用来酿酒，要晚摘，因为熟透的橡子含淀粉量高，含单宁量少，不但可以多酿酒，而且酒的质量较好；如果橡子用来制栲胶，则要在未充分成熟前摘下，这样单宁含量高，出胶较多。因此，制淀粉或酿酒用的橡子要在呈黄褐色时采摘，树上自行掉落的新鲜橡子更好。若用作栲胶原料，则要在橡子绿色时采摘，不宜太晚。橡子颗粒较大，水分多，果壳厚，采集后如不及时处理，容易遭受虫蛀或发芽、发霉，影响质量，必须妥善贮存保管。初秋后，橡子很快就会脱落，要及时采收。采回的橡子要及时脱壳晒干，使水分含量保持在11%以下，放至用牙咬能发出“咯嘣”的响声就表明已经干燥了，可以入库贮存。贮存的方法与贮存粮食一样，可以较长期地保存。

（2）橡子淀粉的性质。在电镜中可观察到橡子淀粉表面光滑，比起多角形的玉米淀粉颗粒更显圆滑，如椭圆状或近椭圆状的鹅卵石形状，大小不一。另外有部分颗粒像椭圆被截去一端所成的模样，但又不像木薯淀粉颗粒呈现特有的头盔形状。

以玉米淀粉、木薯淀粉为对照样，测得橡子淀粉的直链淀粉含量为20.6%，支链淀粉含量为79.4%，不同来源的样品相差很大。糊化温度为59.5～68℃，相对较低，同木薯淀粉的相近。橡子淀粉糊冻融2次后，可见凝胶体析出水。

橡子淀粉颗粒粒径较小，范围为2.1～21μm，平均9.2μm，结晶结构属C型；偏光十字交叉于颗粒中心，多垂直交叉。橡子淀粉黏度曲线同玉米淀粉的相似，有较好的冷、热稳定性，在酸碱条件下可使黏度下降，加入蔗糖和盐使黏度上升，明矾能使橡子淀粉峰值黏度大大增加，热稳定性变差，这些性质都与玉米淀粉相似。

（3）橡子淀粉的加工。橡子淀粉的加工包括干燥、破碎、分离仁壳、浸漂和脱水等步骤。

①干燥：由于新采收的橡子含水率较高，不易破碎去壳，必须首先干燥，一般干燥方法有日晒、炒干和烘干三种。日晒法是将橡子置于阳光下暴晒3～5天，待壳变色，大部分橡子开裂时即可，以待破碎；炒干法是将橡子置于锅中炒，并不断搅拌翻动，待橡

子壳变色，大部分橡子开始炸裂时即可取出，冷却后以待破碎；烘干法是将橡子置于烘房、烘棚或类似设备中，慢慢烘干，摊凉，以待破碎。

一般认为，如不急待加工利用，采取日晒法比较好。此法干燥均匀，占用劳力少，节省燃料。如果急待加工，以炒干、烘干较快，节省时间，但耗燃料。故宜选用适当的干燥方法。

②破碎：将已干燥的橡子置于剥壳机或粉碎机、石磨、石碾、石臼等工具中破碎，一般每粒橡子破碎4～6瓣即可。在农村加工时，以垫高石磨磨心破碎橡子效果最好（磨心垫高的高度以略小于橡子直径为宜）。如果在破碎中出现较细的颗粒和粉末，最好分开，以减少或避免在浸漂时损失浪费。

③分离仁壳：将已破碎的橡子借风力筛选分离仁壳，留其仁以待浸漂。

④浸漂：为了除尽橡子仁中鞣质和可溶性杂质，须将已破碎的橡子仁用水或其他溶剂浸漂。一般浸漂剂有冷水、热水（70～80℃）、碱水（石灰、草木灰水、0.5%～1%碳酸钠溶液），在浸漂过程中须经常搅拌翻动，以加速鞣质的渗透溶解。在初次加入时，若有空壳浮上液面应除去，每隔2h换水一次，直到浸漂至水清、口尝无涩味时为止（如用碱水漂洗后，还需要用清水漂洗数次除去碱味）。

鞣质在冷水中渗透溶解缓慢，浸漂时间长（5～6天），而且往往浸漂不彻底；碱水浸漂效果好，时间短（约2天），但成本高，且常或多或少留有碱味。因此用热水浸漂比较好，鞣质在热水中易于渗透溶解，浸漂时间短（1～2天），能基本除尽鞣质，而且第一、二次的浸漂液可以浓缩提制栲胶。

⑤脱水：如果所制造的橡子粉暂不食用，可将浸漂除尽鞣质的橡子仁脱水干燥，在充分干燥后即可磨粉、过筛，得干橡子淀粉，以便贮藏保管。

如果需要制造高质量细腻淀粉，除干燥、破碎、分离仁壳、浸漂（与上述操作相同）外，可将已浸漂除尽鞣质的橡仁直接磨细，加清水充分搅拌，过滤后将滤液静置澄清，即得细腻淀粉，取出用清洁布袋装放滤干即可，残留的粗粉残渣可供作饲料，加工过程如下：干燥→破碎→分离仁壳→浸漂→湿磨→加水充分搅拌→用细布过滤静置澄清滤液→倾去上层清液，下层即为细腻淀粉。

⑥贮藏：橡子淀粉要贮藏在清洁、干燥通风的仓库中，应注意防湿和防霉，在常温15℃下贮藏，相对湿度最好保持在70%左右。由于淀粉有吸收异味的特性，故贮藏时要求专仓专用，将成品按等级分别堆叠在垫仓板上，不可直接堆叠在地面上，以免玷污淀粉。

2. 百合粉的加工

百合粉是从野生或人工栽培的百合鳞茎中加工提取的，是一种营养丰富的夏令冷饮，有开胃生津、消烦止渴的功能。

（1）取料。将采回来的百合头剥开鳞片，使边瓣和心瓣分开，或用小刀在近鳞茎部位的基处，横切一刀，鳞片则自然分开。然后放入锅中加上清水和适量的草木灰，旺火烧开后即捞起，放入清水中洗净散热。

（2）磨浆。百合头置于打浆机内捣碎，再加水过磨。磨得越细出粉率越高。然后将浆乳盛入布袋内，置于缸中。用清水往布袋内冲洗，边冲水边搅动，直到将浆液全部滤出为止。

（3）漂洗。要得到纯净、美观的百合粉，必须把好漂浆、沉淀这一关。操作时将冲洗出来的浆液用清水漂1～2次，澄清后去掉浮面粉渣。除去底层泥沙，中间的粉浆放在另一容器中，再搅拌稀释后沉淀，如此反复1～2次，至粉色洁白为止，即可结束沉淀这一环节。

（4）干燥。经过漂洗、沉淀后的百合粉用清洁的布袋装好，用绳索吊起来，经12h沥干水分。也可在布袋隔层间放上干净的草木灰，把水吸干，再将淀粉去除，分成一块块粉团，置于竹席上晒至半干时，削成薄片状，也可以烤干。成品包装后即可上市供应。

项目二 植物活性成分的提取加工

知识目标

1. 了解植物中主要的活性成分。
2. 掌握提取活性成分的方法。
3. 掌握植物活性成分提取工艺。

技能目标

1. 能分析植物活性成分。
2. 能设计植物活性成分提取工艺。

森林植物中除了含有已知的维生素和矿物质外，还有一些植物性化学物，对人体健康具有非常重要的作用。大量文献证明植物性化学物确实具有增强免疫力、抗氧化、延缓衰老以及预防一些慢性非传染性疾病如癌症、心血管病等功效。

一、植物中主要的活性成分

1. 生物活性肽

（1）谷胱甘肽。谷胱甘肽是由谷氨酸、半胱氨酸和甘氨酸通过肽键缩合而成的三肽化合物，广泛存在于小麦胚芽中。

（2）降血压肽。包括大豆多肽、玉米多肽，食用安全性高，对正常人无降血压作用。

（3）高F值低聚肽。高F值低聚肽是蛋白酶作用于食物蛋白质后形成的一种低分子量生理活性肽。此肽由支链氨基酸含量高和芳香族氨基酸含量低的特殊氨基酸组成。功能：防治肝性脑病；改善蛋白质营养状况；抗疲劳，在应激情况下直接向肌肉提供能源，可作为高强度工作者和运动员的食品营养剂。

2. 蛋白质

（1）谷氨酰胺（Gln）。学名2-氨基-4-甲酰胺基丁酸，是谷氨酸的酰胺。L-谷氨酰胺是蛋白质合成中的编码氨基酸，在体内可以由葡萄糖转变而来。谷氨酰胺可用于治疗胃及十二指肠溃疡、胃炎及胃酸过多，也可用于改善脑功能，有效防止肠衰竭。

（2）超氧化物歧化酶（SOD）。超氧化物歧化酶是生物体内防御氧化损伤的一种重要的酶，能催化底物超氧自由基发生歧化反应，维持细胞内超氧自由基处于无害的低水平状态。SOD是金属酶，根据其金属辅基成分的不同，可将SOD分为3类：铜锌超氧化物歧化酶（Cu/Zn-SOD）、锰超氧化物歧化酶（Mn-SOD）和铁超氧化物歧化酶（Fe-SOD）。SOD都属于酸性蛋白，结构和功能比较稳定，能耐受各种物理或化学因素的作用，对热、pH和蛋白水解酶的稳定性比较高。通常，在pH为5.3～9.5时，SOD催化反应速度不受影响。

3. 多糖

多糖是由糖苷键连接起来的醛糖或酮糖组成的天然大分子，是所有生命有机体的重要组成成分并与维持生命所必需的多种功能有关，大量存在于藻类、真菌、高等陆生植物中。具有生物学功能的多糖又被称为生物应答效应物（Biological Response Modifier，BRM）或活性多糖（Active Polysaccharides）。很多多糖都具有抗肿瘤、免疫、抗补体、降血脂、降血糖、通便等活性。

（1）膳食纤维。即食物中不被消化吸收的植物成分，1976年又扩展为不被人体消化吸收的多糖类碳水化合物和木质素，主要是指那些不被人体消化吸收的多糖类碳水化合物与木质素，以及植物体内含量较少的成分如糖蛋白、角质、蜡等。

（2）真菌多糖。即从真菌子实体、菌丝体、发酵液中分离出的，可以控制细胞分裂分化以及调节细胞生长衰老的一类活性多糖。真菌多糖主要有香菇多糖、灵芝多糖、云芝多糖、银耳多糖、冬虫夏草多糖、茯苓多糖、金针菇多糖、黑木耳多糖等。

4. 非酶类自由基清除剂

（1）维生素类。维生素不仅是人类维持生命和健康所必需的重要营养元素，还是重要的自由基清除剂。对氧自由基具有清除作用的维生素主要有维生素E、维生素C及维生素A的前体β-胡萝卜素。

（2）黄酮类化合物。泛指两个苯环通过中央三碳链相互联结而成的一系列化合物，主要指以2-苯基色原酮为母核的一类化合物，在植物界广泛分布。黄酮是具有酚羟基的一类还原性化合物。在复杂反应体系中，由于其自身被氧化而具有清除自由基和抗氧化作用。其作用机制是它将氢供给脂类化合物自由基，自身转变为酚基自由基，酚基自由基的稳定性降低了自动氧化链反应的传递速度，从而抑制进一步被氧化。简而言之，就是作为自由基吸收剂而起到抗氧化作用。黄酮及其某些衍生物具有广泛的药理学特性，包括抗炎、抗诱变、抗肿瘤形成与生长等活性。黄酮在生物体外和体内都具有较强的抗氧化性，具有许多药理作用，对人的毒副作用很小，是理想的自由基清除剂。目前，已发现4000多种黄酮类化合物，可分为如下几类：黄酮、儿茶素、花色素、黄烷酮、黄酮醇和异黄酮。

5. 功能性油脂

（1）亚油酸。作为最早被确认的必需脂肪酸和重要的多不饱和脂肪酸，在日常食用的绝大部分油脂中的含量都在9%以上，而且在主要食用植物油脂如大豆油、棉籽油、菜籽油、葵花籽油、花生油、米糠油、芝麻油等食用油脂中的含量都较高。

（2）α-亚麻酸。在大豆油、菜籽油、葵花籽油中都有一定的含量，相对于亚油酸而言，α-亚麻酸的资源和日常可获得性要差很多，但在一些藻类与微生物中存在较多的α-亚麻酸资源。

（3）γ-亚麻酸。含量较高的γ-亚麻酸资源在自然界和人类食物中不太常见，而且因其含量比例低很难成为有经济价值的可利用资源，如燕麦和大麦中的脂质含有0.25% ~ 1%的γ-亚麻酸。

（4）磷脂。甘油磷脂中，甘油的两个羟基和脂肪酸形成酯，第三个羟基被磷酸酯化，生成物为磷脂酸，是最常见的磷脂。由于所结合的磷酸具有可离解的羧基，所以磷脂酸是极性脂。

二、提取活性成分的方法

1. 溶剂提取法

溶剂提取法是最常见的提取方法，即选择对所需成分溶解度大而对其他成分溶解度小的溶剂将所需的成分从植物组织中溶解出来。常见溶剂的亲脂性的强弱顺序为（亲水性则相反）：石油醚 > 苯 > 三氯甲烷 > 乙醚 > 乙酸乙酯 > 丙酮 > 乙醇 > 甲醇。常用的提取法有浸渍法、渗滤法、煎煮法、回流提取法及连续提取法。

2. 蒸馏法

蒸馏是分离、纯化液态混合物的一种常用的方法，也可以测定液态化合物的沸点，因此对鉴定纯液态化合物有一定的意义。

3. 溶剂萃取法

溶剂萃取法也称液萃取法，简称萃取法。萃取法由有机相和水相相互混合，水相中要分离出的物质进入有机相后，再靠两相质量密度不同将两相分开。有机相一般由3种物质组成，即萃取剂、稀释剂、溶剂。有时还要在萃取剂中加入一些调节剂，以使萃取剂的性能更好。

4. 沉淀法

沉淀法通常是在溶液状态下将不同化学成分的物质混合，在混合液中加入适当的沉淀剂制备前驱体沉淀物，再将沉淀物进行干燥或煅烧，从而制得相应的粉体颗粒。

5. 结晶法

结晶法是利用混合物中各成分在同一种溶剂里溶解度的不同或在冷热情况下溶解度显著差异，而采用结晶方法加以分离的操作方法。

三、活性成分提取实例

（一）菠萝蛋白酶的提取

菠萝蛋白酶是菠萝下脚料综合利用的重要产品之一。由于菠萝蛋白酶具有很强的分解蛋白质的能力，因此其用途极为广泛，工业上用于皮革脱毛、蚕茧脱胶、肉类软化、明胶制造、啤酒澄清等。特别在医疗上，用于治疗水肿及多种炎症效果很好。菠萝蛋白酶的生产方法主要有吸附法和单宁法两种，前者酶的得率和活性均较高，后者方法比较简单。

1. 吸附法

（1）工艺流程。原料压榨去汁→吸附→洗脱→盐析→离心分离→溶解→过滤→沉淀→离心分离→冷冻干燥→菠萝蛋白酶。

（2）操作要点。

①压榨：把加工后的菠萝皮洗净用压榨机压出汁液，然后按汁液体积加入0.05%的苯甲酸钠（防腐剂），置于4℃冰箱或冷库中保存备用。

②吸附：将汁液移入搪瓷缸中，边搅拌边加入4%的白陶土（又称高岭土）于10℃左右吸附30min，然后静置过夜。第二日吸去上层清液，收集下层白陶土吸附物。

③洗脱：在上述白陶土吸附物中加入7%氢氧化钠溶液，调节pH至7左右，再加入吸附物重50%的硫酸铵粉末，搅拌40min后进行洗脱，然后压滤，弃去杂物，收集滤液。

④盐析：将压滤液收集到搪瓷桶中，用1∶3的盐酸（即1份浓盐酸加3份水）调节pH至5左右，边搅拌边加入压滤液重25%的硫酸铵粉末，待硫酸铵完全溶解后，置于4℃的环境中过夜，离心弃去上层清液，收集下层盐析物，得粗品。

⑤溶解：将粗品放入另一搪瓷桶中，加入10倍量的自来水，用16%的氢氧化钠溶液调节pH至7～7.5，搅拌使其溶解，然后过滤，除去杂质，收集滤液。

⑥沉淀、干燥：在搅拌下用1∶3的盐酸调节上述滤液的pH至4，然后静置使酶析出，于离心机上分出沉淀物，弃去离心液，沉淀冷冻干燥即得菠萝蛋白酶产品。

2. 单宁法

（1）工艺流程。菠萝茎→压榨→去杂质→沉淀→离心分离→洗脱→过滤→沉淀→减压干燥→菠萝蛋白酶。

（2）操作要点。

①压榨：将菠萝茎切成小块，用压榨机压出汁液。

②去杂质：将汁液移入搪瓷缸中，搅拌下加入汁液重10%的固体氯化钠，然后于10℃的环境中放置13h左右，过滤分出滤液。残渣加入等量水后，再加入10%固体氯化钠，然后用柠檬酸调节pH至4.5左右，搅拌均匀，浸泡40min，过滤分离出滤液（合并二次滤液）。

③沉淀：将滤液移入搪瓷桶中，在搅拌条件下，按滤液体积加入0.05%的乙二胺四乙酸二钠、0.06%的二氧化硫、0.02%的维生素C（作稳定剂）及0.6%左右的鞣酸，于4℃条件下静置10h，然后离心分出沉淀物。

④洗脱、干燥：将沉淀物放入搪瓷桶中，加入2～3倍量的pH为4.5的抗坏血酸溶液，搅拌洗脱40min，然后过滤，收集滤液，减压干燥，即得菠萝蛋白酶产品。

（二）超氧化物歧化酶的提取

超氧化物歧化酶（SOD）是广泛存在于生物体内的一种金属酶，是清除人体内超氧阴离子自由基的最佳催化剂之一，因此受到广泛重视，国内外都在开展SOD在抗衰老方面的基础研究，并且在治疗风湿性关节炎、放射治疗后炎症、免疫系统疾病方面进行了临床应用研究，取得了较好的疗效。近年来，利用SOD的清除自由基功能，人们还相继开发了一系列富含SOD的制品，如SOD系列化妆品、SOD啤酒和饮料以及其他SOD食品。SOD已成为众多制药厂、日化厂和食品加工厂的重要功能性原料。

目前，人们已经找到多种从各种动物肝脏、血液和植物根、茎、液中分离、提纯SOD的方法，但工艺十分复杂，只适合实验室小规模提取。下面介绍一种从大蒜加工副产物即残次蒜瓣中提取SOD的方法。

1. 工艺流程

蒜瓣→破碎→提取→除杂蛋白→沉淀→离心分离→冷冻干燥→SOD酶制剂。

2. 操作要点

（1）破碎。将蒜瓣放在高速组织捣碎机中，加入2倍蒜瓣重的浓度为0.05mol/L、pH为7.8的磷酸缓冲溶液（使用前应冷藏，保持其温度为0～4℃），然后高速破碎。

（2）提取。在破碎后的浆液中加入同体积的浓度为0.05mol/L、pH为7.8的磷酸缓冲溶液，置于0～4℃的冰箱中放置24h后，用冷冻离心机在5000r/min、2～4℃下离心20min，弃去沉淀，得到SOD提取液。

（3）除杂蛋白。在提取液中加入0.25倍体积氯仿-乙醇溶液（氯仿：乙醇=1：1），迅速搅拌15min，立即在冷冻离心机中，于5000r/min、2～4℃条件下离心20min，弃去沉淀，得到SOD粗酶液。

（4）沉淀。在SOD粗酶液中加入等体积的冷丙酮，搅拌15min，立即在冷冻离心机中，于5000r/min、2～4℃条件下离心20min，得到SOD沉淀。

（5）干燥。将SOD沉淀进行冷冻升华干燥后，即可得到SOD酶制剂。

（三）葛根皮中异黄酮的提取

葛根是豆科葛属多年生落叶藤本植物的块根，在我国分布极广。近年来的医学研究发现，葛根中的有效成分——异黄酮类化合物还具有增强免疫力、防治心血管疾病、降低血糖等功效。

葛根中的异黄酮类物质主要包括黄豆甙、葛根素、金雀异黄素、葛根黄素木糖甙、芒柄黄花素、金雀异黄素8-C-芹糖基-葡糖甙等。葛根的外皮组织中异黄酮类物质的含量很高，葛粉、葛饮料等葛根产品的加工均需将葛根去皮，从废弃的皮渣中提取异黄酮类化合物是一种附加值很高的综合利用途径。

目前，国内葛根中异黄酮的提取方法大致可归为两类：一类是水提法和醇提法，即利用异黄酮在水、乙醇中的良好溶解性通过固液分离直接将异黄酮从大量的纤维素和淀粉中分离出来；另一类是铅盐沉淀法，即利用醋酸铅将葛根醇溶液中的微量杂质沉淀滤除后，再用碱式醋酸铅把异黄酮从溶剂中沉淀析出除铅后干燥得到异黄酮。下面以水提法和醇提法为例介绍异黄酮的提取方法。

1. 工艺流程

葛根皮渣→破碎→水、乙醇浸提→过滤→减压浓缩→真空干燥→粉碎→异黄酮粗粉→水溶解→吸附分离→水洗涤→乙醇洗脱→减压浓缩→干燥→异黄酮精粉。

2. 操作要点

（1）水、乙醇浸提。虽然异黄酮在水和乙醇中均具有很好的溶解性，但以高浓度的乙醇提取比水提取的异黄酮纯度高，这说明葛根中水溶性杂质的含量多于醇溶性的。故在葛根皮渣破碎后，以乙醇加以浸提，乙醇浓度越高，异黄酮的浸出量越大。在实际生产中，考虑到成本，可采取水、乙醇混合浸提工艺，即以75%的乙醇水溶液提取8h。制药工业过去通常采用冷浸法，目前也认为采取沸水浸提的效果更好。

（2）吸附分离。经过醇提法初提后的粗粉，异黄酮的含量只有20%左右，可直接作为添加剂使用，但要制成药品，特别是注射用针剂，则必须进一步提纯。目前，较普遍的办法是采用层析柱吸附分离。大孔吸附A树脂具有吸附量大，产品有效成分含量高、易洗脱的优点，故在确定精制工艺时可考虑选用树脂吸附法。

（3）浓缩、干燥。采取70℃真空浓缩、干燥，干燥后粉碎过筛（200目）即为成品。

项目三　花卉植物的加工

知识目标

1. 了解食用花卉的历史。
2. 了解食用花卉的开发前景。
3. 了解花卉食品的营养价值和药用价值。
4. 掌握花卉产品的开发方向。
5. 熟悉花卉食品的加工工艺。

技能目标

1. 能分析花卉的食用价值。
2. 能调查、设计花卉食品的加工工艺。

花卉天生色彩斑斓、气味芬芳、气质高雅，其欣赏价值历来被人类所钟爱。花卉不但给人视觉感官上的满足，还可以用于深加工作为食品、医药、化妆品等系列，满足人们饮食医疗保健方面的需求。

花卉是大自然的精华，是美的象征，它们美丽芬芳，不仅可赏、可闻、可吟咏，而且可以入肴、入药，可烹调出色、香、味、形、营养俱佳的美食。鲜花富含蛋白质、脂肪、糖类氨基酸，以及人体所需的维生素A、B、C、D、E和多种矿物质元素如铁、锰、锌、碘等，与常食用的蔬菜相比它们具有较高的营养价值。食用花卉的氨基酸种类丰富，而且食用花卉是一类有利于人体氨基酸营养平衡的天然绿色食品。此外，花卉还含有酶、激素、黄酮类化合物等多种生物活性物质。

在生活水平日益提高的今天，花卉食品也成了消费时尚。近几年来，国内外兴起了食用花卉的热潮。鲜花食品被认为是21世纪食品消费的新潮流，专家预测花卉食品将是近年内市场走俏的十大食品之一。

一、食用花卉的历史

1. 我国食用花卉的历史

以花入食，自古有之。中国人一直将花卉作为各种食用或药用配方的成分，对花卉的使用可追溯到几千年前。在中国古代，花卉不仅被人们用来装饰家居、园林和举办各种活动，还被用作食物和药物。在宋朝，苏东坡的《赤壁草》中就有“菊花一杯酒，何必等闲物”的诗句。另据记载，唐代以前，中国人已经会以花朵或花瓣搭配鲜肉或豆类制成各种花卉饭，如菊花饭、梅花饭、紫花饭、白花饭等。而在《本草纲目》中，很多花草都被记录下来了，里面有对每种花卉的描述，对咀嚼后的味道也有详细的描述。

食花习俗在我国许多地方一直沿袭至今。在云南，食用花卉达200多种。目前傣族菜、白族菜、纳西族菜、彝族菜在北京及多个城市流行，其中有许多菜就是用云南野生食用花卉制作的。云南大理是杜鹃花王国，那里的大白杜鹃是最受欢迎的食用花卉，只一种大白杜鹃就能烹调出10多个品种的菜肴，远近闻名。广东一带喜欢食用菊花做成的五蛇羹，栀子花、莲花与肉片可爆炒成时令菜——莲花肉。每年农历2月12日的苏州花朝节，人们都喜食花粥。南京烹调专家用鸡冠花瓣和一年龄的母鸡烹制而成花王鸡。此菜花瓣和花粉中的植物蛋白与鸡肉的动物蛋白融为一体，营养丰富，异香扑鼻，既保持鸡肉原来的风味，又有清热止血、明目养肝、滋补强身的妙用。重庆一家名为“花卉大餐”的餐馆，可烹调出百余种风味各异的花卉菜，花卉经炒、煎、煮、炸，形色不变、灿若鲜花，并可保留各种花的独特香气，品尝起来沁人肺腑、余味悠长。所以，像雍容的玫瑰、典雅的昙花、绚丽的月季、清素的菊花，这些赏心悦目的观赏性花卉皆可做成美味的菜肴，让好奇的食客尽享花的滋味。许多地方的鲜花食品久负盛名。我国传统的鲜花名菜有北京的芙蓉鸡片、上海的荷花栗子、山东的桂花丸子、广东的菊花凤骨等，数不胜数。

2. 国外食用花卉发展情况

食花习俗在世界各地也颇盛行。古希腊和古罗马时期，花卉经常被用作食物的一部分。例如，在古希腊，人们常食用紫色的鸢尾花，认为它具有药用价值；古罗马人也将花卉用于餐桌上，特别是在宴会上。在中世纪的欧洲，花卉常常用作烹饪的调味品和装饰品。一些花卉，如迷迭香和薰衣草，成为欧洲传统的香草和香料。至今，一些国家仍然保持着食用花卉的传统。中东地区的人们也很喜欢用花卉来烹调美食，其中著名的是用玫瑰花的芳香调味肉类，蛋糕和桂花饼也是中东地区最常用花艺烹饪的例子之一。在中东，玫瑰花还被认为有很多的药用价值，人们也常用它来泡茶，作为调料或用作装饰杯子的方法。此外，法国的普罗旺斯地区以其用花卉烹饪的传统而闻名，如薰衣草蜜饯和花瓣冰激凌；欧洲各国还喜欢将花瓣放入三明治中或添加到各种风味小食品里；澳大利亚人常用新鲜的旱金莲花直接拌入沙拉食用；墨西哥人用当地的仙人掌花烹调出来的甜饼点心、菜肴美味可口；日本人喜欢用茶花做泡菜，樱花、玉兰、桂花也是日本人的餐桌佳肴；美国一些餐馆则专门推出玫瑰花瓣点汤、蒲公英拌沙拉等花卉美食；东南亚国家对食用野生花卉更是情有独钟，食用花卉已经成为日常配菜，柠檬叶、香毛草等烹制出的食品自然且与众不同。

3. 食用花卉的开发前景

食用花卉作为一种独特的食品，具有广阔的发展前景，不仅在美食界有着潜力，还在农业、药物、餐饮、文化传承和环境可持续性等多个领域呈现出巨大的商业和社会价值。以下是关于食用花卉发展前景的详细探讨。

（1）丰富多彩的美食创新。食用花卉在美食界具有巨大的潜力，厨师和烹饪爱好者可以将各种花卉用于创新的食品和饮料中，赋予菜肴独特的颜色、口感和香味。食用花卉可以用于凉拌菜、沙拉、茶点、甜点、冰激凌、鸡尾酒等各种美食制作中，这种创新不仅满足了食客对美味的追求，还提供了更加多元化和多样化的餐饮体验。

（2）营养价值和健康趋势。越来越多的人开始关注健康饮食和餐饮选择，而食用花卉因其富含维生素、矿物质和抗氧化剂的特点而受到欢迎。一些花卉，如金盏花和紫苏花，具有药用价值，可以用于调理身体。食用花卉的推广与当前的健康饮食趋势相符，将有助于提供更多的天然、健康和美味的食品选择。

（3）农业多元化和可持续发展。引入食用花卉可以促进农业多元化，为农民提供额外的收入来源。一些农场已经开始种植各种食用花卉，以满足市场需求。此外，食用花卉的生产通常需要较少的化肥和农药，因此有助于推动可持续农业发展。农业多元化还可以减轻农业生产对单一作物的依赖，有助于提高农业系统的稳定性。

（4）文化传承和创新。食用花卉在不同文化中都有着悠久的传统，通过将这些传统与现代创新相结合，可以创造出新颖而引人注目的食品和饮品。同时，食用花卉也有助于传承和保护一些濒临消失的传统，使人们更加珍惜文化遗产。

（5）花卉农业的发展。随着对食用花卉需求的增加，花卉农业将迎来更大的发展机会。这可能扩大新的花卉品种的培育和生产规模，以满足市场需求。同时，农业科技的进步也可以提高花卉生产的效率和质量，降低成本。

（6）餐饮业和零售市场。餐饮业和零售市场对于食用花卉的需求正在增长，餐厅、咖啡馆和酒吧越来越多地将食用花卉用于菜单设计，增加吸引力。在零售市场，食用花卉也被制成茶叶、干花和调味品等，供消费者购买和使用。

（7）可持续性和生态友好性。食用花卉的生产通常不需要大量的化肥和农药，因此有助于减少对环境的不良影响。此外，花卉也有助于生态平衡，吸引蜜蜂和其他有益昆虫，有助于保护生态系统的稳定性。

我国地域辽阔，花卉资源极为丰富，这都为花卉食品的开发提供了诱人的前景。大多数鲜花遭受的农药、化肥、废水、废气污染要轻得多，属绿色食品，故而利用鲜花加工纯天然、无公害食品有很大的优势。花卉除作食品原料外，还可从花中提取芳香油、食用香精、色素及其他活性、非活性成分，这些成分往往是优质无副作用的，作为食品添加剂用于食品工业中，是添加剂的新品种，或用于其他产业如化妆品、医药中，更提高其利用价值。由此可见，未来花卉市场将向多渠道、多途径利用方面发展。

二、花卉食品的营养价值和药用价值

（一）营养价值

近年来，科学家们对花的化学成分研究后发现，花卉几乎含有自然界的全部营养。据科学测定，鲜花内含有高达25%～30%的蛋白质，22种易被人体吸收的游离氨基酸，铁、锌、碘、硒等27种常量和微量元素，18种维生素，以及多种类脂、生长素、酶类和抗生素等生物活性成分。

1. 营养成分

（1）维生素和矿物质。花卉食品中含有丰富的维生素和矿物质，这些是身体正常运作所必需的。以下是一些常见维生素和矿物质，以及它们在花卉食品中的存在情况。

①维生素C：维生素C是一种强大的抗氧化剂，有助于保护细胞免受氧化损伤。一些花卉，如玫瑰花和金盏花，富含维生素C。

②维生素A：维生素A对于维护视觉、免疫系统和皮肤健康至关重要。花卉中的胡萝卜素类化合物可以转化为维生素A。例如，金盏花含有丰富的β-胡萝卜素。

③钾：钾是一种矿物质，对于维持正常心脏功能、肌肉收缩和神经信号传导至关重要。一些花卉，如木兰花，富含钾。

④铁：铁是血红蛋白的组成部分，对于运输氧气到身体各部位至关重要。一些花卉，如紫苏花，含有铁。

（2）抗氧化剂。抗氧化剂是一类有助于中和自由基并减少氧化损伤的化合物。自由基可以损害细胞并加速衰老，因此抗氧化剂对于健康至关重要。许多花卉含有抗氧化剂，包括以下几类。

①类黄酮：类黄酮是一类天然抗氧化剂，存在于许多花卉中，如葡萄花、茉莉花和薰衣草。它们有助于降低心脏病和某些癌症的风险。

②多酚：多酚是一类抗氧化剂，常见于花卉中。多酚有助于降低炎症、改善心血管健康和支持免疫系统。

③花青素：花青素是一种天然抗氧化剂，存在于紫色和蓝色的花卉中，如蓝莓花和紫罗兰。它们有助于维持皮肤健康和降低癌症风险。

（3）膳食纤维。膳食纤维是植物中的一种重要成分，对于促进健康的肠道功能和控制体重至关重要。一些花卉含有丰富的膳食纤维，如茉莉花和牡丹花。

（4）植物化合物和药用价值。一些花卉不仅具有营养价值，还含有具有药用价值的植物化合物。例如，金盏花被广泛用于草药制剂，以帮助治疗皮肤问题和减轻炎症。

（5）低热量和营养平衡。花卉通常含有较低的卡路里，这使得它们成为营养平衡的轻食品。食用花卉可以帮助控制体重，并提供多种营养物质，而不会导致能量过多摄入。

总的来说，花卉食品是一种营养丰富的食品选择，提供了各种维生素、矿物质、抗氧化剂和其他有益营养物质。食用花卉不仅增加了美食的多样性，还有助于维护健康和促进身体的整体健康。然而，需要确保所食用的花卉是安全的、无毒的，并符合食品安全标准。

2. 我国常见的可食鲜花的营养特性

（1）菊花。菊花别名鞠、寿客等，性味甘、苦、微寒。菊花含挥发油约0.13%，主要为龙脑、乙酸龙脑酯、樟脑、菊油环酮，又含菊甙、腺嘌呤、胆碱、水苏碱、氨基酸、黄酮类、维生素A、维生素B_1等。现代医学研究表明，菊花有明显的解热、降血压、扩张冠状动脉血流量的作用，可使毛细血管抵抗力增强，具有疏风热、清肝明目、解毒等功效。

（2）金银花。金银花，别名金银藤、忍冬，是我国传统的中药材之一，主要含有绿原酸（高达5.19%）、肌醇、皂甙、挥发油、黄酮类化合物及三萜类物质等药理成分。研究表明，金银花对链球菌、葡萄球菌、伤寒杆菌、痢疾杆菌等都具有较强的抑菌作用，对治疗流行性感冒和炎症等确有一定的疗效。在保健功效方面，发现金银花具有清热解暑、延年益寿、清除体内有毒物质等作用，具有凉散风热、提高免疫调节的能力，对肝具有保护作用。

金银花必须在日光下晒干，不宜烘干，否则不能保持金银花的原有色泽。前处理：一是硫磺熏蒸；二是利用烤房慢火烤干。

（3）芦荟。芦荟含有多种维生素（如维生素A、维生素B_1、维生素B_2、维生素B_6、维生素B_{12}等）、多种氨基酸（如丙氨酸、天冬氨酸、谷氨酸等）、多种碳水化合物（如阿拉伯糖、半乳糖等）、多种矿物质（如铝、镁、钙、铁等），还含有甾族化合物，如羽扁豆醇、皂苷配质等，有美容、杀菌、强心活血、解毒、提高免疫、抗癌作用。

（4）红花。红花含红花油、红花黄素（SY，占色素量的20%～30%）、红花苷、红花醌苷、新红花苷、β-谷甾醇等，另含有油酸、亚油酸、亚麻酸等脂肪酸，还含有多种黄酮类化合物及多糖，具有活血通经、消肿止痛、提高免疫能力、增强冠脉流量、抑制血栓形成和美容祛癍的作用。

（5）酒花。酒花又名蛇麻花，主要成分为酒花树脂、酒花油、多酚物质、单糖、果胶、蛋白质等，主要功效有健胃、镇静安神、利尿、杀菌等，用于啤酒生产中还能赋予啤酒特有的风味和香味。含2, 4-二甲基己烷、C8烷、芳樟醇氧化物、香茅醇、紫罗兰酮等，有散寒破结、化痰生津的功效。

（6）藏红花。藏红花又称番红花、西红花，主要成分含苦藏花素、藏花素、维生素B_1、维生素B_2、油脂（6%）、精油（0.6%）、2, 2, l-三甲基-4, 6-环己二烯醛等。其生理功能有通经活血、镇痛、发汗、祛风寒、健胃、减少更年期障碍等。

（7）蜂花粉。蜂花粉主要成分为蛋白质20%、氨基酸l3%、碳水化合物25%～48%、粗脂肪8.5%、纤维素5%，蜂花粉中含人体必需的氨基酸约为牛肉、鸡蛋的5倍。蜂花粉中含丰富的维生素，比蜂蜜高10倍，尤以维生素B、维生素A含量高，还含人体所需的多种矿物质，如钾、钙、钠、镁、磷等，还含多种酶类及有机酸。其生理功效十分广泛，如增加智力、抗神经衰弱、安神健脑、治疗内分泌功能紊乱、防便秘及胃肠功能紊乱、抗辐射与抗衰老、防癌、提高免疫能力。

（8）红景天。从红景天植物中能分离出40多种有用的化合物，其中以红景天苷、黄酮类化合物为主，同时含钙、镁、磷、锌、铁等矿物质和17种氨基酸，其中含7种人体必需氨基酸，具有抗衰老、抗疲劳、耐缺氧、抗辐射等功能。

（二）药用价值

自古以来，我国就将花卉作为防治疾病、保健强身、延年益寿的常用药物。《本草纲目》介绍了近千种花草及木本花卉的性味、功能和主治疾病。《全国中草药汇编》一书中，列举了2200多种药物，其中花卉入药约占1/3。食药兼用是花卉菜肴的一大特色，花卉药膳集花卉的食用与药用、食补与药补、食疗与药疗于一体，体现了药食同源的传统医药法则。以下是一些常见食用花卉的药用价值。

1. 金盏花

（1）抗炎作用。金盏花含有抗炎化合物，可以用于治疗轻度烧伤、皮肤创伤和湿疹等皮肤问题。

（2）愈合伤口。金盏花提取物用于促进伤口愈合和减轻疼痛。

2. 薰衣草

（1）镇静作用。薰衣草具有镇静和放松的特性，可以用于缓解焦虑、失眠和紧张情绪。

（2）抗菌作用。薰衣草油具有抗菌和抗真菌性质，可用于治疗皮肤感染和牙龈问题。

3. 迷迭香

（1）促进消化。迷迭香被用于促进消化，缓解胃部不适和胀气。

（2）抗氧化作用。迷迭香富含抗氧化剂，有助于保护细胞免受氧化损伤。

4. 蜡梅花

（1）抗病毒作用。蜡梅花被用于治疗感冒和流感，具有抗病毒的潜力。

（2）清热解毒。蜡梅花也被用于清热解毒，有助于降低发热和抗菌。

5. 紫苏花

（1）抗过敏。紫苏花含有抗过敏化合物，可用于减轻过敏反应和哮喘症状。

（2）降低血压。紫苏也有助于降低血压和改善心血管健康。

6. 玫瑰花

（1）舒缓情绪。玫瑰花具有舒缓情绪的作用，被用于减轻焦虑和抑郁。

（2）抗氧化和抗老化。玫瑰花含有抗氧化剂，可帮助保护皮肤免受自由基损伤。

三、花卉食品的开发

1. 花卉原型食品

花卉原型食品是开发利用可食用花卉的主流方式之一，世界各地的许多精致餐厅都使用食用花卉来增加沙拉的颜色、质地和风味，以及作为开胃菜、蛋糕和许多其他菜肴的装饰。除了装饰外，以鲜花为原料进行烹饪也受到了越来越多人的认可。表8-3所示为部分国家花卉原型产品汇总。

表8-3　部分国家花卉原型产品汇总

国家	花卉原型产品
中国	菊花、桂花、荷花、玫瑰
泰国	印楝花、万寿菊、玫瑰、龙船花
墨西哥	仙人掌、大丽花
日本	菊花、樱花
美国	紫罗兰、玫瑰、旱金莲

对菊花、桂花、玫瑰等花卉的食用一直是中国传统饮食文化的一大特色，其历史十分悠久。经过千百年的积淀，大江南北都流传着独特的鲜花名菜。其中云南凭借其得天独厚的花卉资源与丰富多彩的多民族文化，成为中国食用花卉的典型地区。鲜花饼、全花宴已经成为当地的特色美食，吸引了数以万计的游客前来品尝。同时，云南也是中国最大的食用花卉种植基地。

泰国也是食用花卉的消费大国，印楝花、万寿菊、玫瑰、龙船花是最常见的食用花，早已被纳入北部的日常饮食中。它们用于沙拉、咖喱等当地美食的烹制，以及花茶的制作。位于曼谷的某餐厅由于推出了将食用花卉与传统泰式美食完美结合的菜肴而在2018年被评为米其林星级餐厅。

墨西哥人民对仙人掌情有独钟，仙人掌已经成为当地的特色蔬菜。自1945年农业专家成功培育出食用仙人掌后，又将其分化成菜用、果用、药用、饲用几大类。墨西哥食用仙人掌的产量达24万吨，除了用于蔬菜烹饪之外，墨西哥人还会将仙人掌粉做成面条、饼干以及甜食等食品的馅料。

受中国文化影响，日本早就开始研究和改良食用菊花的品种，其东北地区食菊现象最为盛行。长期以来，日本东北地区山形县一直将食用菊花作为特产蔬菜栽培，也使其成了日本的食用菊花栽培中心。樱花盛开的季节，日本人还会用樱花入菜，精心烹调樱花宴。

美国人喜欢用紫罗兰、玫瑰、旱金莲的花瓣拌沙拉。

2. 改变形态的花卉食品

改变形态的花卉食品通常是将鲜花进行一些特殊的加工处理后，制作而成的具有鲜花色、香、味的食品，花卉以肉眼无法直接辨别的形态存在。表8-4所示为部分国家改变形态的花卉食品汇总。

表8-4　部分国家改变形态的花卉食品汇总

国家	改变形态的花卉食品
中国	桂花糕、金银花露、茉莉花冰激凌
日本	鲜花流果子、楼花糕点
保加利亚	玫瑰糖浆、玫瑰酱
土耳其	紫罗兰甜点、茉莉花甜点

桂花糕是中国的传统糕点，距今已有300多年的历史，口感甜而不腻，还有一定的清热降火作用。除金银花露外，玫瑰花露、茉莉花露等新型饮料大量涌现，畅销海内外。添加一定量糖的茉莉花可以制成茉莉花果酱，可以与大豆蛋白提取物一起用于制造茉莉

花冰激凌。这款冰激凌具有令人愉悦的花香味和低含量的糖、脂肪。日本最受消费者欢迎的和果子之一，是利用鲜花花瓣与鲜花汁制成的鲜花流果子，类似于人们熟知的果冻，晶莹剔透，秀色可餐，被誉为最迷人的和果子。位于欧洲东南部的保加利亚是全球最大的玫瑰产地，除了生产玫瑰精油、玫瑰纯露外，新鲜的玫瑰花朵还会被加工成玫瑰糖浆和玫瑰酱。土耳其人爱用茉莉花和紫罗兰制作甜食，烹制出的甜点兼具鲜花的颜色和香气，深受大众喜爱。

模块八 其他植物林产品加工

实训内容

实训一　果胶的提取

1. 实训要求

（1）掌握果胶提取的方法。

（2）掌握果胶形成凝胶的条件和成胶机制。

2. 实训原理

果胶广泛存在于水果和蔬菜中，如苹果中含量为0.7%～1.5%（以湿品计），在蔬菜中以南瓜中含量最多，为7%～17%。果胶的基本结构是以α-1, 4甙键连结的聚半乳糖醛酸，其中部分羧基被甲酯化，其余的羧基与钾、钠、钙离子结合成盐。

在果蔬中，尤其是未成熟的水果中，果胶多数以原果胶存在，原果胶是以金属离子桥（特别是钙离子）与多聚半乳糖醛酸中的游离羧基相结合。原果胶不溶于水，故用酸水解，生成可溶性的果胶，再进行脱色、沉淀、干燥，即为商品果胶，从柑橘皮中提取的果胶是高酯化度的果胶，酯化度在70%以上。在食品工业中常利用果胶来制作果酱、果冻和糖果，在汁液类食品中用作增稠剂、乳化剂等。

原料经酸处理后，加热至90℃，将不溶性的果胶转化为可溶性果胶，然后乙醇处理提取液，使果胶沉淀，再用乙醇洗涤沉淀，以除去可溶性糖类、脂肪、色素等物质，得到较为纯净的果胶物质。

3. 实训步骤

（1）原料预处理。称取新鲜柑橘皮20g（干品为8g），用清水洗净后放入250mL烧杯中，加120mL水，加热至90℃保持5～10min，使酶失活。用水冲洗后切成3～5mm大小的颗粒，用50℃左右的热水漂洗，直至水为无色、果皮无异味为止。每次漂洗必须把果皮用纱布挤干，再进行下一次漂洗。

（2）酸水解提取。将预处理过的果皮粒放入烧杯中，加入约0.25%的盐酸60mL，以浸没果皮为度，pH调整为2～2.5，加热至90℃并恒温45min，趁热用四层纱布过滤。

（3）脱色。在滤液中加入0.5%～1%的活性炭于80℃加热20min进行脱色和除异味，趁热抽滤，如抽滤困难可加入2%～4%的硅藻土作助滤剂。如果柑橘皮漂洗干净，提取液清澈透明，则不用脱色。

（4）沉淀。待提取液冷却后，用稀氨水调节pH至3～4，在不断搅拌下加入95%乙醇，加入乙醇的量约为原体积的1.3倍，使酒精浓度达50%～60%（加1/3酒精），静置10min。

（5）过滤、洗涤、烘干。用纱布过滤，果胶用95%乙醇洗涤2次，再在60～70℃下烘干。

实训二 粉丝的制备

1. 实训要求

（1）掌握淀粉老化的概念。

（2）了解粉丝制备的原理。

（3）培养运用所学知识和技能解决实际问题的能力。

2. 实训原理

淀粉加入适量水，加热搅拌糊化成淀粉糊（α-淀粉）。淀粉糊冷却或冷冻后，会变得不透明甚至凝结而沉淀，这种现象称为淀粉的老化。将淀粉拌水制成糊状物，用悬垂或挤出法成型，后在沸水中煮沸片刻，令其糊化，捞出水冷，干燥即得粉丝。粉丝的生产就是利用淀粉老化这一特性。一般采用感官的方法评价粉丝外观，如颜色、气味、光泽、透明度、粗细度、咬劲及耐煮性。

3. 实训步骤

（1）粉丝制备。将10g绿豆粉加入适量开水使其糊化，然后再加90g生绿豆淀粉，搅拌均匀至无块，不沾手，再用底部有7～9mm孔径的多孔容器（或分析筛）将淀粉糊状物漏入沸水锅中，煮沸3min，令其糊化，捞出水冷10min。再捞出置于陶瓷盘中，于烘箱中干燥，即得粉丝。

（2）粉丝质量感官评价。将制得的粉丝，选出三个产品对其质量进行感官评价，填入表8-5中。

表8-5 粉丝质量感官评价记录

样品	颜色（10分）	气味（10分）	光泽（10分）	透明度（20分）	粗细度（10分）	咬劲（20分）	耐煮性（20分）	评价
1								
2								
3								

参考文献

[1] 邓毓芳. 林产食品加工工艺学[M]. 北京：中国林业出版社，1995.

[2] 林亲录，邓放明. 园艺产品加工学[M]. 北京：中国农业出版社，2003.

[3] 彭彪. 林副产品加工新技术与营销[M]. 北京：金盾出版社，2012.

[4] 严泽湘. 野菜野果食品加工技术与工艺配方[M]. 北京：科学技术文献出版社，2004.

[5] 郑俏然，高晓旭，汪建华. 农林产品加工技术[M]. 北京：化学工业出版社，2022.

[6] 李全宏. 植物油脂制品安全生产与品质控制[M]. 北京：化学工业出版社，2005.

[7] 纪颖. 森林食品加工技术[M]. 北京：中国林业出版社，2020.

[8] 何东平，张效忠. 木本油料加工技术[M]. 北京：中国轻工业出版社，2016.

[9] 徐践. 野菜栽培与加工[M]. 北京：中国林业出版社，2003.

[10] 张德权，胡晓丹. 食品超临界CO_2流体加工技术[M]. 北京：化学工业出版社，2005.

[11] 陈仪男. 罐藏加工工作页[M]. 厦门：厦门大学出版社，2009.

[12] 刘文君. 沙棘饮料的加工技术[J]. 农产品加工，2011（7）：14-15.

[13] 张瑞菊，王林山. 软饮料加工技术[M]. 北京：中国轻工业出版社，2007.

[14] 周伟. 我国绿色食品发展历程及前景展望[J]. 安徽农学通报，2020，26（19）：119-120.

[15] 肖放. "十四五"时期我国绿色食品、有机农产品和地理标志农产品工作发展方略[J]. 农产品质量与安全，2021（3）：5-8.

[16] 徐怀德. 药食同源：新食品加工[M]. 北京：中国农业出版社，2002.

[17] 卢立新. 果蔬及其制品包装[M]. 北京：化学工业出版社，2005.

[18] 胡芳名，李建安，李若婷. 湖南省主要橡子资源综合开发利用的研究[J]. 中南林学院学报，2000（4）：41-45+95.

[19] 陈功，王莉. 山野菜保鲜贮藏与加工[M]. 北京：中国农业出版社，2006.

[20] 汪隽波. 制作糖水橘子罐头新工艺[J]. 农产品加工（学刊），2014（11）：38-39.

[21] 尹凯丹，张奇志. 食品类系列：食品理化分析[M]. 北京：化学工业出版社，2011.

[22] 张孔海. 食品加工技术概论[M]. 北京：中国轻工业出版社，2007.

[23] 郑艺松. 浅谈果脯蜜饯制品加工中常见的质量问题[J]. 大科技，2019（20）：251-252.

[24] 陈运中. 天然色素的生产及应用[M]. 北京：中国轻工业出版社，2007.

[25] 孟宪军. 果蔬加工工艺学[M]. 北京：中国轻工业出版社，2020.

[26] 沈静，王敏，冀晓龙. 果蔬干制技术的应用及研究进展[J]. 陕西农业科学，2019，65（3）：95-97.

[27] 郭斯统，吴君华，叶培根. 雪菜的腌制技术[J]. 新农村，2019（11）：34-35.

[28] 李娜，陆俊. 五种食用花卉体外模拟消化过程中多酚、黄酮含量及抗氧化活性的变化[J]. 食品工业科技，2022（9）：09-11.

[29] 谭子幼. 油茶果采收加工及贮藏技术[J]. 林业与生态，2023（12）：38-40.

[30] 刘春生，谷巍. 药用植物学[M]. 北京：中国中医药出版社，2021.

[31] 刘玉兰. 现代植物油料油脂加工技术[M]. 河南：河南科学技术出版社，2015.

[32] 陈凤莲，曲敏. 粮食食品加工学[M]. 北京：科学出版社，2020.

[33] 李秀娟. 食品加工技术[M]. 北京：化学工业出版社，2018.